高等职业教育土建类专业系列教材

GAODENG ZHIYE JIAOYU TUJIANLEI ZHUANYE XILIE JIAOCAI

GONGCHENG ZHITU JICHU

工程制图基础

主　编／罗晓良　高　翀

副主编／张兴梅　朱理东　伍任雄

主　审／黄林青

重庆大学出版社

内容提要

本书根据现行工程制图标准、规范及图集进行编写,按模块化及单元设计教材内容,涉及三大模块共9个单元,主要围绕工程制图基本知识、投影制图以及工程形体的表达方法,介绍了工程制图的基本知识、投影的基本知识、立体的投影、轴测投影、组合体的投影、工程图样的画法,以及建筑施工图、装配式建筑施工图、道桥涵工程图的绘制和识读。

本书可供高等职业院校土建类专业学生学习使用,也可供工程技术人员学习参考。

图书在版编目(CIP)数据

工程制图基础/罗晓良,高翀主编. --重庆:重
庆大学出版社,2023.9
高等职业教育土建类专业系列教材
ISBN 978-7-5689-4141-9

Ⅰ.①工… Ⅱ.①罗… ②高… Ⅲ.①工程制图—高
等职业教育—教材 Ⅳ.①TB23

中国国家版本馆 CIP 数据核字(2023)第 164101 号

高等职业教育土建类专业系列教材
工程制图基础

主 编 罗晓良 高 翀
副主编 张兴梅 朱理东 伍任雄
主 审 黄林青
责任编辑:刘颖果 版式设计:刘颖果
责任校对:关德强 责任印制:赵 晟

*

重庆大学出版社出版发行
出版人:陈晓阳
社址:重庆市沙坪坝区大学城西路 21 号
邮编:401331
电话:(023)88617190 88617185(中小学)
传真:(023)88617186 88617166
网址:http://www.cqup.com.cn
邮箱:fxk@ cqup.com.cn(营销中心)
全国新华书店经销
重庆华林天美印务有限公司印刷

*

开本:787mm×1092mm 1/16 印张:12.75 字数:328 千
2023 年 9 月第 1 版 2023 年 9 月第 1 次印刷
印数:1—2 000
ISBN 978-7-5689-4141-9 定价:39.00 元

前　言

工程图样即工程语言,是设计、施工、监理等各环节相互交流的工具,明确的语言表达是真实意图传递的前提。因此,正确绘制工程图样,是工程交流的必要前提。本教材针对土建大类各专业,主要介绍绘制工程图样的基本原理和方法,务求能够培养学生正确的图纸识读和绘制能力,以便准确而熟练地运用工程图样这一工程语言。

本教材是在原有教材《建筑制图与识图》(第2版)的基础上升级改造而成。本教材以国家现行制图标准、行业规范等为依据,按模块和学习单元设计教材结构,明细制图的各项工作任务。本教材编写认真贯彻党的二十大精神,坚持产教融合,邀请企业高级工程师参与,使教材更能满足行业人才需求,将思政元素融入教材,贯彻新发展理念,强化法治意识和职业道德,培养创新意识,提升职业能力和素质,完善配套的教学资源。

本教材具有以下特点:

(1)坚持产教融合,校企双元开发。编写团队的专业教师都属于"双师型"教师,团队中还有知名企业的高级工程师参与,确保教材能紧跟产业发展趋势和行业人才需求,及时将产业发展的新技术、新工艺、新规范、新理念纳入教材内容。

(2)配套丰富的数字教学资源。教材配套了网上学习资源、教学PPT、习题、标准规范等资源,在重难点处以二维码形式植入微课资源,方便学生复习和巩固。

(3)突出职业教育特点。适应职业教育教学需要,以应用为目的,以必需、够用为度,根据土建大类各专业的特点,从局部到整体、简单到复杂,通俗易懂,深入浅出。

(4)落实立德树人。教材重视综合能力和素质培养,结合工程实例融入专业精神、职业精神和工匠精神,使得职业技能与职业素养相互渗透。

本教材模块1中的单元1,模块2中的单元2、单元3由重庆工商职业学院高翀编写,模块2中的单元4、单元5由重庆工商职业学院罗晓良编写,模块3中的单元6、单元7由重庆工商职业学院朱理东编写,单元8由重庆建工住宅建设有限公司伍任雄编写,单元9由重庆建筑工程职业学院张兴梅编写,重庆工商职业学院刘玉参与了思政元素的挖掘并融入教材内容中。全书由罗晓良教授统稿,重庆科技大学黄林青教授主审。

本教材在编写过程中参考了一些相关的书籍,在此向相关作者表示衷心的感谢。限于编者水平有限,教材难免还有不妥之处,希望广大读者批评指正。

本教材配套部分线上资源及习题,详见:https://www.cqooc.com/course/online/detail?id=334569450。

编　者

2023年8月

目　录

模块 1　工程制图基本知识 ··· 1

单元 1　工程制图的基本知识 ··· 2
　　1.1　工程制图的常用工具 ·· 2
　　1.2　制图标准的基本规定 ·· 6
　　1.3　几何作图的基本原理 ·· 21
　　1.4　工程制图的一般步骤 ·· 25
　　思考与练习 ·· 27

模块 2　投影制图 ··· 28

单元 2　投影的基本知识 ·· 29
　　2.1　投影的概念 ··· 29
　　2.2　三面投影图 ··· 33
　　2.3　点的投影 ·· 35
　　2.4　直线的投影 ··· 37
　　2.5　平面的投影 ··· 44
　　思考与练习 ·· 49

单元 3　立体的投影 ··· 50
　　3.1　平面立体的投影 ·· 51
　　3.2　曲面立体的投影 ·· 55
　　3.3　平面截割立体的投影 ·· 60
　　3.4　两立体相贯的投影 ·· 65
　　思考与练习 ·· 69

单元 4　轴测投影 ·· 70
　　4.1　轴侧投影的基本知识 ·· 70
　　4.2　正等轴测图 ··· 71
　　4.3　斜二轴测图 ··· 75
　　思考与练习 ·· 77

单元 5　组合体的投影 ··· 78
　　5.1　组合体投影图的绘制 ·· 78

5.2 组合体的尺寸标注 ······························ 83

5.3 组合体投影图的识读 ······························ 86

思考与练习 ······························ 89

模块 3 工程形体的表达方法 ······························ 90

单元 6 工程图样的画法 ······························ 91

6.1 基本视图 ······························ 91

6.2 剖面图 ······························ 92

6.3 断面图 ······························ 96

6.4 工程图样简化画法 ······························ 98

思考与练习 ······························ 100

单元 7 建筑施工图 ······························ 101

7.1 建筑施工图概述 ······························ 101

7.2 建筑总平面图 ······························ 106

7.3 建筑平面图 ······························ 113

7.4 建筑立面图 ······························ 128

7.5 建筑剖面图 ······························ 133

7.6 建筑详图及局部大样图 ······························ 136

思考与练习 ······························ 152

单元 8 装配式建筑施工图 ······························ 153

8.1 装配式建筑施工图的特点及编排次序 ······························ 153

8.2 装配式混凝土建筑常用图例 ······························ 154

8.3 装配式建筑常见预制构件 ······························ 155

8.4 钢筋加工配料图中钢筋的表示方法 ······························ 161

8.5 装配式混凝土构件设计过程简介 ······························ 164

思考与练习 ······························ 167

单元 9 道桥涵工程图 ······························ 168

9.1 路线平面图 ······························ 168

9.2 路线纵断面图 ······························ 172

9.3 路线横断面图 ······························ 175

9.4 桥梁总体布置图 ······························ 177

9.5 桥梁构件结构图 ······························ 179

9.6 涵洞工程图 ······························ 190

9.7 隧道工程图 ······························ 192

思考与练习 ······························ 197

参考文献 ······························ 198

模块 1
工程制图基本知识

单元 1   工程制图的基本知识

【知识目标】

(1)熟悉工程制图的基本知识,掌握国家相关制图标准的规定;
(2)熟悉几何作图原理;
(3)掌握绘图的基本方法和技能。

【能力目标】

(1)能够正确使用绘图工具,具有较熟练的绘图技能;
(2)能够按照建筑制图标准正确绘制工程图样;
(3)能熟练运用几何作图原理按要求绘图。

【素质目标】

(1)培养学生的家国情怀、社会责任感;
(2)培养严谨求学、严守标准的学习态度,注重细节、精益求精的工作作风;
(3)具有自主学习新技术、新知识、新规范,以及不断更新、灵活适应发展变化的能力。

课程介绍

1.1   工程制图的常用工具

"工欲善其事,必先利其器",正确使用各种常用的制图工具,才能保证绘图质量,提高绘图速度。

1.1.1   制图工具、仪器

1)图板

图板是用来铺贴图纸及配合丁字尺、三角板等进行制图的平面工具。图板板面要平整,相邻边要平直(图1.1)。图板左侧的硬木边为工作边(导边)。工作边必须保持平直,以便与丁字尺配合画出水平线。

2)丁字尺

丁字尺是用来画水平线的,由相互垂直的尺头和尺身构成,尺头的内侧边缘和尺身的工作边必须平直光滑。画线时左手把住尺头,使它始终贴住图板左边,然后上下推动,直至丁字尺工作边对准要画线的地方,再从左至右画出水平线(图1.1)。

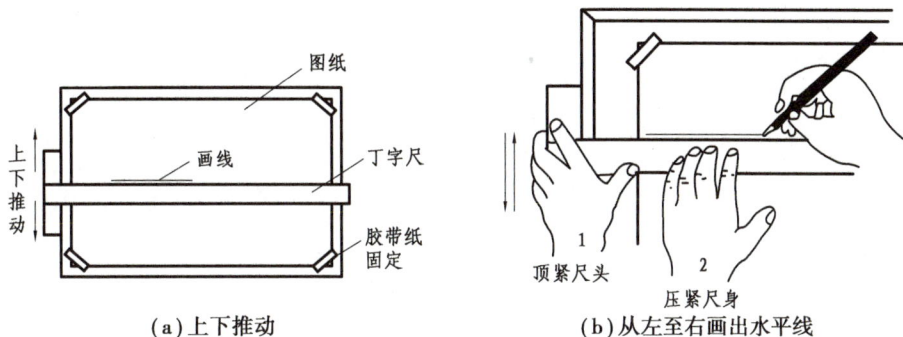

（a）上下推动　　　　　　　　　　（b）从左至右画出水平线

图 1.1　丁字尺的用法

3）三角板

三角板是制图的主要工具之一。一副三角板由一块两个锐角均为 45°的三角板和一块锐角分别为 30°、60°的三角板组成。三角板与丁字尺配合使用可以画出竖直线或 15°、30°、45°、60°、75°等的倾斜线（图 1.2）。

图 1.2　三角板的用法

4）曲线板

曲线板是用于画非圆曲线的工具，如图 1.3 所示。先将曲线上的点用铅笔轻轻连成曲线。在曲线板上选取相吻合的曲线段，从曲线起点开始，至少要通过曲线上的 3 或 4 个点，并沿曲线板描绘这一段密合的曲线，但不能把密合的曲线段全部描完，而应留下最后一小段。用同样的方法选取第二段曲线，两段曲线相接处应有一段曲线重合。如此分段描绘，直到描完最后一段。

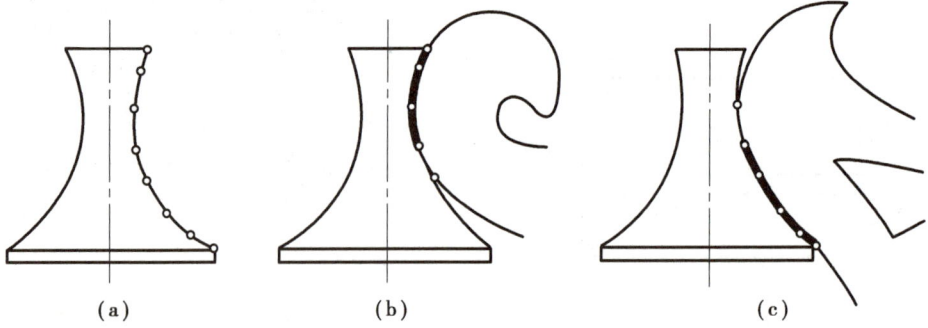

图 1.3　曲线板画曲线

5）比例尺

比例尺是用来放大或缩小图线长度的度量工具。绘图常用三棱比例尺,比例尺的 3 个棱面上刻有 6 种刻度,如图 1.4 所示。

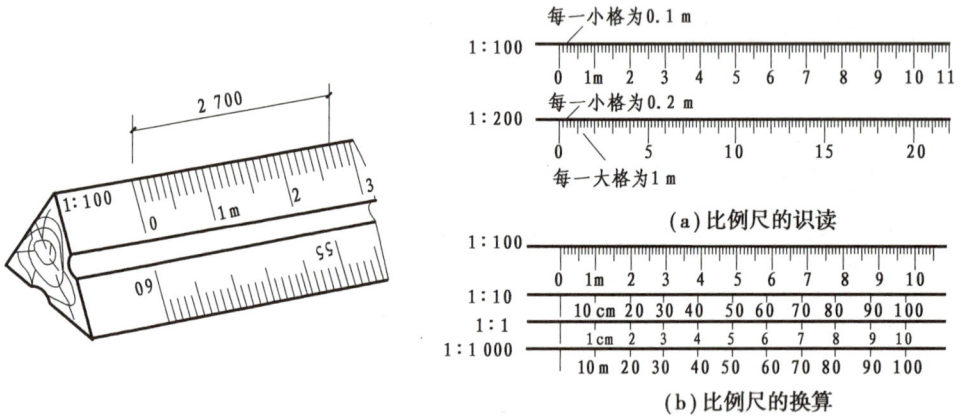

（a）比例尺的识读

（b）比例尺的换算

图 1.4　比例尺

6）圆规、分规

圆规是画圆或圆弧的仪器。常用的是四用圆规,有台肩一端钢针的针尖应在圆心处,以防圆心孔扩大,影响画图质量;圆规的另一条腿上应有插接构造。

圆规在使用前应先调整针脚,使针尖略长于铅芯(或墨线笔头),铅芯应磨削成 65° 的斜面,斜面向外。画大圆时,要在圆规插脚上接延长杆,并使针尖与铅芯都垂直于纸面,左手按住针尖,右手转动带铅芯的插脚,按顺时针方向画,如图 1.5 所示。

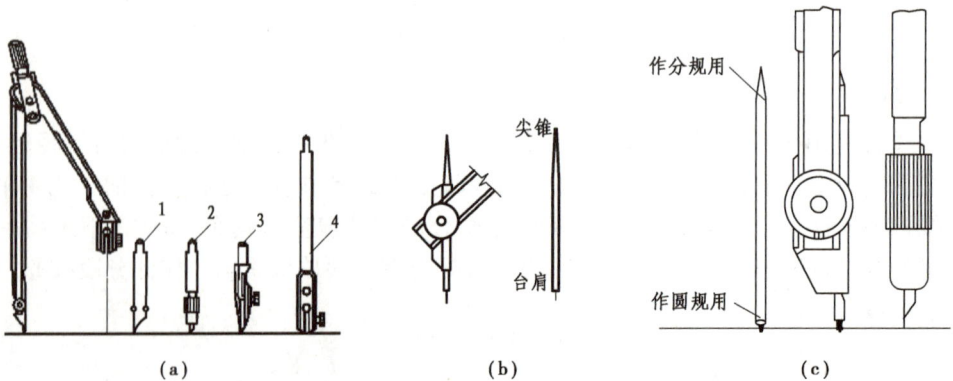

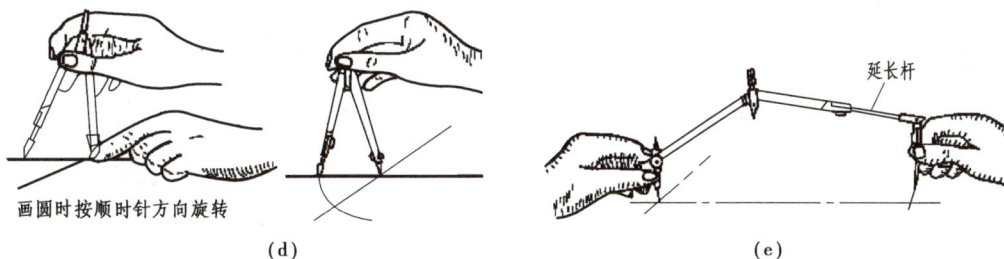

图 1.5　圆规的使用

分规与圆规相似,只是两腿均装了圆锥状的钢针,两根钢针必须等长,既可用于量取线段的长度,又可等分线段和圆弧。分规的两针合拢时应对齐。分规的使用如图 1.6 所示。

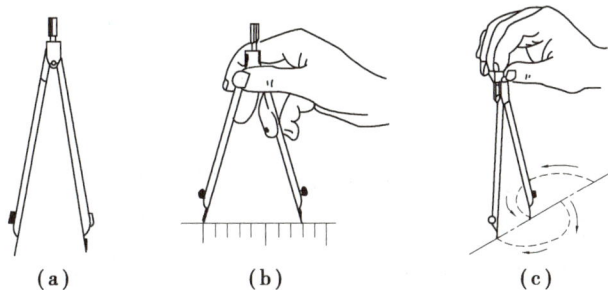

图 1.6　分规的使用

1.1.2　制图用品和设备

1)图纸

图纸有绘图纸和描图纸两种。绘图纸用于画铅笔图或墨线图,要求纸面洁白、质地坚实。描图纸也称为硫酸纸,专门用于针管笔描图,并以此复制蓝图。

2)铅笔

绘图用铅笔的种类较多,其型号以铅芯软硬程度来分,代号 H 表示硬,代号 B 表示软。

铅笔笔芯可以削成楔形、尖锥形和圆锥形等(图 1.7)。尖锥形铅芯用于画稿线、细线和注写文字等;楔形铅芯可削成不同的厚度,用于加深不同宽度的图线。铅笔应从没有标记的一端开始使用。画线时握笔要自然,速度、用力要均匀。

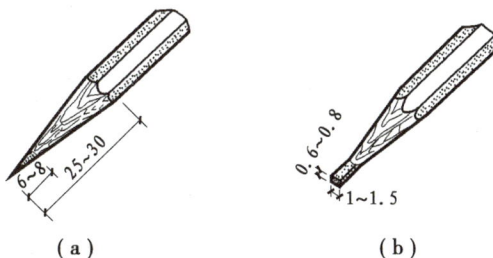

图 1.7　铅芯的长度及形状

3)墨水笔

绘图墨水笔又称为针管笔,其笔头为一根无缝不锈钢针管,有粗细不同的规格,内配相应的通针(图 1.8)。画线时,要使笔尖与纸面尽量保持垂直,如发现墨水不畅通,应上下抖动笔杆,使通针将针管内的堵塞物捅出。用后要及时清洗干净,以防墨水堵塞针管。

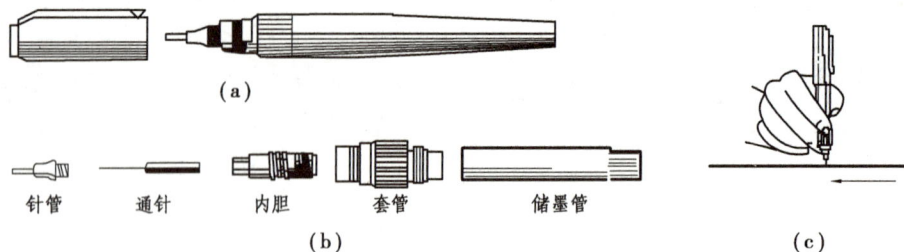

图 1.8　绘图墨水笔

1.2　制图标准的基本规定

工程图样是工程与产品技术信息的载体,被誉为"工程技术界的语言"。为使工程图样达到统一,便于生产和技术交流,所有工程技术人员在设计、施工、管理中必须严格执行国家制图标准对施工图中的图纸幅面、字体、图线、尺寸标注、比例、材料图例等具体内容的规定。

1.2.1　图纸幅面与标题栏

图纸幅面简称图幅,是指图纸的尺寸规格,即图纸宽度与长度组成的图面大小;图框是指画在图纸上表示图纸绘图范围的界线。为了使图纸整齐,便于保管和装订,《房屋建筑制图统一标准》(GB/T 50001—2017)规定了所有设计图纸的幅面及图框尺寸,见表 1.1。

表 1.1　幅面及图框尺寸　　　　　　　　　　　　　　　　单位:mm

尺寸代号	幅面代号				
	A0	A1	A2	A3	A4
$b \times l$	841×1 189	594×841	420×594	297×420	210×297
c	10			5	
a	25				

注:表中 b 为幅面短边尺寸,l 为幅面长边尺寸,c 为图框线与幅面线间宽度,a 为图框线与装订边间宽度。

需要微缩复制的图纸,其一个边上应附有一段准确米制尺度,四个边上均应附有对中标志,米制尺度的总长应为 100 mm,分格应为 10 mm。对中标志应画在图纸内框各边长的中点处,线宽应为 0.35 mm,并应伸入内框边,在框外应为 5 mm。对中标志的线段,应在图框长边尺寸 l_1 和图框短边尺寸 b_1 范围取中。

如果图纸幅面不够,可将 A0 ~ A3 幅面长边尺寸加长,但图纸的短边尺寸不应加长。图纸长边加长后的尺寸见表 1.2。

表 1.2　图纸长边加长后的尺寸　　　　　　　　　　　　　　　　　　　　单位:mm

幅面尺寸	长边尺寸	长边加长后尺寸
A0	1 189	1 486　1 783　2 080　2 378
A1	841	1 051　1 261　1 471　1 682　1 892　2 102
A2	594	743　891　1 041　1 189　1 338　1 486　1 635　1 783　1 932　2 080
A3	420	630　841　1 051　1 261　1 471　1 682　1 892

注:有特殊需要的图纸,可采用 $b×l$ 为 841 mm×891 mm 与 1 189 mm×1 261 mm 的幅面。

图纸以短边作为垂直边应为横式,以短边作为水平边应为立式。A0～A3 图纸宜横式使用;必要时,也可立式使用。在一个工程设计中,每个专业所使用的图纸不宜多于两种幅面,不含目录及表格所采用的 A4 幅面。

图纸中应有标题栏、图框线、幅面线、装订边线和对中标志。图纸的标题栏及装订边的位置,应符合下列规定:

①横式使用的图纸,应按图 1.9 或图 1.10 规定的形式布置;

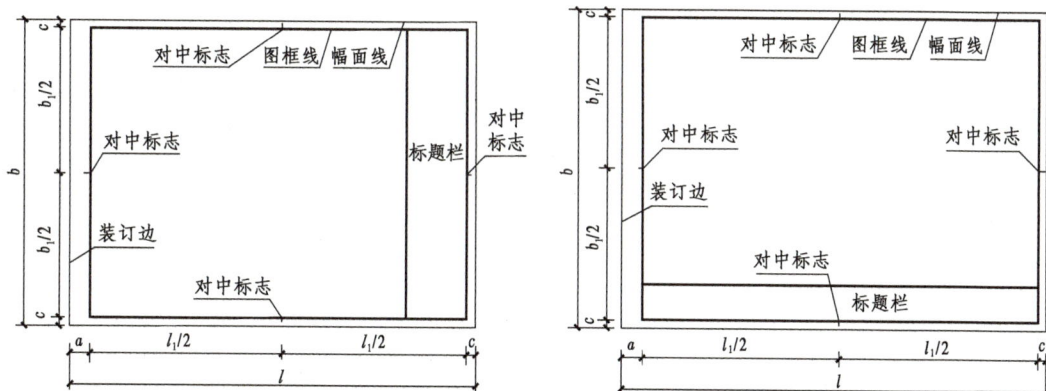

图 1.9　A0～A3 横式幅面

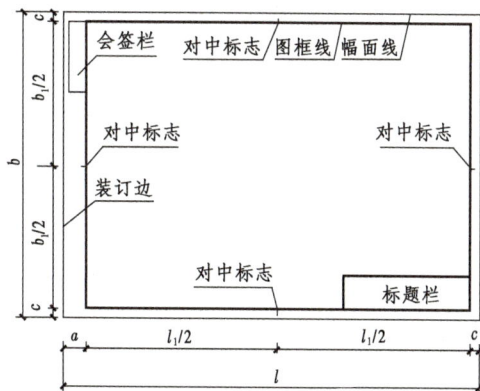

图 1.10　A0～A1 横式幅面

②立式使用的图纸,应按图 1.11 或图 1.12 规定的形式进行布置。

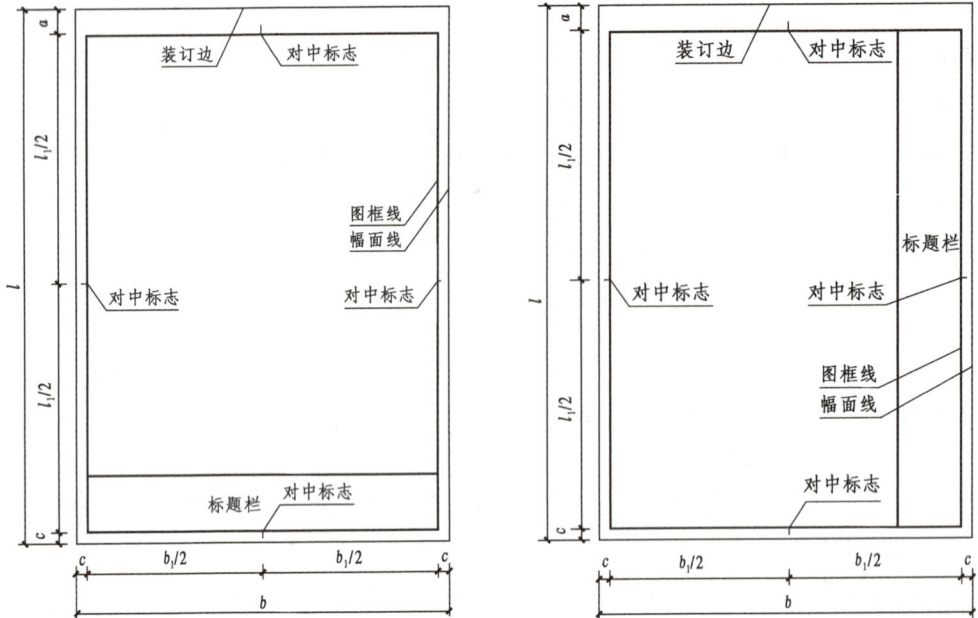

图 1.11　A0～A4 立式幅面

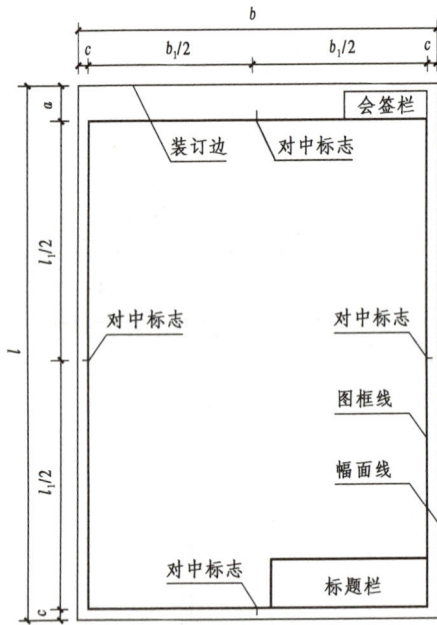

图 1.12　A0～A2 立式幅面

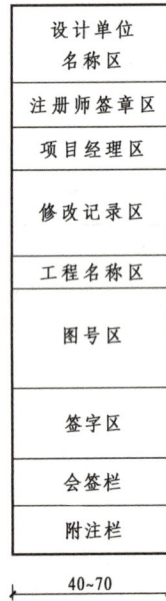

图 1.13　标题栏(1)

　　应根据工程的需要选择确定标题栏、会签栏的尺寸、格式及分区。当采用图 1.9、图 1.11 布置时,标题栏应按图 1.13、图 1.14 所示布局;当采用图 1.10 及图 1.12 布置时,标题栏、签字栏应按图 1.15、图 1.16 及图 1.17 所示布局。签字栏应包括实名列和签名列,并应符合下列规定:

　　①涉外工程的标题栏内,各项主要内容的中文下方应附有译文,设计单位的上方或左方应加"中华人民共和国"字样;

②在计算机辅助制图文件中使用电子签名与认证时,应符合《中华人民共和国电子签名法》的有关规定;

③当由两个以上的设计单位合作设计同一个工程时,设计单位名称区可依次列出设计单位名称。

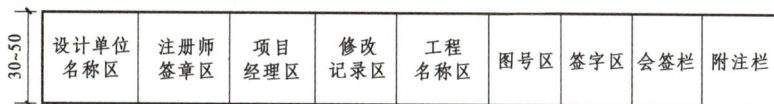

图 1.14　标题栏(2)

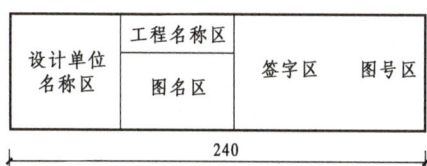

图 1.15　标题栏(3)

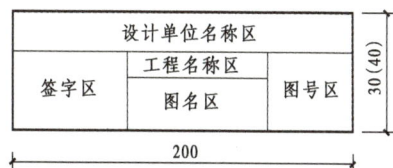

图 1.16　标题栏(4)

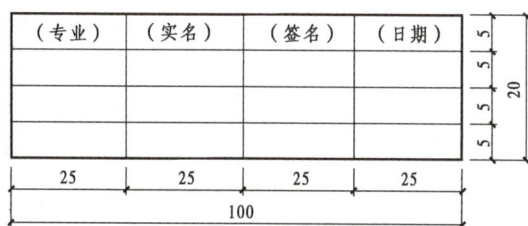

图 1.17　会签栏

学生完成建筑工程等相关制图课程作业,可使用简化后的学生专用制图作业标题栏,如图 1.18 所示。

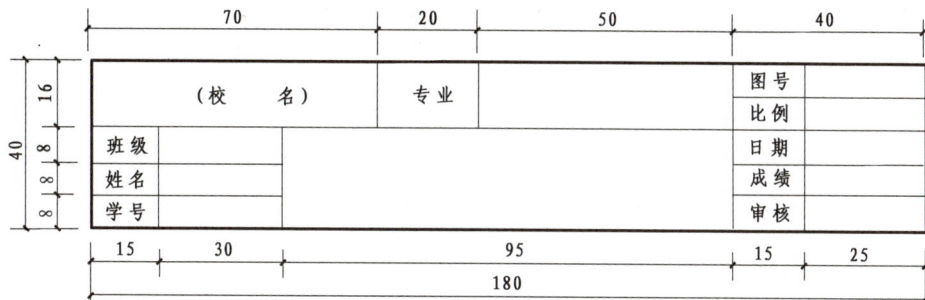

图 1.18　制图作业标题栏式样

1.2.2　图线

任何工程图样都是采用不同线型与线宽的图线绘制而成。为了使各种图线所表达的内容统一,《房屋建筑制图统一标准》(GB/T 50001—2017)规定,工程建设制图应选用表 1.3 所示的图线。

表 1.3　图线

名　称		线　型	线宽	用　途
实线	粗		b	主要可见轮廓线
	中粗		$0.7b$	可见轮廓线、变更云线
	中		$0.5b$	可见轮廓线、尺寸线
	细		$0.25b$	图例填充线、家具线
虚线	粗		b	见各有关专业制图标准
	中粗		$0.7b$	不可见轮廓线
	中		$0.5b$	不可见轮廓线、图例线
	细		$0.25b$	图例填充线、家具线
单点长画线	粗		b	见各有关专业制图标准
	中		$0.5b$	见各有关专业制图标准
	细		$0.25b$	中心线、对称线、轴线等
双点长画线	粗		b	见各有关专业制图标准
	中		$0.5b$	见各有关专业制图标准
	细		$0.25b$	假想轮廓线、成型前原始轮廓线
折断线	细		$0.25b$	断开界线
波浪线	细		$0.25b$	断开界线

　　图线的基本线宽 b，宜按照图纸比例及图纸性质，从 1.4 mm、1.0 mm、0.7 mm、0.5 mm 线宽系列中选取。每个图样应根据复杂程度与比例大小，先选定基本线宽 b，再选用表 1.4 中相应的线宽组。同一张图纸内，相同比例的各图样应选用相同的线宽组。

表 1.4　线宽组　　　　　　　　　　单位:mm

线宽比	线宽组			
b	1.4	1.0	0.7	0.5
$0.7b$	1.0	0.7	0.5	0.35
$0.5b$	0.7	0.5	0.35	0.25
$0.25b$	0.35	0.25	0.18	0.13

　　注:①需要微缩的图纸,不宜采用 0.18 mm 及更细的线宽;
　　　　②在同一张图纸内,各不同线宽中的细线可统一采用较细的线宽组的细线。

图纸的图框和标题栏线可采用表1.5所列的线宽。

表1.5　图框和标题栏线的宽度　　　　　　　单位:mm

幅面代号	图框线	标题栏外框线对中标志	标题栏分格线幅面线
A0、A1	b	$0.5b$	$0.25b$
A2、A3、A4	b	$0.7b$	$0.35b$

绘制图线时,应注意以下几点(图1.19):

①相互平行的图例线,其净间隙或线中间隙不宜小于0.2 mm。

②虚线、单点长画线或双点长画线的线段长度和间隔,宜各自相等。

③单点长画线或双点长画线,当在较小图形中绘制有困难时,可用实线代替。

④单点长画线或双点长画线的两端,不应采用点。点画线与点画线交接或点画线与其他图线交接时,应采用线段交接。

⑤虚线与虚线交接或虚线与其他图线交接时,应采用线段交接。虚线为实线的延长线时,不得与实线相接。

⑥图线不得与文字、数字或符号重叠、混淆,不可避免时,应首先保证文字的清晰。

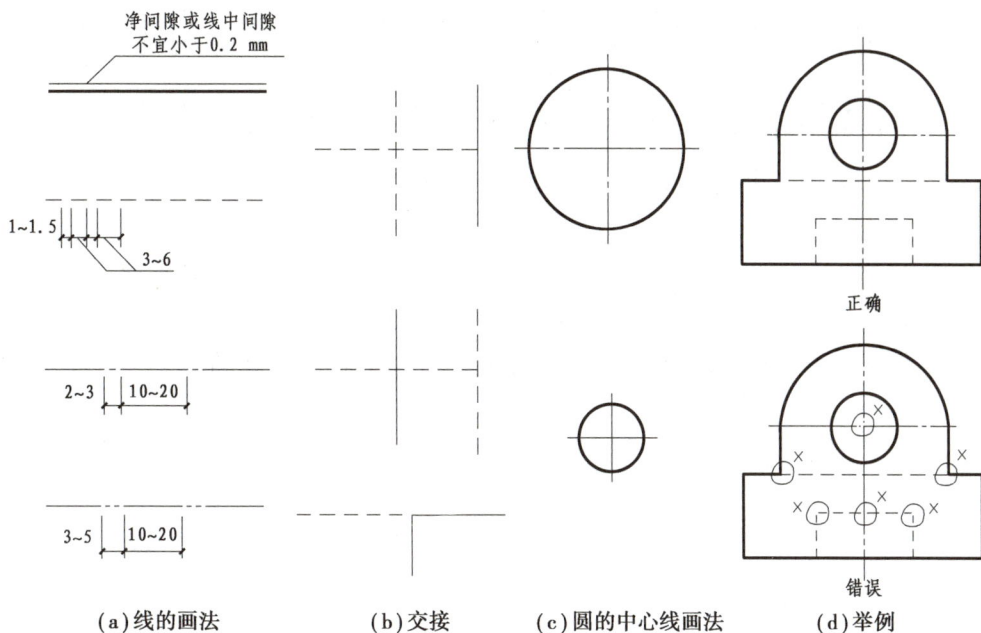

(a)线的画法　　　　(b)交接　　(c)圆的中心线画法　　(d)举例

图1.19　图线画法示意图

1.2.3　字体

工程图纸上所需书写的文字、数字或符号等,均应笔画清晰、字体端正、排列整齐;标点符号应清楚、正确。

1)汉字

按《房屋建筑制图统一标准》(GB/T 50001—2017)的规定,图样及说明中的汉字宜优先采用

True type 字体中的宋体字型,采用矢量字体时应为长仿宋体字型。同一图纸字体种类不应超过两种。矢量字体的宽高比宜为 0.7,且应符合表 1.6 的规定,打印线宽宜为 0.25~0.35 mm;True type 字体宽高比宜为 1。大标题、图册封面、地形图等的汉字,也可书写成其他字体,但应易于辨认,其宽高比宜为 1。

表 1.6　长仿宋字高宽关系　　　　　　　　　　　　　单位:mm

字高	20	14	10	7	5	3.5
字宽	14	10	7	5	3.5	2.5

　　汉字的简化字书写应符合国家有关汉字简化方案的规定。开始学写长仿宋字时,要先按照字号画好字格,然后遵循长仿宋字的书写要领在字格内练习,经多次练习,便可熟能生巧,书写自如。长仿宋字(工程字)书写要领:横平竖直、注意起落、结构匀称、填满方格(图 1.20)。

图 1.20　长仿宋字范例

　　①横平竖直:横笔基本要平,可顺运笔方向向上倾斜 2°~5°。
　　②注意起落:横、竖的起笔和收笔,撇、钩的起笔,钩、折的转角等,都要顿一下笔,形成小三角和出现字肩(图 1.21)。

名称	横	竖	撇	捺	挑	点	钩
形状	一	丨	丿	乀	✓✓	八	𠃌乚
笔法	一	丨	丿	乀	✓✓	八	𠃌乚

图 1.21　长仿宋字基本笔画

　　③结构匀称:笔画布局要均匀,字体构架要中正疏朗、疏密有致(图 1.22)。

2)字母和数字

　　按《房屋建筑制图统一标准》(GB/T 50001—2017)的规定,图样及说明中的字母、数字的书写规则应符合表 1.7 的规定。

左繁左宽　　　　　右繁右宽　　　　　左右均分

上繁上大　　　　　下繁下大　　　　　上下均分

左右型斜向合体　　　　　　上下型斜向合体

横平竖直注意起落结构均匀填满
方格机械制图轴旋转技术要求键

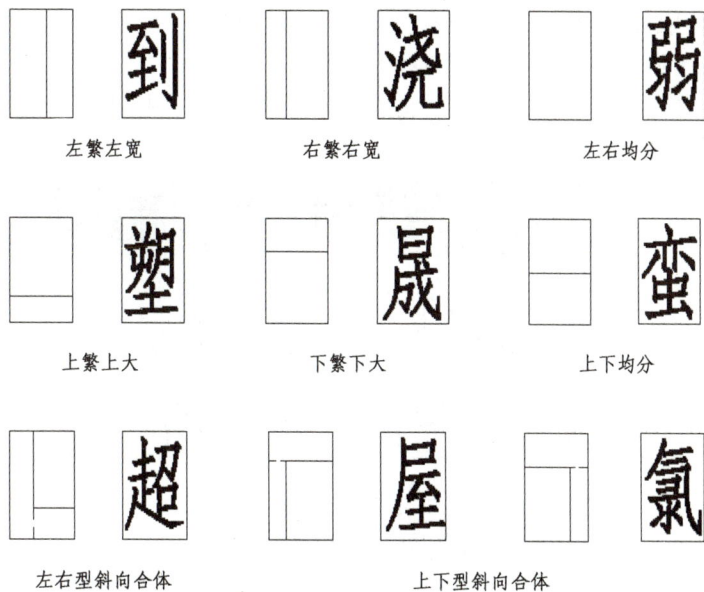

图 1.22　长仿宋字布局

表 1.7　字母及数字的书写规则

书写格式	字　体	窄字体
大写字母高度	h	h
小写字母高度(上下均无延伸)	$7/10h$	$10/14h$
小写字母伸出的头部或尾部	$3/10h$	$4/14h$
笔画宽度	$1/10h$	$1/14h$
字母间距	$2/10h$	$2/14h$
上下行基准线的最小间距	$15/10h$	$21/14h$
词间距	$6/10h$	$6/14h$

①字母、数字宜优先采用 True type 字体中的 Roman 字型。

②字母、数字,当需要写成斜体字时,其斜度应是从字的底线逆时针向上倾斜75°。斜体字的高度和宽度应与相应的直体字相等(图 1.23)。

③字母及数字的字高不应小于2.5 mm。

④数量的数值注写应采用正体阿拉伯数字。各种计量单位凡前面有量值的,均应采用国家颁布的单位符号注写。单位符号应采用正体字母。

⑤分数、百分数和比例数的注写应采用阿拉伯数字和数字符号。例如,四分之三、百分之二十五和一比二十应分别写成 3/4、25% 和 1:20。

⑥当注写的数字小于 1 时,应写出个位的"0",小数点应采用圆点,齐基准线书写。

⑦拉丁字母 I、O、Z 不宜在图中使用,以防与数字 1、0、2 混淆。

图 1.23　字母和数字书写范例(直体与斜体)

1.2.4　比例

工程制图中,工程实物往往用缩小的比例绘制在图纸上,而对某些细部构造又要用较大的比例或等大比例(1:1)绘制在图纸上。图样的比例是指图形与实物相对应的线性尺寸之比。比例的大与小,是指其比值的大与小。比值大于 1 的比例,称为放大的比例;比值小于 1 的比例,称为缩小的比例。比例的符号应为":",比例应以阿拉伯数字表示。绘图所用的比例应根据图样的用途与被绘对象的复杂程度,从表 1.8 中选用,并应优先采用表中的常用比例。

表 1.8　建筑工程图选用的比例

常用比例	1:1、1:2、1:5、1:10、1:20、1:30、1:50、1:100、1:150、1:200、1:500、1:1 000、1:2 000
可用比例	1:3、1:4、1:6、1:15、1:25、1:40、1:60、1:80、1:250、1:300、1:400、1:600、1:5 000、1:10 000、1:20 000、1:50 000、1:100 000、1:200 000

一般情况下,一个图样应选用一种比例。根据专业制图需要,同一图样可选用两种比例。特殊情况下也可以自选比例,这时除应标注出绘图比例外,还应在适当位置绘制出相应的比例尺(图 1.24)。

比例宜注写在图名的右侧,字的基准线应取平;比例的字高宜比图名的字高小一号或者二号,如图 1.25 所示。

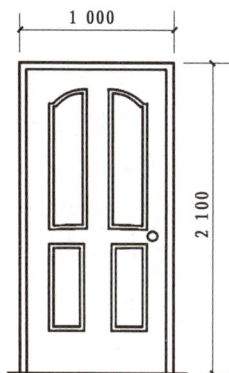
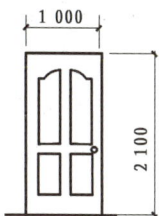

门立面图　1:50　　　　门立面图　1:100　　　　平面图　1:100　　⑦ 1:25

图 1.24　用不同比例绘制的门立面图　　　　图 1.25　比例的注写

1.2.5　尺寸标注

图样上的尺寸由尺寸界线、尺寸线、尺寸起止符号和尺寸数字 4 部分组成,如图 1.26 所示。

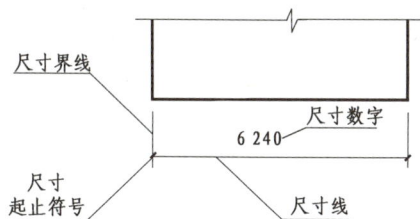

图 1.26　图样尺寸的组成

1)尺寸界线

在尺寸标注中,尺寸界线应用细实线绘制。线性尺寸界线一般应与尺寸线垂直,同时也应与被注长度垂直,其一端应离开图样轮廓线不小于 2 mm,另一端宜超出尺寸线 2~3 mm。必要时,图样轮廓线也可用作尺寸界线,如图 1.27 所示。

2)尺寸线

尺寸线应用细实线绘制,应与被注长度平行,两端宜以尺寸界线为边界,也可超出尺寸界线 2~3 mm。尺寸线与图样最外轮廓线的间距不宜小于 10 mm,平行排列的尺寸线的间距宜为 7~10 mm,并应保持一致,如图 1.28 所示。注意图样本身的任何图线均不得用作尺寸线。

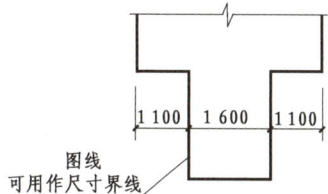

图 1.27　尺寸界线

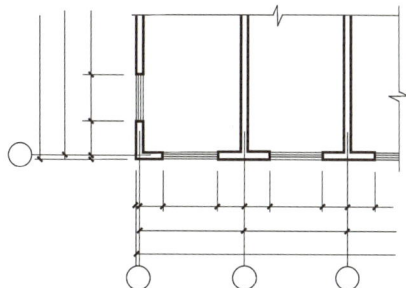

图 1.28　平行排列的尺寸标注

3)尺寸起止符号

尺寸起止符号一般用中粗斜短线绘制,其倾斜方向应与尺寸界线成顺时针 45°角,长度宜为 2~3 mm,如图 1.26 所示。半径、直径、角度与弧长的尺寸起止符号,宜用箭头表示,箭头宽度不宜小于 1 mm。轴测图中用小圆点表示尺寸起止符号,小圆点直径为 1 mm。

4)尺寸数字

尺寸数字必须用阿拉伯数字注写。图样上的尺寸应以尺寸数字为准,不应从图上直接量取。图样上的尺寸单位,除标高及总平面图以米(m)为单位外,其他均以毫米(mm)为单位。

尺寸数字的方向应按图 1.29(a)的规定注写。若尺寸数字在 30°斜线区内,也可按图1.29(b)的形式注写。

尺寸数字的大小要一致。尺寸宜标注在图样轮廓线以外,不宜与图线、文字及符号等相交,如图 1.30 所示。

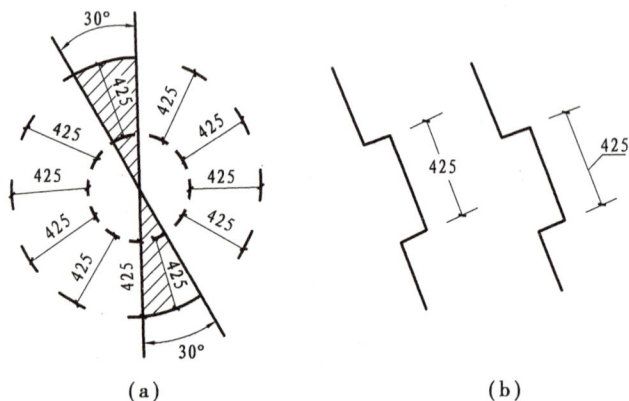

图 1.29　尺寸数字的注写方向

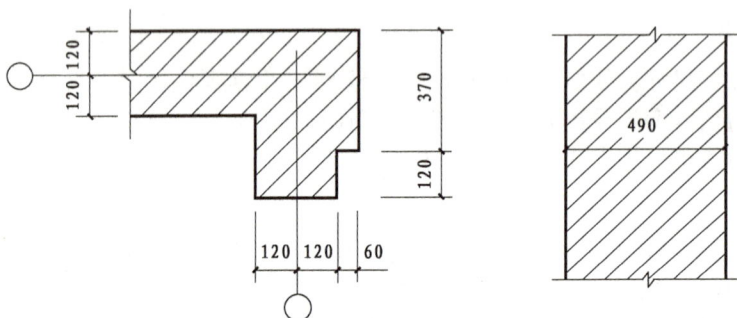

图 1.30　尺寸数字的注写

尺寸数字一般应依据其方向注写在靠近尺寸线的上方中部。如果没有足够的位置注写时,最外边的尺寸数字可以注写在尺寸界线的外侧,中间相邻的尺寸数字可以上下错开注写,可用引出线表示标注尺寸的位置,如图 1.31 所示。

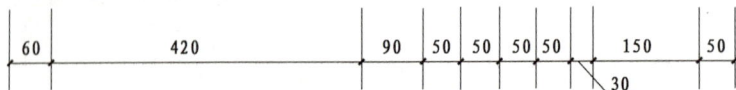

图 1.31　尺寸数字的注写位置

互相平行的尺寸线,应从被注写的图样轮廓线由近向远整齐排列,较小尺寸应离轮廓线较近,较大尺寸线应离轮廓线较远,如图 1.28 所示。

5) 圆、圆弧及球的尺寸标注

标注圆的直径尺寸时,直径数字前应加直径符号"φ"。在圆内标注的尺寸线应通过圆心,两端画箭头指至圆弧,如图 1.32 所示。较小圆的直径尺寸可标注在圆外。

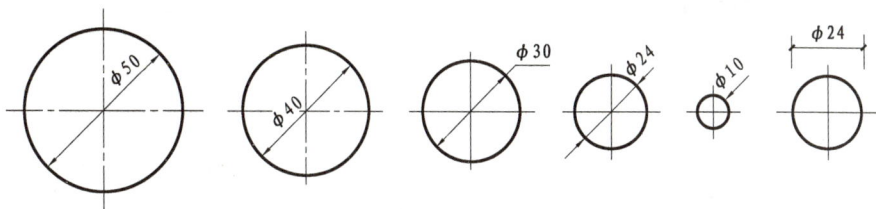

图 1.32　直径的尺寸标注

标注圆弧的半径时,应在半径数字前加注字母"R",如图 1.33 所示。

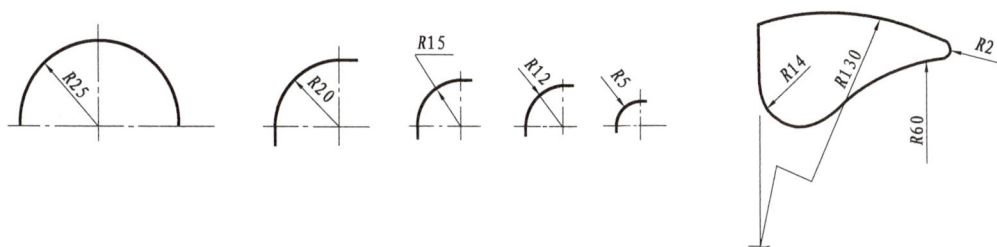

图 1.33　半径的尺寸标注

标注球的直径尺寸时,应在尺寸数字前加注符号"$S\phi$";标注球的半径尺寸时,应在尺寸前加注符号"SR",如图 1.34 所示。其注写方法与圆弧半径和圆直径的尺寸标注方法相同。

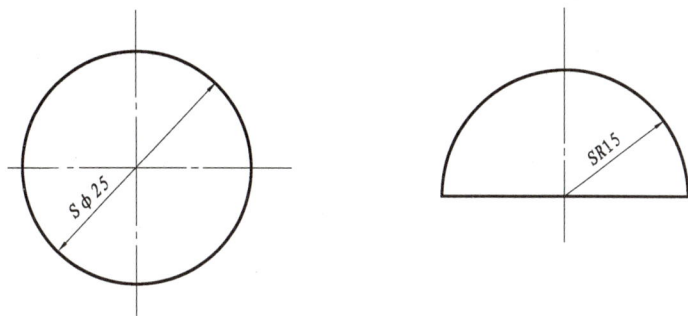

图 1.34　球体的尺寸标注

6) 角度、弧长、弦长的标注

角度的尺寸线应以圆弧表示,其圆心为该角的顶点,角的两条边为尺寸界线,起止符号以箭头表示,如没有足够位置画箭头,可用圆点代替,角度数字应沿尺寸线方向注写,如图 1.35(a)所示。弧长的尺寸线应采用与圆弧同心的圆弧线表示,尺寸界线应指向圆心,起止符号用箭头表示,弧长数字上方或前方应加注圆弧符号"⌒",如图 1.35(b)所示。标注弦长时,尺寸线应以平行于该弦的直线表示,尺寸界线应垂直于该弦,起止符号用中粗斜短线表示,如图 1.35(c)所示。

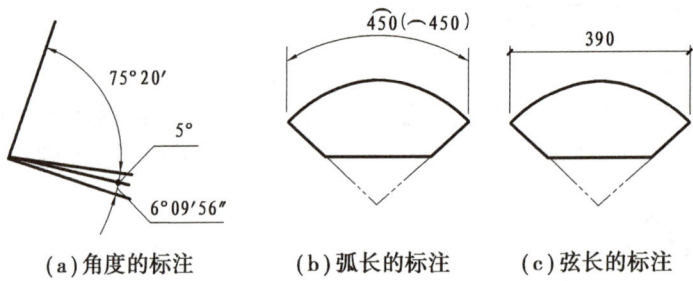

（a）角度的标注　　（b）弧长的标注　　（c）弦长的标注

图 1.35　角度、弧长、弦长的标注

7) 薄板厚度、正方形、坡度、非圆曲线等尺寸标注

在薄板板面标注板厚尺寸时,应在厚度数字前加厚度符号"t",如图 1.36 所示。

标注正方形的尺寸,可用"边长×边长"的形式,也可在边长数字前加正方形符号"□",如图 1.37 所示。

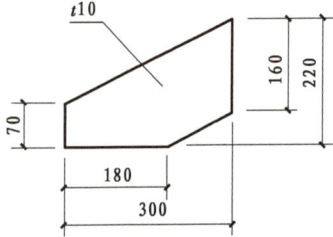

图 1.36　薄板厚度标注方法

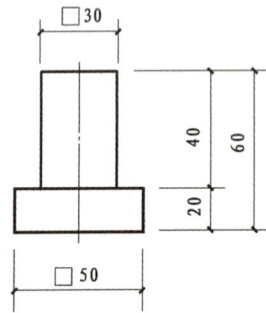

图 1.37　标注正方形尺寸

标注坡度时,应加注坡度符号"←"或"←",箭头应指向下坡方向。坡度也可用直角三角形的形式标注,如图 1.38 所示。

外形为非圆曲线的构件,可用坐标形式标注尺寸,如图 1.39 所示。

复杂的图形,可用网格形式标注尺寸,如图 1.40 所示。

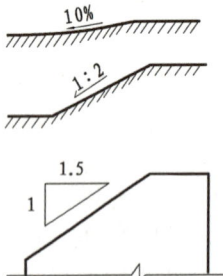

图 1.38　坡度的标注

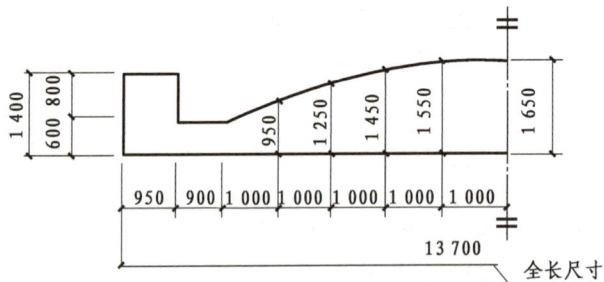

图 1.39　坐标法标注曲线尺寸

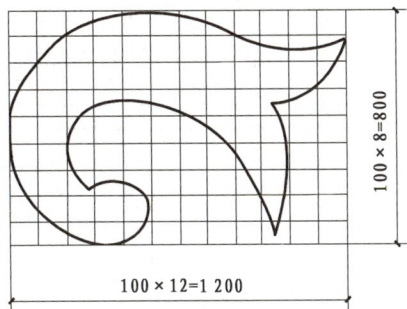

图 1.40　网格法标注曲线尺寸

8）尺寸的简化标注

连续排列的等长尺寸,可用"等长尺寸×个数＝总长"或"总长(等分个数)"的形式标注,
如图 1.41 所示。

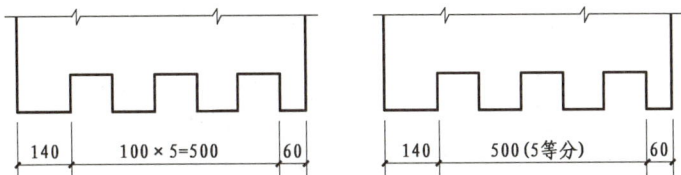

图 1.41　等长尺寸的简化标注

桁架简图、钢筋简图、管线简图等单线图标注其长度时,可直接将尺寸数字注写在杆件或
管线的一侧,如图 1.42 所示。

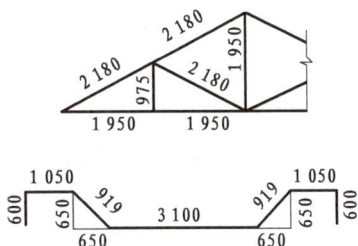

图 1.42　单线图的尺寸标注

构配件内的构造要素(如孔、槽等)如相同,可仅标注其中一个要素的尺寸,并在尺寸数字
前注明个数,如图 1.43 所示。

对称构配件采用对称省略画法时,该对称构配件的尺寸线应略超过对称符号,仅在尺寸
线的一端画尺寸起止符号,尺寸数字应按整体全尺寸注写,其注写位置宜与对称符号对齐,如
图 1.44 所示。

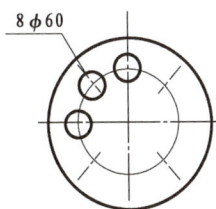

图 1.43　相同要素的尺寸标注　　　　图 1.44　对称构件尺寸标注方法

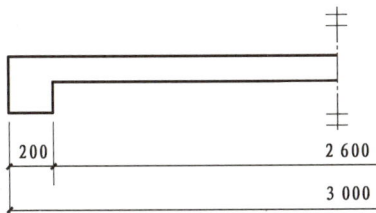

两个构配件如个别尺寸数字不同,可在同一图样中将其中一个构配件的不同尺寸数字注写在括号内,该构配件的名称也应注写在相应的括号内,如图 1.45 所示。

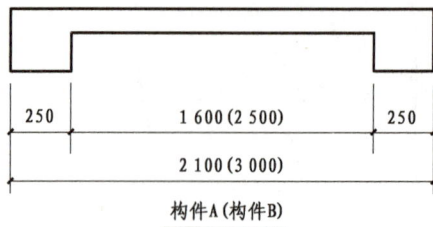

图 1.45　相似构件尺寸标注方法

多个构配件如仅某些尺寸不同,这些有变化的尺寸数字可用拉丁字母注写在同一图样中,另列表格写明其具体尺寸,如图 1.46 所示。

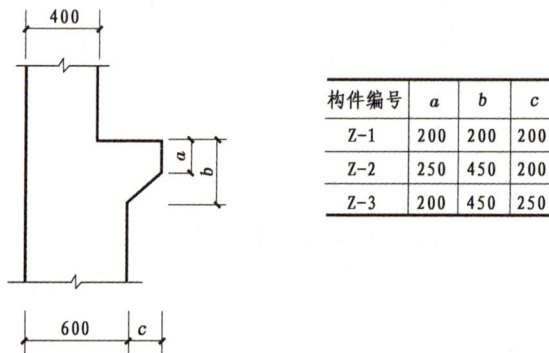

构件编号	a	b	c
Z—1	200	200	200
Z—2	250	450	200
Z—3	200	450	250

图 1.46　相似构配件尺寸表格式标注方法

9)尺寸标注的注意事项

轮廓线、中心线可用作尺寸界线,但不能用作尺寸线,如图 1.47(a)所示;不能用尺寸界线作尺寸线,如图 1.47(b)所示;应将大尺寸标在外侧,小尺寸标在内侧,如图 1.47(c)所示;水平方向和竖直方向的尺寸注写,如图 1.47(d)所示。

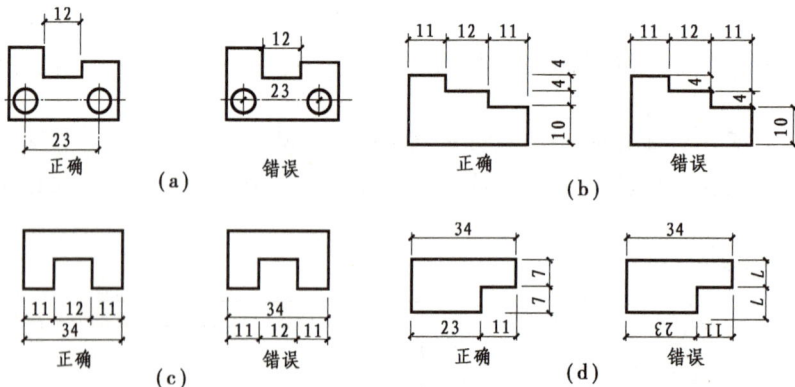

图 1.47　尺寸标注

【特别提示】

"制图标准的基本规定"内容来源于《房屋建筑制图统一标准》（GB/T 50001—2017），绘图时要按统一标准的规定绘制，才能传递正确信息。俗话说无规矩不成方圆，做人做事都应该在法律框架下行事，要讲规矩、守原则。

1.3　几何作图的基本原理

根据已知条件画出所需平面图形的过程称为几何作图。掌握各种几何图形的作图原理和方法，迅速准确地画出平面图形，是工程技术人员必备的基本技能之一。

1.3.1　等分线段

任意等分线段。以五等分为例，把已知线段 AB 五等分，可用作平行线法求得各等分点。其作图方法和步骤如图 1.48 所示。

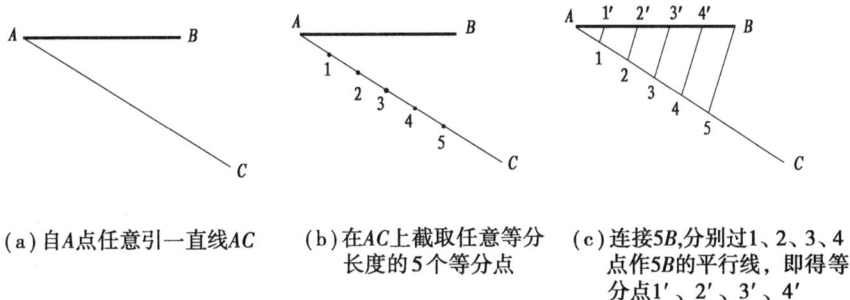

（a）自 A 点任意引一直线 AC 　　（b）在 AC 上截取任意等分长度的 5 个等分点　　（c）连接 $5B$，分别过 1、2、3、4 点作 $5B$ 的平行线，即得等分点 1′、2′、3′、4′

图 1.48　五等分线段图

1.3.2　等分圆周和作圆内接正多边形

1）五等分圆周并作圆内接正五边形

已知圆的半径 R，作圆内接正五边形的方法和步骤如图 1.49 所示。

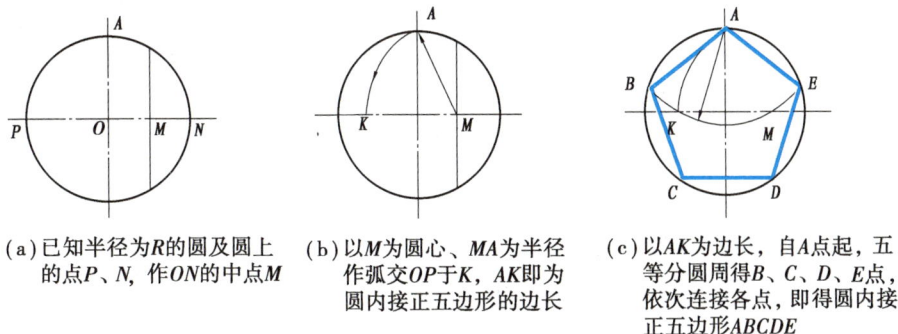

（a）已知半径为 R 的圆及圆上的点 P、N，作 ON 的中点 M　　（b）以 M 为圆心、MA 为半径作弧交 OP 于 K，AK 即为圆内接正五边形的边长　　（c）以 AK 为边长，自 A 点起，五等分圆周得 B、C、D、E 点，依次连接各点，即得圆内接正五边形 $ABCDE$

图 1.49　五等分圆周并作圆内接正五边形

2)任意等分圆周并作圆内接 n 边形(以圆内接正七边形为例)

作圆内接正七边形的方法和步骤如图 1.50 所示。

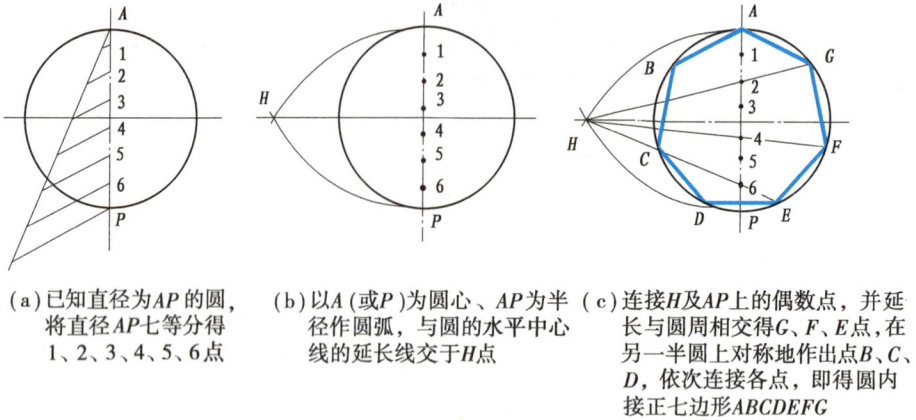

(a)已知直径为 AP 的圆,将直径 AP 七等分得 1、2、3、4、5、6 点

(b)以 A (或 P)为圆心、AP 为半径作圆弧,与圆的水平中心线的延长线交于 H 点

(c)连接 H 及 AP 上的偶数点,并延长与圆周相交得 G、F、E 点,在另一半圆上对称地作出点 B、C、D,依次连接各点,即得圆内接正七边形 $ABCDEFG$

图 1.50 作圆内接正七边形

1.3.3 圆弧连接

1)用圆弧连接两直线

用圆弧连接两直线的方法和步骤如图 1.51 所示。

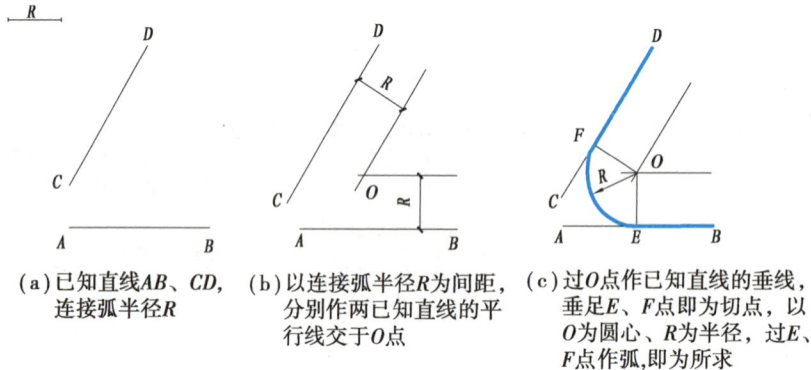

(a)已知直线 AB、CD,连接弧半径 R

(b)以连接弧半径 R 为间距,分别作两已知直线的平行线交于 O 点

(c)过 O 点作已知直线的垂线,垂足 E、F 点即为切点,以 O 为圆心、R 为半径,过 E、F 点作弧,即为所求

图 1.51 圆弧连接两直线

2)直线与圆弧间的圆弧连接

圆弧连接直线有连接弧与圆内切和外切之分,其方法和步骤分别如图 1.52、图 1.53 所示。

3)圆弧与圆弧外切连接

圆弧与圆弧外切连接的方法和步骤如图 1.54 所示。

4)圆弧与圆弧内切连接

圆弧与圆弧内切连接的方法和步骤如图 1.55 所示。

5)圆弧与圆弧内、外切连接

圆弧与圆弧内、外切连接的方法和步骤如图 1.56 所示。

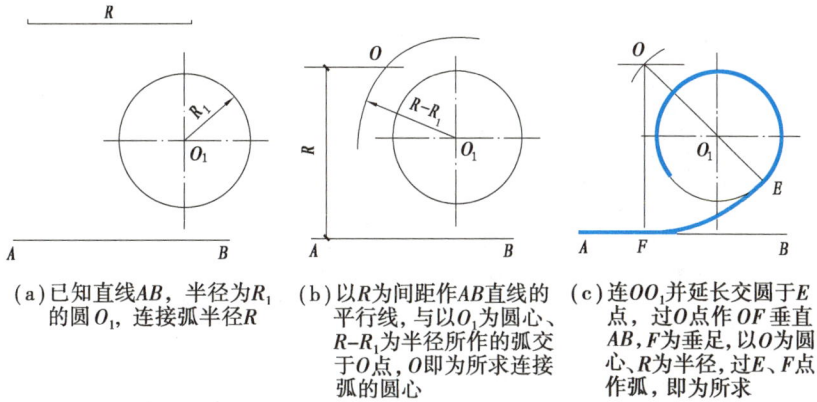

（a）已知直线 AB，半径为 R_1 的圆 O_1，连接弧半径 R
（b）以 R 为间距作 AB 直线的平行线，与以 O_1 为圆心、$R-R_1$ 为半径所作的弧交于 O 点，O 即为所求连接弧的圆心
（c）连 OO_1 并延长交圆于 E 点，过 O 点作 OF 垂直 AB，F 为垂足，以 O 为圆心、R 为半径，过 E、F 点作弧，即为所求

图 1.52　圆弧连接直线和圆弧（连接弧与圆内切）

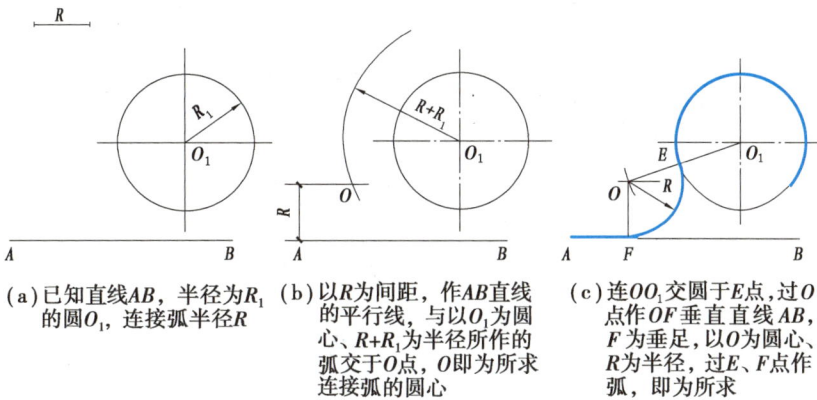

（a）已知直线 AB，半径为 R_1 的圆 O_1，连接弧半径 R
（b）以 R 为间距，作 AB 直线的平行线，与以 O_1 为圆心、$R+R_1$ 为半径所作的弧交于 O 点，O 即为所求连接弧的圆心
（c）连 OO_1 交圆于 E 点，过 O 点作 OF 垂直直线 AB，F 为垂足，以 O 为圆心、R 为半径，过 E、F 点作弧，即为所求

图 1.53　圆弧连接直线和圆弧（连接弧与圆外切）

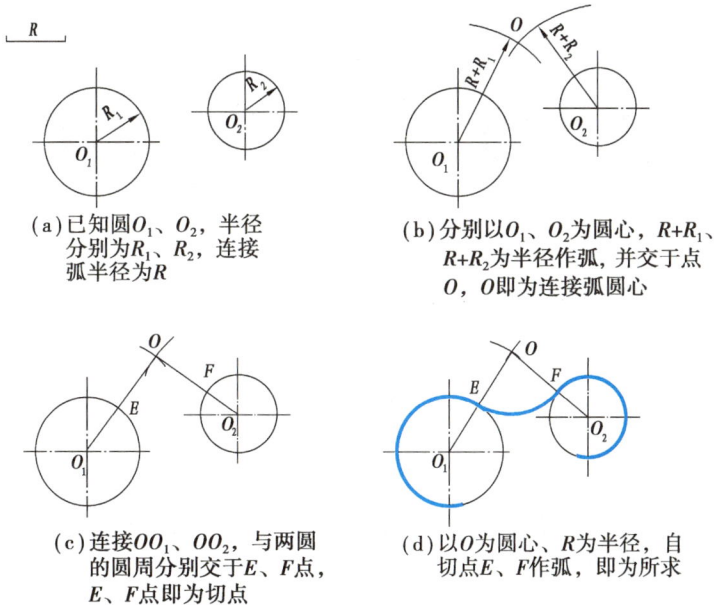

（a）已知圆 O_1、O_2，半径分别为 R_1、R_2，连接弧半径为 R
（b）分别以 O_1、O_2 为圆心，$R+R_1$、$R+R_2$ 为半径作弧，并交于点 O，O 即为连接弧圆心

（c）连接 OO_1、OO_2，与两圆的圆周分别交于 E、F 点，E、F 点即为切点
（d）以 O 为圆心、R 为半径，自切点 E、F 作弧，即为所求

图 1.54　圆弧与圆弧外切连接

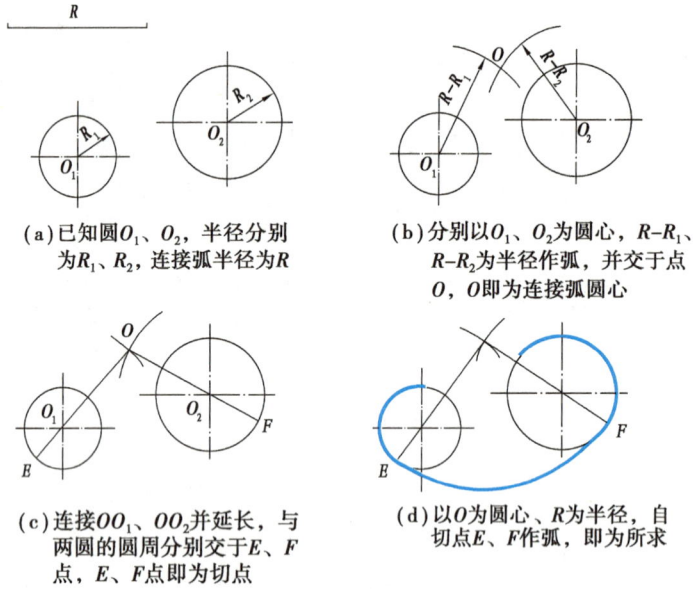

(a) 已知圆 O_1、O_2，半径分别
为 R_1、R_2，连接弧半径为 R

(b) 分别以 O_1、O_2 为圆心，$R-R_1$、
$R-R_2$ 为半径作弧，并交于点
O，O 即为连接弧圆心

(c) 连接 OO_1、OO_2 并延长，与
两圆的圆周分别交于 E、F
点，E、F 点即为切点

(d) 以 O 为圆心、R 为半径，自
切点 E、F 作弧，即为所求

图 1.55　圆弧与圆弧内切连接

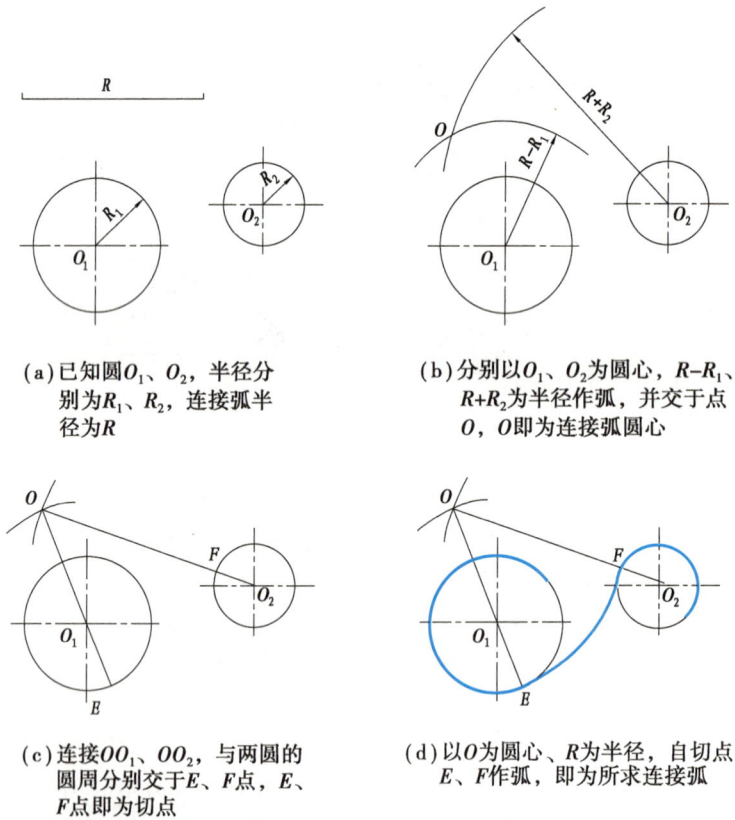

(a) 已知圆 O_1、O_2，半径分
别为 R_1、R_2，连接弧半
径为 R

(b) 分别以 O_1、O_2 为圆心，$R-R_1$、
$R+R_2$ 为半径作弧，并交于点
O，O 即为连接弧圆心

(c) 连接 OO_1、OO_2，与两圆的
圆周分别交于 E、F 点，E、
F 点即为切点

(d) 以 O 为圆心、R 为半径，自切点
E、F 作弧，即为所求连接弧

图 1.56　圆弧与圆弧内、外切连接

1.3.4 椭圆画法

1)同心圆法

用同心圆法作椭圆的方法和步骤如图 1.57 所示。

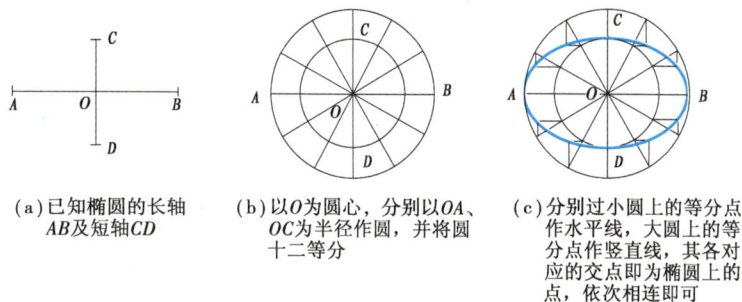

(a)已知椭圆的长轴 AB 及短轴 CD　　(b)以 O 为圆心,分别以 OA、OC 为半径作圆,并将圆十二等分　　(c)分别过小圆上的等分点作水平线,大圆上的等分点作竖直线,其各对应的交点即为椭圆上的点,依次相连即可

图 1.57　同心圆法作椭圆

2)四心圆弧近似法

用四心圆弧近似法作椭圆的方法和步骤如图 1.58 所示。

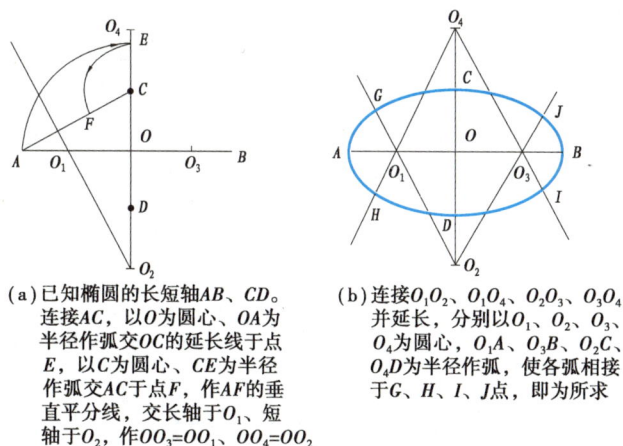

(a)已知椭圆的长短轴 AB、CD。连接 AC,以 O 为圆心、OA 为半径作弧交 OC 的延长线于点 E,以 C 为圆心、CE 为半径作弧交 AC 于点 F,作 AF 的垂直平分线,交长轴于 O_1、短轴于 O_2,作 $OO_3=OO_1$、$OO_4=OO_2$　　(b)连接 O_1O_2、O_1O_4、O_2O_3、O_3O_4 并延长,分别以 O_1、O_2、O_3、O_4 为圆心,O_1A、O_3B、O_2C、O_4D 为半径作弧,使各弧相接于 G、H、I、J 点,即为所求

图 1.58　四心圆法作椭圆

1.4　工程制图的一般步骤

一个平面图形通常由一个或多个封闭图形组成,而每一个封闭图形一般又由若干线段(直线、圆弧)组成。要正确绘制一个平面图形,必须先对其尺寸和线段进行分析,从而准确确定各线段的相对位置和关系。

1.4.1　平面图形的绘制

1)平面图形的尺寸分析

平面图形中的各组成部分的大小和相对位置是由所标注的尺寸确定的。

平面图形中所标注的尺寸,按其作用可分为:

①定形尺寸:用于确定平面图形各组成部分的形状和大小的尺寸,如长度、直径、半径、角度等。

②定位尺寸:用于确定平面图形各组成部分的相对位置的尺寸。

标注尺寸的起点称为尺寸基准,平面图形中一般采用图形的对称中心线或图形的边线作为尺寸基准。

2)平面图形的线段分析

根据线段具有的定形、定位尺寸情况,可以将线段分为以下3类:

①已知线段:定形、定位尺寸齐全的线段称为已知线段。作图时该类线段可以直接根据尺寸作图。

②中间线段:只有定形尺寸和一个定位尺寸的线段称为中间线段。作图时必须根据该线段与相邻已知线段的几何关系,通过几何作图的方法确定另一定位尺寸后才能作出。

③连接线段:只有定形尺寸没有定位尺寸的线段称为连接线段。其定位尺寸需根据与该线段相邻的两线段的几何关系,通过几何作图的方法作出。

3)平面图形的画图步骤

画平面图形时,先画已知线段,再画中间线段,最后才能画连接线段。

平面图形由直线线段,或曲线线段,或直线线段和曲线线段共同构成。曲线线段以圆弧为最多。画图之前,要对图形各线段进行分析,明确每一段的形状、大小和相对位置,然后分段画出,再连接成图形。各线段的大小和位置可根据图中所注尺寸确定。

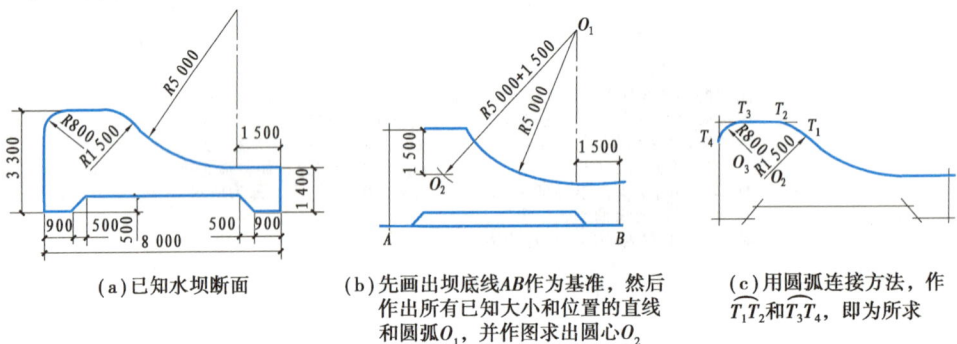

(a)已知水坝断面   (b)先画出坝底线AB作为基准,然后   (c)用圆弧连接方法,作
作出所有已知大小和位置的直线 $\overset{\frown}{T_1T_2}$ 和 $\overset{\frown}{T_3T_4}$,即为所求
和圆弧O_1,并作图求出圆心O_2

图1.59 平面图形的画图步骤

图1.59所示是一个水坝断面图,图中8 000、1 400、3 300、R1 500、R800等是定形尺寸,1 500是定位尺寸,R5 000既是定形尺寸,又是定位尺寸,一般连接圆弧都可用作图方法确定其圆心,因此不必标出圆心的定位尺寸。

作平面图形的步骤如下:

①选定比例,布置图面,使图形在图纸上位置适中;

②选定基准线,如水坝断面图可以坝底线作为基准,对称图形一般以对称轴线作为基准;

③画出所有大小和位置都已确定的直线和圆弧;

④用几何作图方法画连接圆弧;

⑤分别标注定形尺寸和定位尺寸。

1.4.2 工程图的绘制步骤

1）绘图准备

将绘图用的图板、尺子、铅笔、绘图墨水笔准备好，并保持图板、尺子等绘图工具清洁；将图纸用胶带粘贴在图板上，绘图前先仔细阅读图样，确定好合适的绘图比例以及各部分的大小尺寸关系，找到合适的绘图切入点，即可进行具体的绘图操作。

2）绘制底稿

绘制底稿前应先考虑图样在图纸中的布局，待位置确定后，以轴线、基准线、中心线等确定好图样的位置，然后逐一绘制出图样其他部分。

底稿采用较硬的绘图铅笔（H或2H）绘制，不区分线型的粗细。绘制底稿时用笔必须轻而细，以便修改。

底稿中的尺寸标注暂不画出尺寸起止符号，也不书写尺寸数字。

3）加深图样底稿

加深底稿前应仔细检查图样是否有误，若有误必须更正，并补齐遗漏的线条。

通常用2B、B、HB铅笔或绘图墨水笔进行图样加深。加深过程中应细致耐心，特别是使用墨水笔进行加深时，必须放平图板，以免未干的墨水流动。画错的地方，须待墨水干了后用刀片刮去再进行修改。加深过程也要保持整个图面的清洁，若一次不能加深完成，应将图纸进行覆盖，以免污染图面。

【拓展阅读】

梁思成、林徽因是中国近代建筑领域不可忘却的建筑学家。在战争时期，梁思成、林徽因夫妇拒绝国外优厚待遇，冒着危险走遍全国十五省二百多个县，对两千多件唐、宋、辽、金、元、明、清等朝代遗留下来的建筑进行了测绘与拍摄，绘制出许多中国古建筑图纸，为后人的研究留下了宝贵的资料。他们坚持不懈地寻找并记录中国古建筑，积极抢救和保护中国古建筑，充分体现了伟大建筑大师为建筑发展的奉献精神，一丝不苟、兢兢业业的工匠精神和临危不惧的爱国精神。

思考与练习

1. 列举出常用图纸图幅与长边尺寸。
2. 简要回答工程字的书写规范与注意事项。
3. 简要回答尺寸标注的主要组成部分及其注意事项。

模块 2
投影制图

单元2　投影的基本知识

【知识目标】

(1) 了解投影的形成、分类及特性;

(2) 掌握三面投影图的形成原理及作图过程;

(3) 掌握点、线、平面的投影原理及作图方法。

【能力目标】

(1) 能够运用投影理论,绘制空间立体的三面正投影图;

(2) 能够运用投影理论,进行点、线、面的投影,并通过其投影规律,解决实际问题。

【素质目标】

(1) 培养良好、标准的作图习惯;

(2) 培养正确认识问题、分析问题和解决问题的能力。

在表达空间形体和解决空间几何问题时,经常要借助图纸,而投影原理则为图示空间形体和图解空间几何问题提供了理论和方法。

2.1　投影的概念

2.1.1　投影的形成

阳光下的电线杆会在地面上留下长长的影子,而且这个影子的位置和大小会随着一天中太阳方位的变化而发生改变;路灯下的行人在马路上投射出一道身影,这个影子会随着人与路灯的距离而拉长或变短;夜晚手电筒所照之处在物体的背面会形成影子。但是,物体的影子只是物体边缘的轮廓,并不能如实反映物体本身的形状。

人们在上述现象的启示下,在长期的生产实践中将其总结出来,然后在工程中加以应用,即形成投影图。所谓投影图,即假定光线能穿透物体将其所有轮廓线都投射在特定的投影平面上,使其能够反映物体的轮廓形状,如图2.1所示。

根据以上描述可知,物体要形成投影图必须具备以下条件:投射线、投影面和物体。由图2.2可知物体(以石台阶为例)影子和投影的区别。

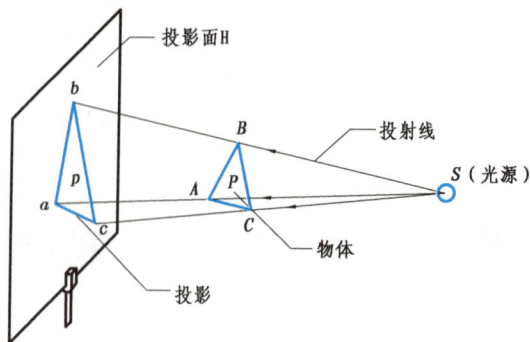

图 2.1　投影的形成过程

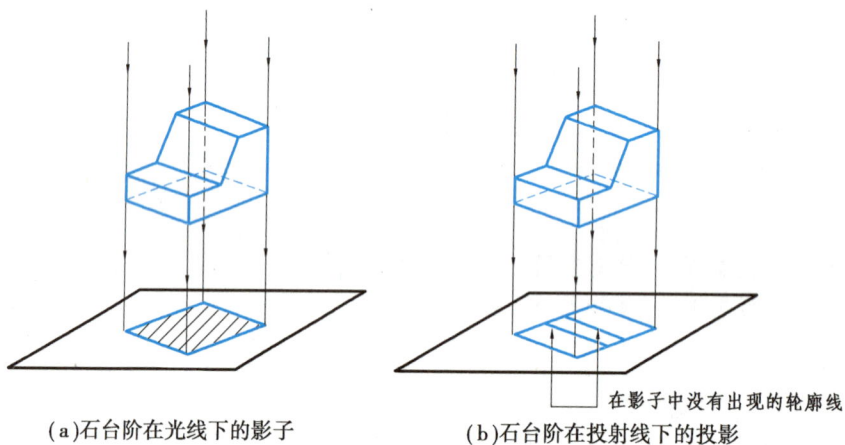

(a)石台阶在光线下的影子　　(b)石台阶在投射线下的投影

图2.2　石台阶的影子与投影的区别示意图

2.1.2　中心投影和平行投影

根据投影中心与投影面距离的不同,我们将投影分为中心投影和平行投影两种。

1)中心投影

当投影中心距离投影面有限远时,所得到的物体的投影为中心投影(图2.3)。点 S 为投影中心,S 距离投影面 H 为有限远,此时即得到石台阶在 H 面上的中心投影。

中心投影通常较空间中的物体更大一点,其大小由投影面、空间物体和投射中心三者的相对位置确定。假设投影面与物体之间的距离为 h_1,物体与投影中心的距离为 h_2,则当 h_1/h_2 越大时,投影越大,反之越小。

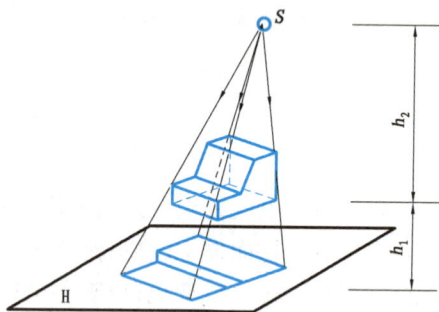

图2.3　石台阶中心投影示意图

2)平行投影

如图2.4所示,当投影中心与投影面距离无限远,投射线互相平行时,所得到的物体的投影为平行投影。

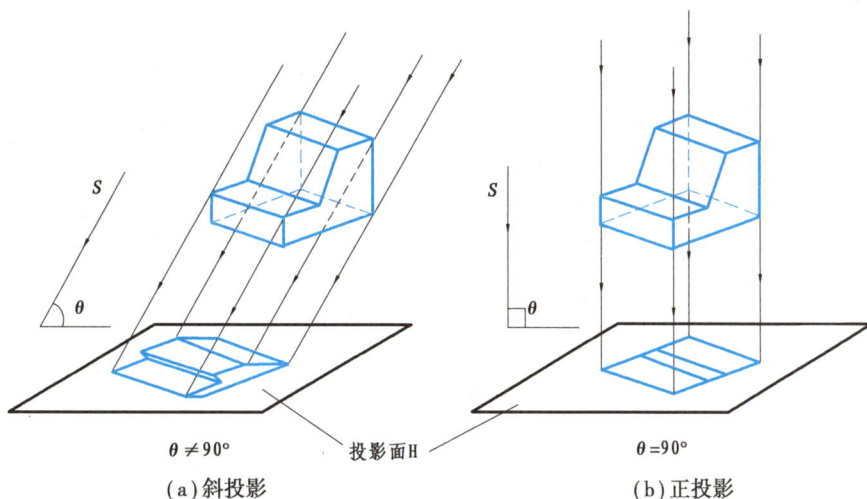

$\theta \neq 90°$ 投影面 H $\theta = 90°$

（a）斜投影   （b）正投影

图 2.4 石台阶平行投影示意图

根据投射线 S 与投影面 H 的夹角 θ 的大小，平行投影又可以分为斜投影和正投影两种。当 $\theta \neq 90°$ 时，称为斜投影；当 $\theta = 90°$ 时，称为正投影。

不论空间物体沿着投射方向如何移动，即不管 h_1/h_2 如何变化（h_1 为投影面与物体之间的距离，h_2 为物体与投影中心的距离），其投影大小不变。因此，对平行投影来说，只要给出投影面和投射方向，投影条件即可确定，空间物体与投影面距离的远近不会影响其投影的大小。

2.1.3 工程中常用投影方法及投影图

1）透视图

利用中心投影绘制的投影图称为透视图，如图 2.5（a）所示。透视图存在消逝点，符合肉眼观察物体而产生近大远小的规律，因此透视图具有较强的立体感，可用于图形效果的展示（如建筑外貌、室内设计效果图等）。但透视图的尺寸度量性较差，无法准确反映物体的实际尺寸，在工程图样绘制中一般作为辅助图使用。

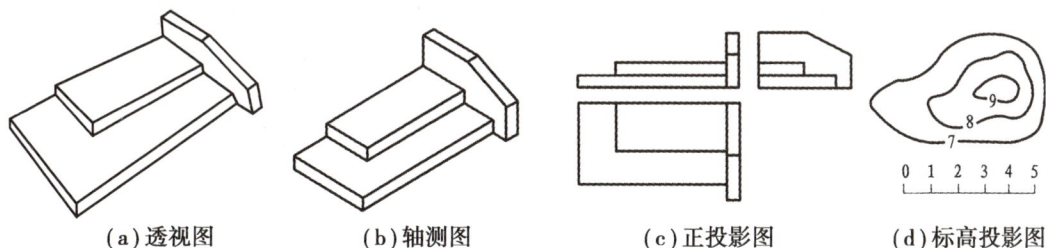

（a）透视图   （b）轴测图   （c）正投影图   （d）标高投影图

图 2.5 工程中常见投影图

2）轴测图

利用斜投影（$\theta \neq 90°$ 时）绘制的投影图称为轴测图，如图 2.5（b）所示。轴测图也具有较强的立体感，但无透视图的消逝点，因此并无近大远小的视觉感受。轴测图同样不具备较好的尺寸度量性，通常作为辅助图使用。给排水、暖通等管道图常使用轴测图表示。

3）正投影图

利用正投影（$\theta = 90°$时）绘制的投影图称为正投影图，如图2.5（c）所示。正投影图通常采用物体多个面的正投影进行表示，即在空间中建立一个投影体系（如由3个两两垂直的投影面组成），再将物体在这3个投影面上的正投影作出，即得正投影图。

与前述透视图和轴测图不同，正投影图为平面图样，没有立体感，但正投影图能较好地反映物体在空间中的形状、大小，具有较好的尺寸度量性。正投影图是工程图样的主要表示方法。

4）标高投影图

标高投影图是一种带有高程数字标记的水平正投影图，多用来表达地形及复杂曲面。它是假想用一组高差相等的水平面切割地面，将所得的一系列交线（等高线）投射在水平投影面上，并用数字标出这些等高线的高程而得到的投影图（常称为地形图），如图2.5（d）所示。

2.1.4 正投影的基本特性

在工程图样中，正投影图是主要表示方法。正投影一般具有以下特性：

（1）类似性

点的正投影仍然是点。当直线倾斜于投影面 H 时，其正投影仍然是直线，但不反映实长；当平面图形倾斜于投影面 H 时，在该投影面上的正投影一般情况下仍然是平面，为原图形的类似形。如图2.6所示，点 E 在 H 面上的正投影为点 e，直线 AD 在 H 面上的正投影为直线 ad，平面 ABC 在 H 面上的正投影为平面 abc。

（2）实形性

当平面 ABCD、直线 EF 与投影面 H 平行时，其正投影反映它们的实形或实长，如图2.7所示。

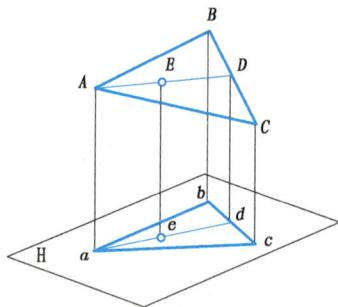

图2.6　类似性示意图

（3）积聚性和重合性

当直线 EF、平面 ABCD 与投影面 H 垂直时，其正投影积聚为一个点和一条直线，这样的性质称为积聚性。由于正投影的积聚，造成了物体上两个或两个以上的点、直线和面的投影重合，如图2.8中的 E、F 两点。

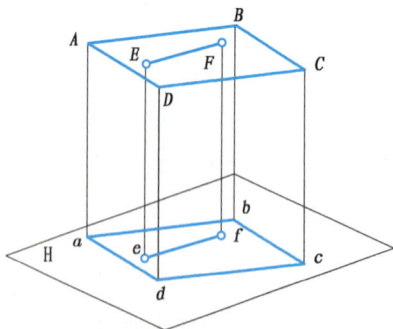

图2.7　真实性示意图

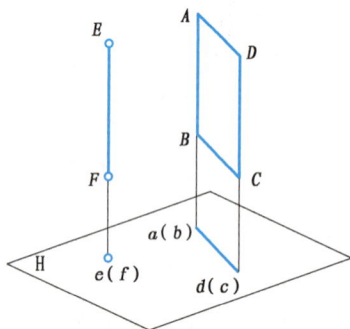

图2.8　积聚性（重合性）示意图

（4）平行性

两平行直线的投影仍互相平行，且其投影长度之比等于两平行线段长度之比。

（5）从属性

几何元素的从属关系在投影中不会发生变化,如点在直线上,则该点的投影必位于该直线的投影上。

（6）定比性

点分直线段成某一比例,则该点的投影也分该线段的投影成相同的比例。

2.2　三面投影图

空间中的物体一般具有长、宽、高 3 个方向的尺寸和形状,结合 2.1.4 节叙述的正投影的特性可知,只需将物体向 3 个两两垂直的投影面上作正投影,得到相应的投影图,便可准确地表示物体的空间形态。因此,在工程图样绘制中,需要先建立一个三面正投影体系。

2.2.1　三面正投影体系的建立

如图 2.9 所示,建立一个两两垂直的三面正投影体系,即 3 个相互垂直的投影面 H、V、W 面。其中,H 面为水平投影面,V 面为正立投影面,W 面为侧立投影面。H、V、W 3 个面的交线称为投影轴,H 面和 V 面的交线为 OX 轴,H 面和 W 面的交线为 OY 轴,V 面和 W 面的交线为 OZ 轴,O 点即为原点。

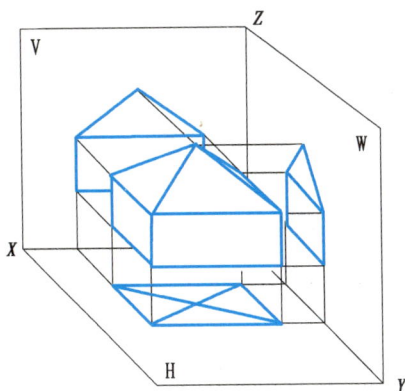

图 2.9　三面正投影体系

三面正投影体系的形成与展开

当我们将空间中的物体向 3 个投影面进行投影时,应尽量多地让物体各表面处于与各投影面平行或垂直的特殊位置,以便绘制较简单又能准确表示物体形状的投影图。

2.2.2　三面正投影的展开

将图 2.9 中的 V 面固定不动,H 面绕 OX 轴向下旋转 90°,W 面绕 OZ 轴向右旋转 90°,即得到三面正投影的展开图,如图 2.10 所示。展开后的三面投影图符合我们的作图习惯,较为方便。

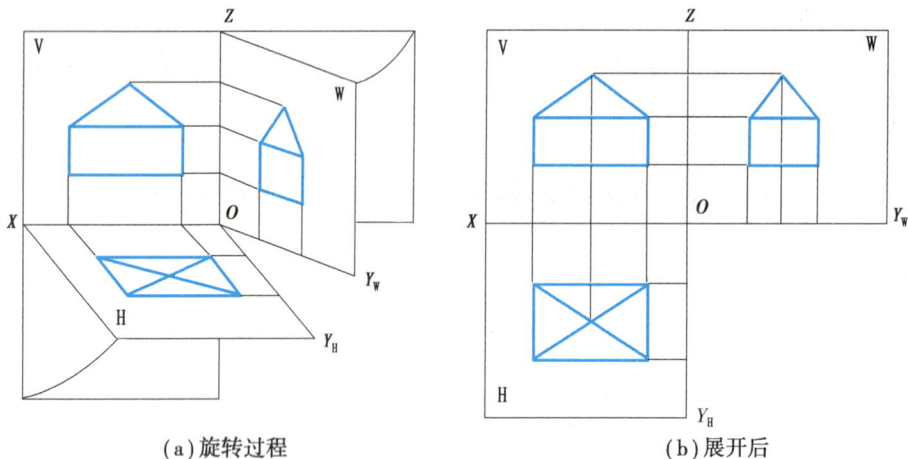

（a）旋转过程　　　　　　　　　　　（b）展开后

图 2.10　三面正投影的展开示意图

2.2.3　三面正投影的关系

1）投影的三等关系

对于空间中同一物体而言，其三面投影之间都有一定的联系（图 2.10），即所谓的"长对正、高平齐、宽相等"。

①长对正，即物体的正面投影（V 面投影）和水平投影（H 面投影）左右对正、长度相等。

②高平齐，即物体的正面投影（V 面投影）和侧面投影（W 面投影）上下对齐、高度相等。

③宽相等，即物体的水平投影（H 面投影）和侧面投影（W 面投影）前后对应、宽度相等。

在工程图样的绘制和识读中，无时无处不遵循着投影的三等关系。

2）三面正投影体系中的方位

物体在空间中有前后、上下、左右 6 个方位，在三面正投影体系中，每个投影面上的投影只能反映 6 个方位中的 4 个。水平投影反映左右、前后关系；正面投影反映左右、上下关系；侧面投影反映前后、上下关系，如图 2.11 所示。

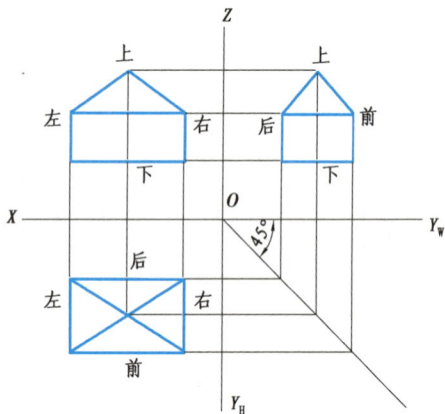

图 2.11　三面正投影的画法

3）三面正投影的画法

按照投影的三等关系，仔细分析物体在 3 个投影面中的位置，以及每个投影面上前后、左右、上下 6 个方位的关系，分别画出物体 3 个投影面上的正投影（图 2.11），各投影面上的投影用细实线连接，水平投影和侧面投影之间（宽相等）用 45°斜线连接。

三面正投影的绘制

【特别提示】
　古人云:"横看成岭侧成峰,远近高低各不同",即要想表达清楚一个物体,必须从多方面、多方位考虑。

2.3　点的投影

2.3.1　点的单面投影·

如图 2.12 所示为单面投影体系,过空间中的点 A 向 H 面作一条垂线,则该垂线与 H 面的交点 a 称为点 A 在 H 面上的正投影。空间中的点 A 唯一对应一个 H 面上的投影 a,而 H 面上的点 a 却并不唯一对应空间中的 A 点,也可能是图中所示的点 A′。

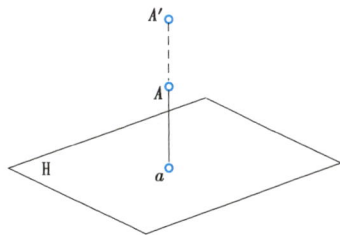

图 2.12　点的单面投影

2.3.2　点的两面投影

如图 2.13(a)所示,建立包含 V 面和 H 面的投影体系,V 面和 H 面相交于轴线 OX。过空间中的点 A,分别向 V 面和 H 面作单面正投影,可得投影 a′和 a。a 即为点 A 的水平投影,a′即为点 A 的正面投影。

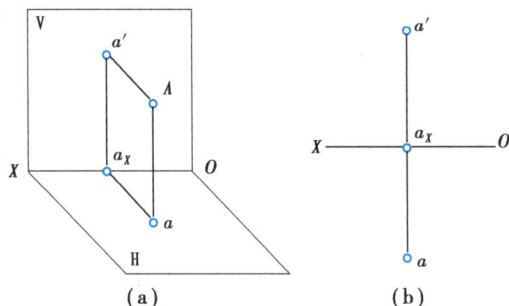

　　　(a)　　　　　　　　　　　　(b)

图 2.13　点的两面投影

像三面正投影的展开一样,将 H 面、V 面投影体系沿 OX 轴展开(H 面旋转 90°),即得展开后的点的两面投影图,如图 2.13(b)所示(投影的边框已经取消)。

点的两面投影规律:
①两面投影的连线垂直于投影轴,即 $aa' \perp OX$;
②点 A 到 H 面的距离等于正面投影到投影轴 OX 的距离,即 $Aa = a'a_X$;
③点 A 到 V 面的距离等于水平投影到投影轴 OX 的距离,即 $Aa' = aa_X$。

2.3.3　点的三面投影

1)点的三面投影规律

在三面投影体系中,作出点 A 的三面正投影 a、a′、a″,如图 2.14(a)所示。将 3 个投影面展开在一个平面上,去掉投影面边框,在 OY_H 和 OY_W 两条轴之间作出 45°辅助线。从图上可以很清楚地看到空间点 A 和三面投影 a、a'、a'' 的对应关系。

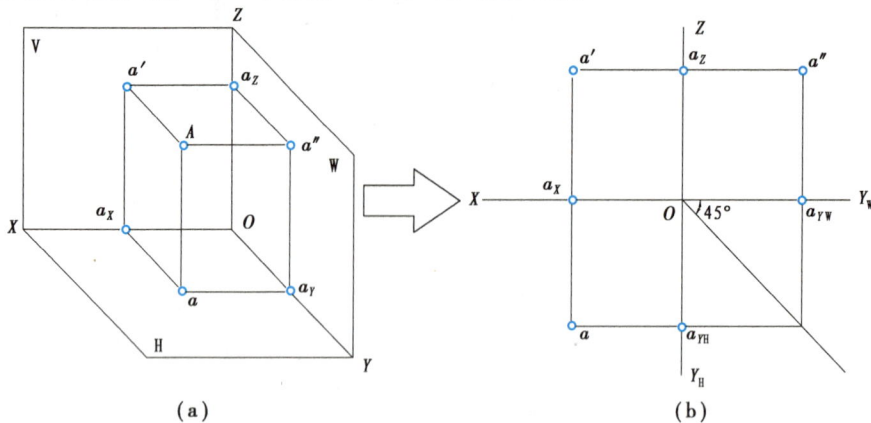

图 2.14 点的三面正投影

①相邻两投影面上的投影连线垂直于相应的投影轴,$aa' \perp OX$,$a'a'' \perp OZ$;

②点 A 到各投影面的距离与两面投影中描述的规律一致,即 $Aa = a'a_X = a''a_{YW}$,$Aa' = aa_X = a''a_Z$,$Aa'' = aa_{YH} = a'a_Z$;

③如图 2.15 所示,已知点的两面投影,可通过作图的方法求其第三面投影。

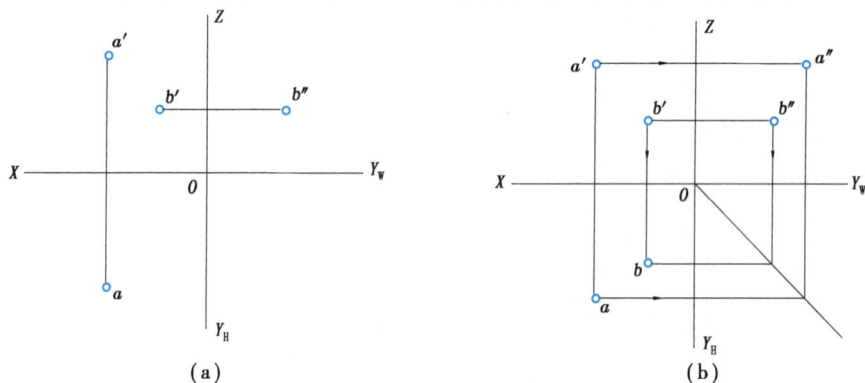

图 2.15 利用作图的方法求点的第三面投影

2)两点间的相对位置

由空间中点的三面投影可知,点在空间中的位置可由其坐标值 $A(x、y、z)$ 表示。$x、y、z$ 分别反映点 A 到 W 面、V 面以及 H 面的距离。

显然,我们可以利用两点($x、y、z$)坐标值的相对大小来判断它们之间的位置关系。即 x 坐标值大者在左方,x 坐标值小者在右方;y 坐标值大者在前方,y 坐标值小者在后方;z 坐标值大者在上方,z 坐标值小者在下方。

如图 2.16 所示,A 点的 x 坐标大于 B 点,因此 A 点在 B 点的"左"方;A 点的 y 坐标小于 B 点,因此 A 点在 B 点的"后"方;A 点的 z 坐标大于 B 点,因此 A 点在 B 点的"上"方。那么,基于以上判断,A 点即在 B 点的"左、后、

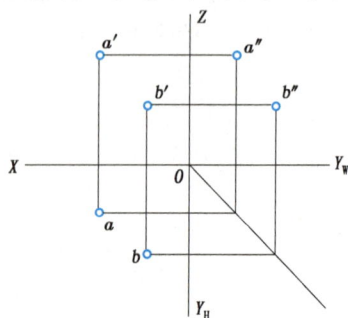

图 2.16 两点间相对位置

上"方。特别注意,在描述两点相对位置的时候,一定要遵循"左右、前后、上下"这样的顺序。

3) 重影点及其可见性、特殊位置的点

当空间中某两点在一个投影面上的投影重合时,即该两点称为这个投影面的重影点。两个点在某个投影面的投影重合,即需判断这两点在该投影面的投影可见性。

如图 2.17 所示,以 H 面的重影点为例,点 A 在点 B 的正上方,它们在 H 面上的投影重合,由于沿投射方向向下看时,A 点在上方为可见点,B 点在下方为不可见点,A 点的投影 a 写在前面,B 点的投影 b 写在后面并以括号表示,即 H 面上的重影点 z 坐标值大的可见。同理,V 面上的重影点 y 坐标值大的可见,W 面上的重影点 x 坐标值大的可见。

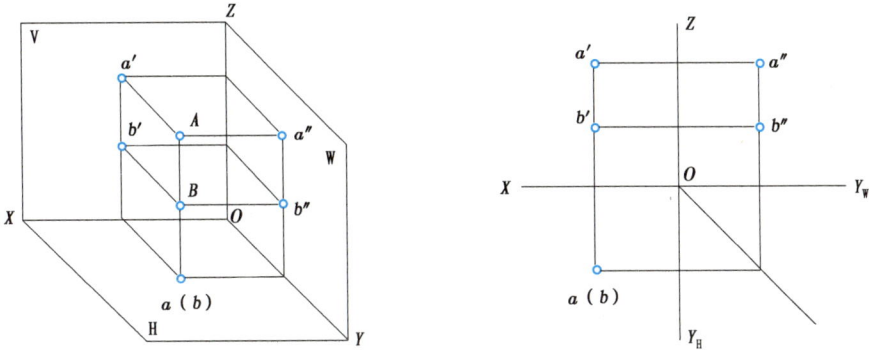

图 2.17 重影点的投影

除了重影点外,还有一些特殊位置的点,如投影面上的点以及投影轴上的点。如图 2.18 所示,A 点为 V 面上的点,其水平投影 a 位于投影轴 OX 上,侧面投影 a″位于投影轴 OZ 上;B 点为 W 面上的点,其水平投影 b 位于投影轴 OY_H 上,正面投影 b′位于投影轴 OZ 上;C 点为 H 面上的点,其正面投影 c′位于投影轴 OX 上,侧面投影 c″位于投影轴 OY_W 上。

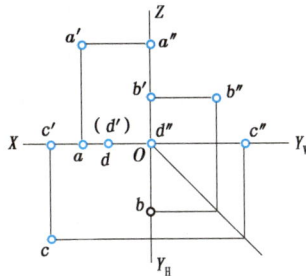

图 2.18 特殊位置的点

2.4 直线的投影

2.4.1 直线投影的形成及特性

1) 直线投影的形成

空间中的两个点可以确定一条直线,同样地,这条直线的投影也可以由这两个点的投影来确定。因此,直线的投影在一般情况下也是直线。如图 2.19 所示,直线 AB 的三面投影分

别为 ab、$a'b'$、$a''b''$。

2)直线对投影面的倾角

直线对投影面的倾角等于直线与它在该投影面中投影之间的夹角。如图 2.19(a)所示，直线 AB 对于 H 面的倾角为 α，α 的大小等于直线 AB 与水平投影 ab 的夹角；直线 AB 对于 V 面的倾角为 β，β 的大小等于直线 AB 与正面投影 $a'b'$ 的夹角；直线 AB 对于 W 面的倾角为 γ，γ 的大小等于直线 AB 与侧面投影 $a''b''$ 的夹角。

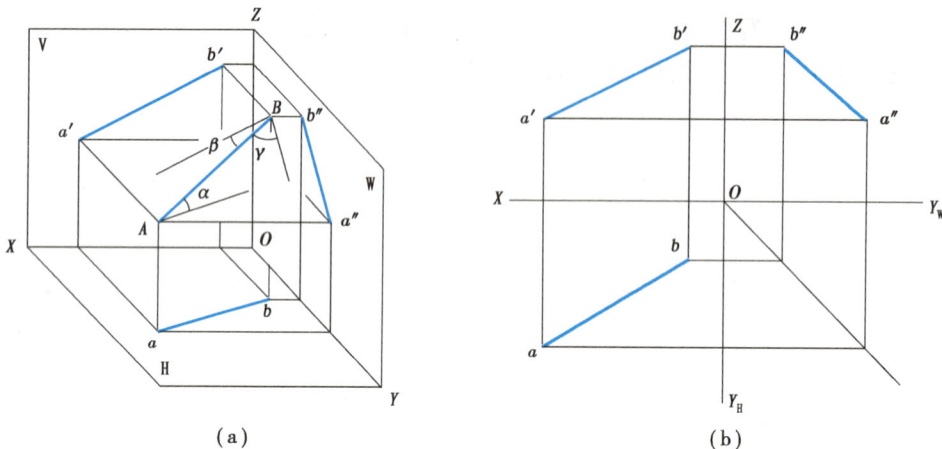

(a)   (b)

图 2.19　直线投影的形成

3)各种位置直线的投影及其特性

根据直线和投影面的相对位置,可以将空间中的直线分为一般位置直线、投影面平行线和投影面垂直线 3 种。

(1)一般位置直线

如图 2.19 所示,空间直线 AB 与 3 个投影面均有一定夹角,即与 3 个投影面都倾斜,这样的直线称为一般位置直线。一般位置直线的投影特性为:其三面投影 ab、$a'b'$、$a''b''$ 相对于投影轴均为斜线,且均小于直线 AB 的实长,没有积聚性,投影与相应投影轴之间的夹角不反映直线对投影面倾角的真实大小。

(2)投影面平行线

与一个投影面平行,与另两个投影面倾斜的空间直线称为投影面平行线。投影面平行线的投影特性为:直线在与其平行的投影面上的投影反映该直线的实长,该投影与相应投影轴的夹角反映直线与另两个投影面的倾角,在另两个投影面上的投影分别平行于相应的投影轴。

如图 2.20 所示,水平线 AB 的水平投影反映实长,β、γ 角的大小反映倾角的真实大小,正面和侧面投影分别平行于 OX 轴和 OY_W 轴,但 $a'b'$、$a''b''$ 不反映 AB 的实长;正平线 CD 的正面投影反映实长,α、γ 角的大小反映倾角的真实大小,水平投影和侧面投影分别平行于 OX 轴和 OZ 轴,但 cd、$c''d''$ 不反映 CD 的实长;侧平线 EF 的侧面投影反映实长,α、β 角的大小反映倾角的真实大小,水平投影和正面投影分别平行于 OY_H 轴和 OZ 轴,但 ef、$e'f'$ 不反映 EF 的实长。

(3)投影面垂直线

与任意一个投影面垂直的空间直线称为投影面垂直线,投影面垂直线必然与另两个投影面平行。投影面垂直线的投影特性为:直线在其垂直的投影面上的投影积聚成一点,在另两个投影面上的投影垂直于相应的投影轴。

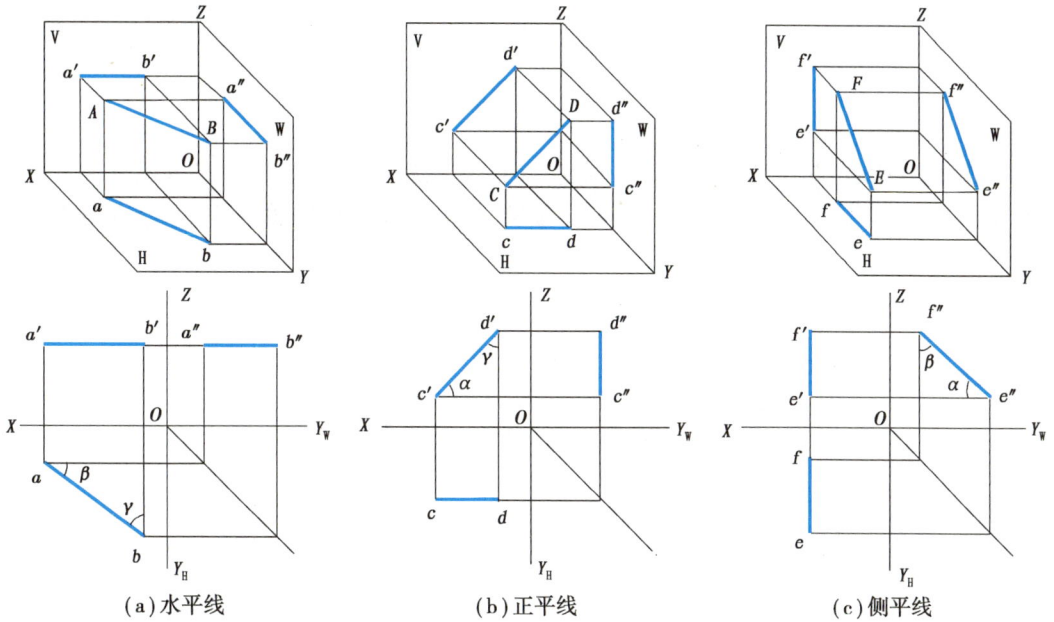

(a)水平线　　　　　　　　　(b)正平线　　　　　　　　　(c)侧平线

图 2.20　投影面平行线

如图 2.21 所示,铅垂线 *AB* 在 H 面上的投影积聚成一个点,V 面投影 *a'b'* 垂直于 *OX* 轴且反映实长,W 面投影 *a″b″* 垂直于 *OY*$_W$ 轴且反映实长;正垂线 *CD* 在 V 面上的投影积聚成一个点,H 面投影 *cd* 垂直于 *OX* 轴且反映实长,W 面投影 *c″d″* 垂直于 *OZ* 轴且反映实长;侧垂线 *EF* 在 W 面上的投影积聚成一个点,H 面投影 *ef* 垂直于 *OY*$_H$ 轴且反映实长,V 面投影 *e'f'* 垂直于 *OZ* 轴且反映实长。

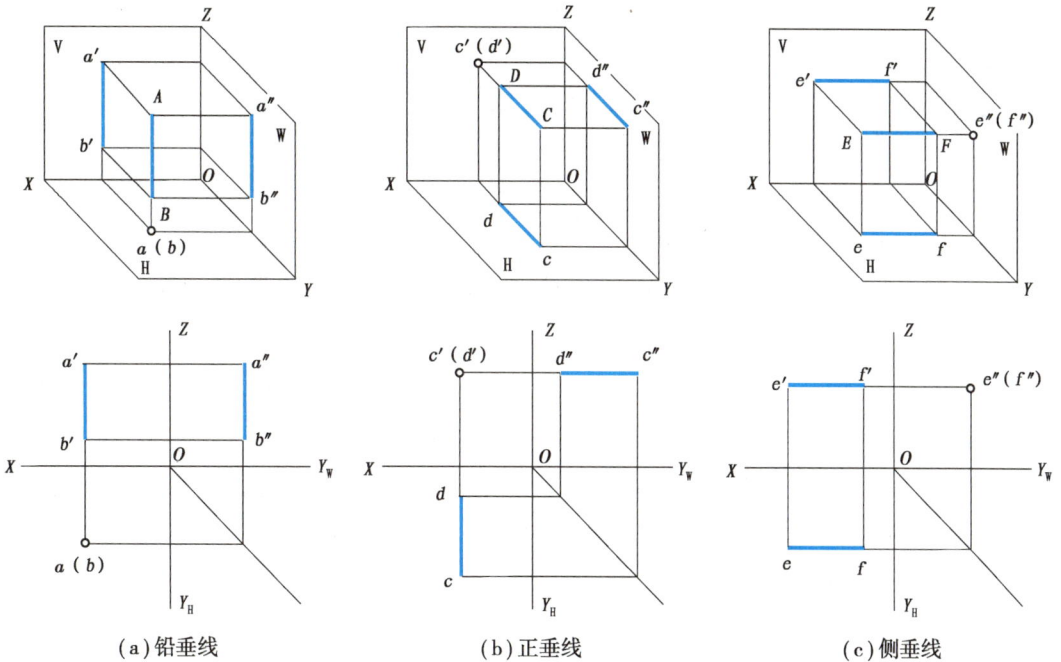

(a)铅垂线　　　　　　　　　(b)正垂线　　　　　　　　　(c)侧垂线

图 2.21　投影面垂直线

2.4.2 直线上的点

1)从属性

如图 2.22 所示,点 C 在直线 AB 上,则点 C 的三面投影均处在直线 AB 的同面投影上,且符合投影规律。因此,可以利用直线上点投影的从属性来判断空间中的一个点是否在一条直线上。

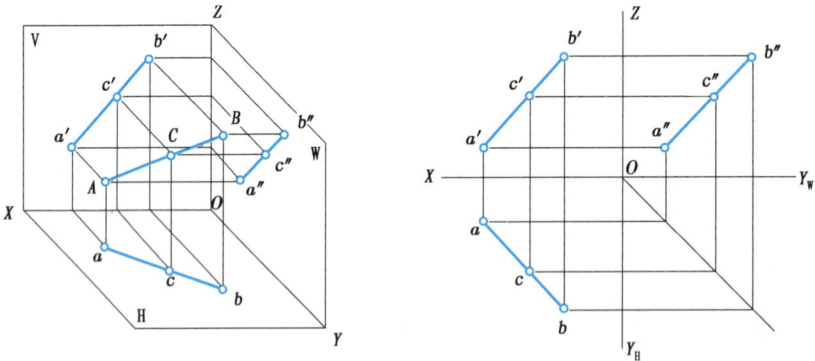

图 2.22 直线上的点

如图 2.23 所示,已知一条直线 AB 的 H 面、V 面投影,点 C 的 H 面、V 面投影,可以利用从属性,作出 AB 和点 C 的 W 面投影,若 c'' 也在 $a''b''$ 上,则点 C 在直线 AB 上,而图 2.23(b)所示的 c'' 并不在 $a''b''$ 上,因此可以判断点 C 不在直线 AB 上。

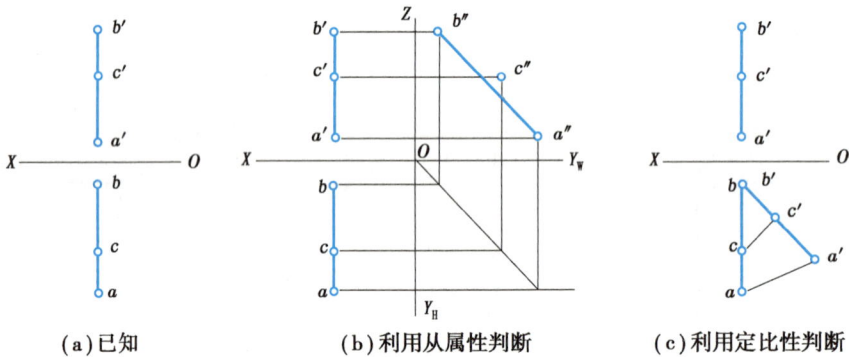

（a）已知　　　　（b）利用从属性判断　　　　（c）利用定比性判断

图 2.23 判断点是否在直线上

2)定比性

如图 2.23 所示,点 C 在直线 AB 上,则点 C 分直线 AB 成一定比例,而点 C 的三面投影分 AB 的同面投影成相同的比例,即 $AC:CB=ac:cb=a'c':c'b'=a''c'':c''b''$。同样地,也可以利用直线上点投影的定比性来判断空间中一个点是否在一条直线上。

如图 2.23(c)所示,根据作图,可知 $ac:cb \neq a'c':c'b'$,可知点 C 不在直线 AB 上。

2.4.3 求作直线的实长和倾角

由前所述的直线投影规律可知,除了特殊位置的直线在某些投影面上的投影能反映其实长和倾角外,一般位置直线的三面投影均不反映其实长和倾角,必须利用作图的方法才能求出一般位置直线的实长和倾角,称这种方法为直角三角形法。

【例 2.1】　求直线 AB 的实长及倾角 α。

【分析】　如图 2.24(a)所示,直线 AB 的实长可以看成直角三角形 AA_1B 的斜边,这个直角三角形的一条直角边为 AA_1,$AA_1=ab$,另一条直角边为 A_1B,$A_1B=a_1'b'$,$a_1'b'$ 即为 A、B 两点 z 坐标的差值,而斜边 AB 与直角边 AA_1 的夹角即为直线 AB 对 H 面的倾角 α。

【作图】　将空间中的直角三角形 AA_1B 转换到投影图中,即得出作图过程:如图 2.24(b)所示,ab、$a'b'$ 为直线 AB 的两面投影,$a_1'b'$ 为 A、B 两点 z 坐标之差,在 H 面上过 b 点作 $bA_0\perp ab$,并使 $bA_0=a_1'b'$,连接 a、A_0,得直角三角形 aA_0b,则该直角三角形与直角三角形 AA_1B 全等,aA_0 即为直线 AB 的实长,α 角为直线 AB 对 H 面的倾角。

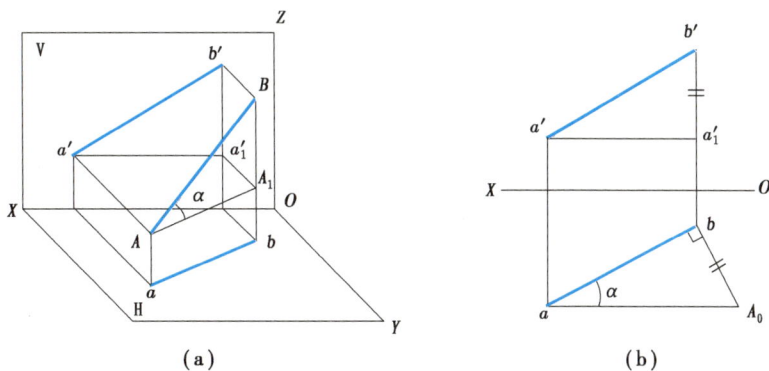

图 2.24　直线 AB 的实长和倾角 α

【例 2.2】　求直线 AB 的实长及倾角 β。

【分析】　如图 2.25(a)所示,直线 AB 的实长可以看成直角三角形 AB_1B 的斜边,这个直角三角形的一条直角边为 BB_1,$BB_1=a'b'$,另一条直角边为 AB_1,$AB_1=ab_1$,ab_1 即为 A、B 两点 y 坐标的差值,而斜边 AB 与直角边 BB_1 的夹角即为直线 AB 对 V 面的倾角 β。

【作图】　将空间中的直角三角形 AB_1B 转换到投影图中,即得出作图过程:如图 2.25(b)所示,ab、$a'b'$ 为直线 AB 的两面投影,ab_1 为 A、B 两点 y 坐标之差,在 V 面上过 a' 点作 $a'B_0\perp a'b'$,并使 $a'B_0=ab_1$,连接 b'、B_0,得直角三角形 $a'B_0b'$,则该直角三角形与直角三角形 AB_1B 全等,$b'B_0$ 即为直线 AB 的实长,β 角为直线 AB 对 V 面的倾角。

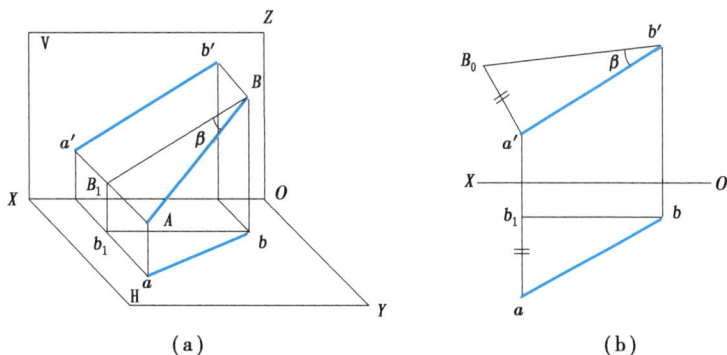

图 2.25　直线 AB 的实长和倾角 β

2.4.4 两直线相对位置

空间中两直线的相对位置有平行、相交、交叉 3 种情况。

1) 平行

(1) 两直线平行的投影特性

由图 2.26 可知,若空间两直线平行,则它们的同面投影也相互平行,即 $AB /\!/ CD$,则 $ab /\!/ cd$、$a'b' /\!/ c'd'$、$a''b'' /\!/ c''d''$。

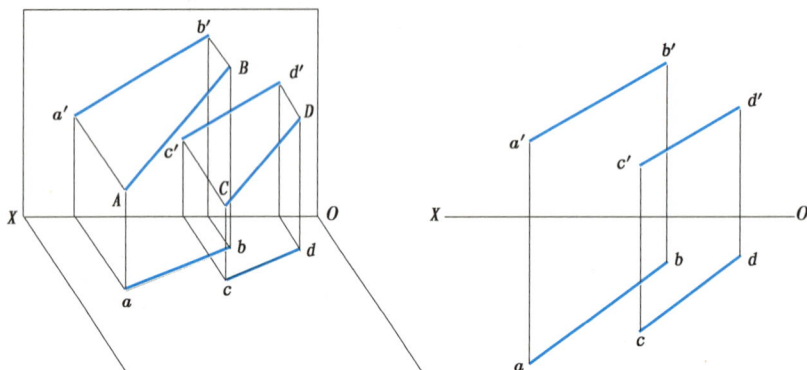

图 2.26 两直线平行

(2) 两直线平行的判断

①若两直线的三组同面投影均平行,则它们在空间中平行。

②若两直线为一般位置直线,只需要其中两组同面投影相互平行,则它们在空间中平行。

③若两直线同时为某一投影面的平行线,且它们在该投影面上的投影仍平行,则它们在空间中平行。

如图 2.27 所示,AB 和 CD 为侧平线,它们的 H 面、V 面投影相互平行,即 $ab /\!/ cd$、$a'b' /\!/ c'd'$,利用投影规律作出它们的 W 面投影,可知,$a''b''$ 不平行于 $c''d''$,由此可以判断侧平线 AB 与 CD 不相互平行。

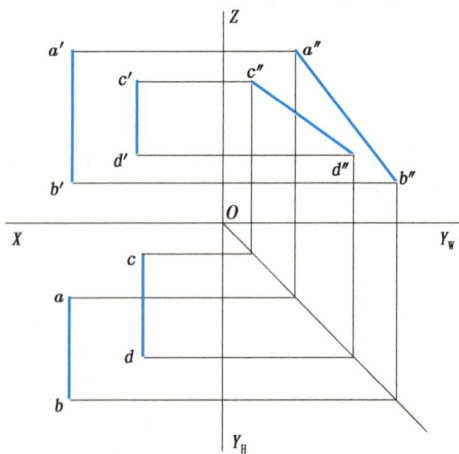

图 2.27 侧平线 AB、CD 不平行

2) 相交

(1) 两直线相交的投影特性

由图 2.28 可知,两直线相交,则它们的各同面投影必相交,且交点符合投影规律。

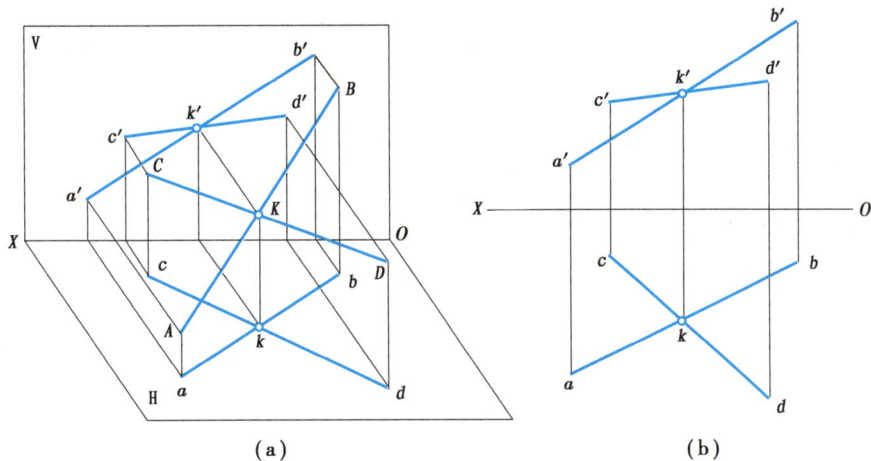

图 2.28 两直线相交

(2) 两直线相交的判断

①若两直线的各同面投影均相交,且交点符合投影规律,则它们在空间中相交。

②若两直线均为一般位置直线,只要两组同面投影相交,且交点符合投影规律,则它们在空间中相交。

3) 交叉

(1) 两直线交叉的投影特性

由图 2.29 可知,两直线在空间中既不平行也不相交时,则为交叉。空间两直线交叉时,它们的同面投影可能相交,但交点不可能符合点的投影规律;它们的某个同面投影可能平行,但 3 个同面投影不可能同时平行。

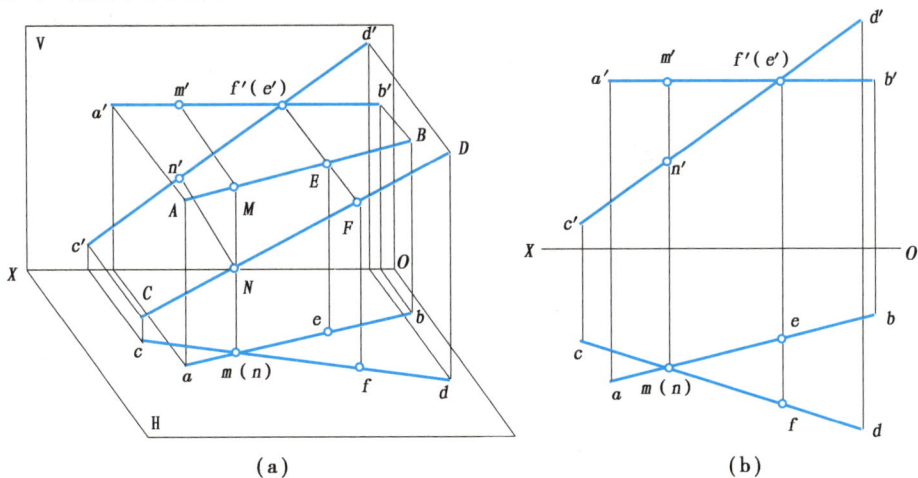

图 2.29 两直线交叉

(2) 重影点可见性判断

交叉直线同面投影的交点是该投影面上重影点的投影,根据投影图中的投影关系可以判别出重影点的可见性。如图2.29(b)所示，*M*、*N*两点是H面上的重影点，从V面投影中可以看出，*M*点在上为可见点，*N*点在下为不可见点；同理，*E*、*F*两点为V面上的重影点，从H面投影中可以看出，*F*点在前为可见点，*E*点在后为不可见点。

2.4.5 特殊位置直角的投影

两条直线成直角关系，若其中一条直角边与某一投影面平行，则该直角在这个投影面上的投影仍是直角。如图2.30所示，*AB*⊥*BC*，其中*AB*∥H面，则*AB*、*BC*的H面投影*ab*、*bc*也相互垂直。从以上投影规律又可以推断出，如果两条垂直的直线中有一条与某个投影面平行，则这两条垂直线在该投影面上的投影也相互垂直。

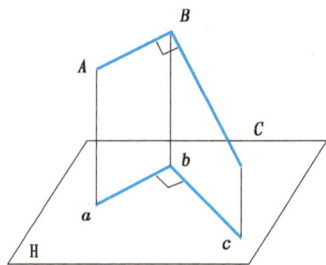

图2.30 特殊位置直角的投影

【例2.3】 已知直线*CD*和点*A*的两面投影[图2.31(a)]，*CD*为正平线，求点*A*到直线*CD*的距离。

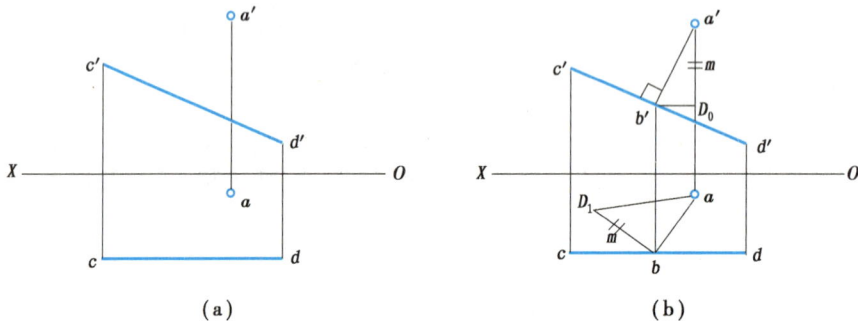

图2.31 求点到正平线的距离

【分析】 求点到直线的距离，应过该点向直线作垂线，该点到垂足之间的距离即为点到直线之间的距离。那么求点到直线的距离就转化成求某一条直线(点和垂足的连线)的实长。

【作图】 作图过程如图2.31(b)所示，过点*a*′向*c*′*d*′作垂线，垂足为*b*′，根据长对正原则，过点*b*′作*OX*轴的垂线交*cd*于*b*，连接*ab*，很明显，投影*ab*、*a*′*b*′即为点*A*到*CD*之间距离的连线。*AB*的实长即为点*A*到直线*CD*的距离。过点*b*′作一条*OX*轴的平行线交*aa*′于D_0，$m = a'D_0$为*A*、*B*两点*z*坐标的差值，在H面投影中过点*b*引一条*ab*的垂线，并令$bD_1 = m$，则在直角三角形abD_1中，斜边aD_1即为*AB*的实长，也即是点*A*到直线*CD*的距离。

2.5 平面的投影

2.5.1 平面表示方法

1)几何元素表示法

通过以下5种几何元素的方式可表达一平面：图2.32中(a)不在同一直线上的3个点；(b)一直线和直线外一点；(c)两相交直线；(d)两平行直线；(e)任意平面图形。

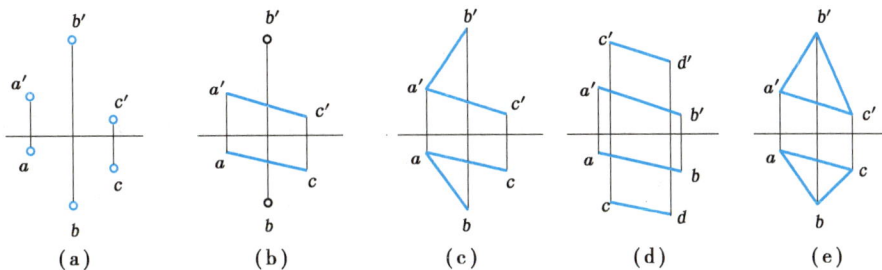

图 2.32　几何元素表示平面

2)用迹线表示平面

如图 2.33 所示,空间中任意一般位置平面 P 肯定会与 3 个投影面相交,与 H 面的交线 P_H 称为平面 P 的水平迹线;与 V 面的交线 P_V 称为平面 P 的正面迹线;与 W 面的交线 P_W 称为平面 P 的侧面迹线。

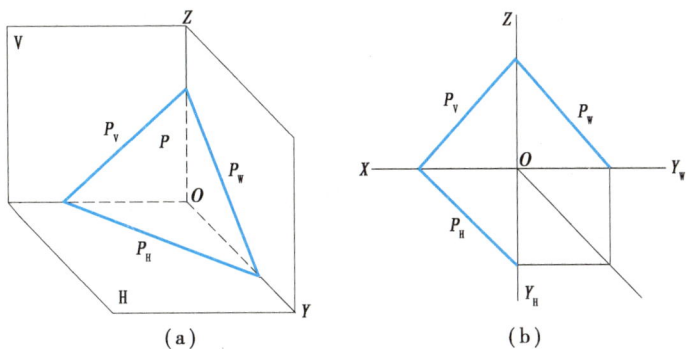

图 2.33　用迹线表示平面

2.5.2　一般位置平面及特殊位置平面

根据平面相对于投影面的位置,可将平面划分为一般位置平面及投影面平行面、投影面垂直面等特殊位置平面。

1)一般位置平面

如图 2.34 所示,一般位置平面与 3 个投影面均倾斜,三面投影都不反映平面的实形,投影没有积聚性,投影也不反映平面对投影面倾角的真实大小。

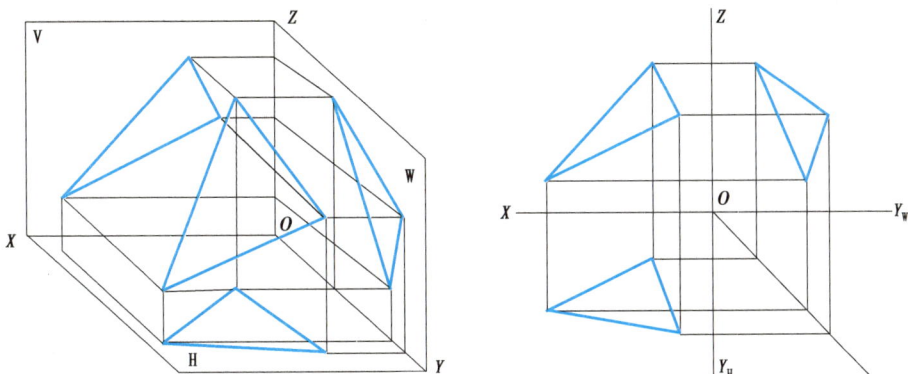

图 2.34　一般位置平面

2)投影面平行面

(1)水平面

如图 2.35 所示,平面 P 平行于 H 面称为水平面,水平面 P 的水平投影反映实形,另两面投影 p'、p'' 积聚成一条直线,且分别平行于 OX 轴、OY_W 轴。

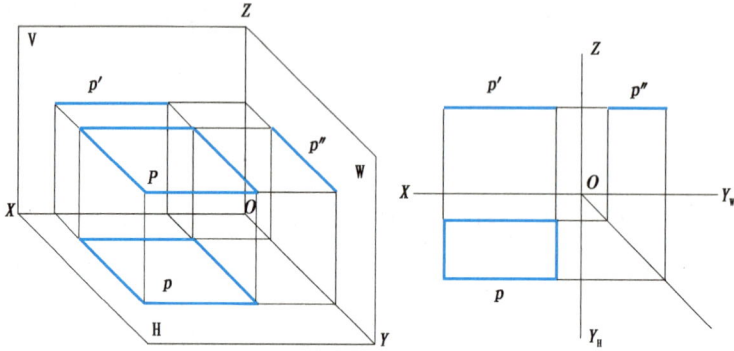

图 2.35　水平面

(2)正平面

如图 2.36 所示,平面 P 平行于 V 面称为正平面,正平面 P 的正面投影反映实形,另两面投影 p、p'' 积聚成一条直线,且分别平行于 OX 轴、OZ 轴。

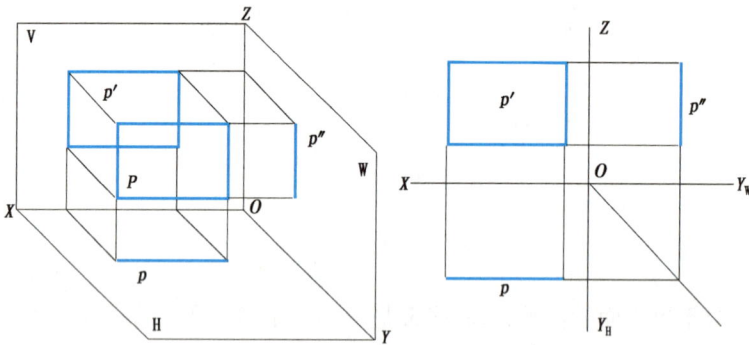

图 2.36　正平面

(3)侧平面

如图 2.37 所示,平面 P 平行于 W 面称为侧平面,侧平面 P 的侧面投影反映实形,另两面投影 p、p' 积聚成一条直线,且分别平行于 OY_H 轴、OZ 轴。

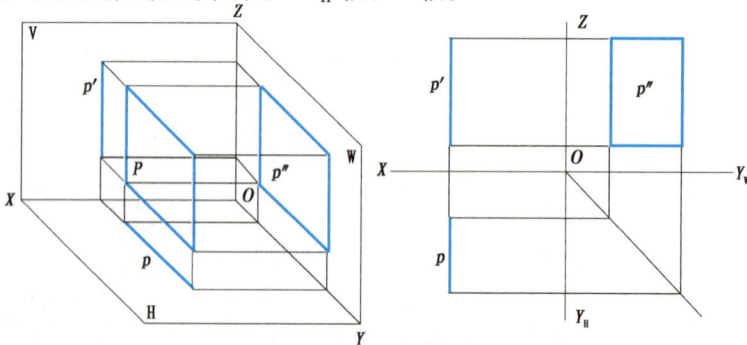

图 2.37　侧平面

事实上,在平面的两面投影中,若有一面投影积聚为平行于某投影轴的直线,则此平面必为该投影轴相邻的投影面的平行面。

3)投影面垂直面

(1)铅垂面

如图 2.38 所示,平面 P 垂直于 H 面称为铅垂面,铅垂面 P 的水平投影积聚成一条直线,且反映倾角 β、γ 的真实大小,另两面投影 p'、p'' 为类似形。

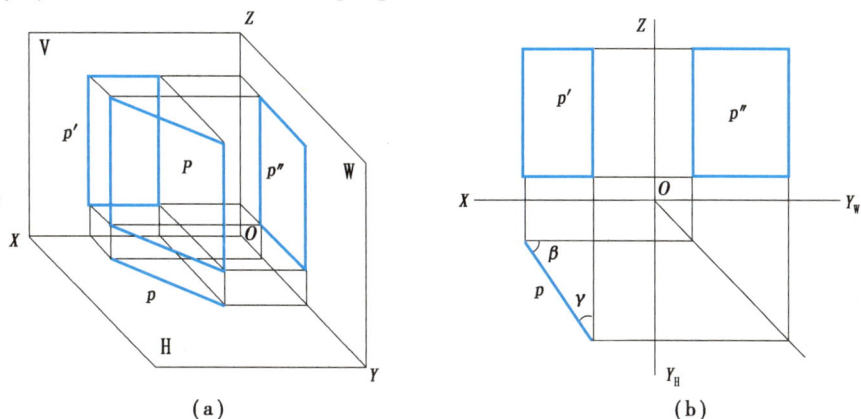

图 2.38　铅垂面

(2)正垂面

如图 2.39 所示,平面 P 垂直于 V 面称为正垂面,正垂面 P 的正面投影积聚成一条直线,且反映倾角 α、γ 的真实大小,另两面投影 p、p'' 为类似形。

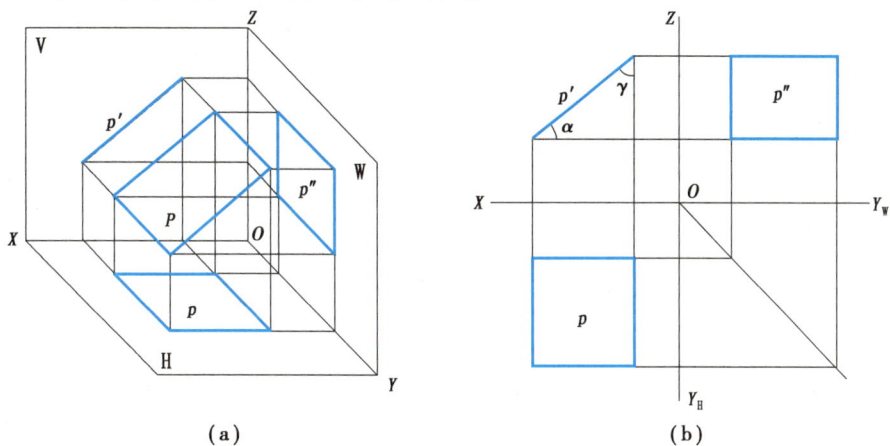

图 2.39　正垂面

(3)侧垂面

如图 2.40 所示,平面 P 垂直于 W 面称为侧垂面,侧垂面 P 的侧面投影积聚成一条直线,且反映倾角 α、β 的真实大小,另两面投影 p、p' 为类似形。

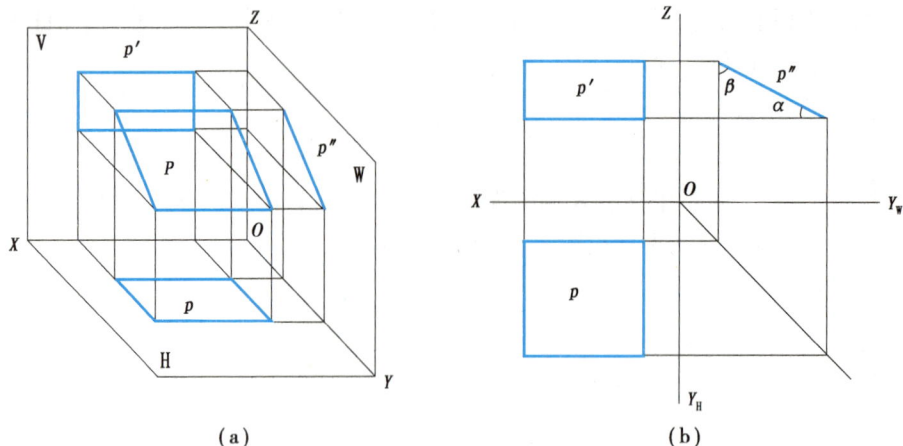

(a)　　　　　　　　　　　　　　(b)

图 2.40　侧垂面

2.5.3　平面上的点和直线

1)平面上的点

若点属于平面上的一条直线,则这个点在平面上。

【例 2.4】　如图 2.41(a)所示,已知平面 ABC 和点 K 的两面投影,判断 K 点是否在平面 ABC 内。

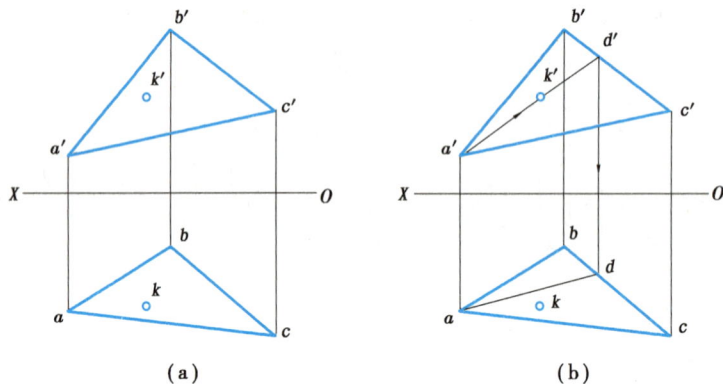

(a)　　　　　　　　　　　　　　(b)

图 2.41　判断点是否在平面上

【作图】　如图 2.41(b)所示,过 a'、k' 作直线交 $b'c'$ 于 d',再作出 d' 的水平投影 d,连接 ad,从图中可以看到 K 点的水平投影不在 ad 上,即 K 点不在 AD 上,AD 属于平面 ABC,因此 K 点也不在平面 ABC 上。

2)平面上的直线

直线上任意两点属于一个平面,则该直线在这个平面上。讨论平面上的直线,主要是讨论平面内的平行线(如水平线、正平线)、最大斜度线等特殊位置直线,因为这些直线在工程图的识读和绘制中能为我们提供帮助。

(1)平面上的水平线、正平线

平面内与 H 面平行的直线称为平面上的水平线,平面内与 V 面平行的直线称为平面上的正平线。

如图 2.42 所示，cd、$c'd'$ 为平面 ABC 中水平线的两面投影，ae、$a'e'$ 为平面 ABC 中正平线的两面投影。

由投影的基本规律可知，无论是平面中的水平线、正平线或者侧平线，它们都符合平面上直线的投影规律，以及投影面平行线的投影规律。

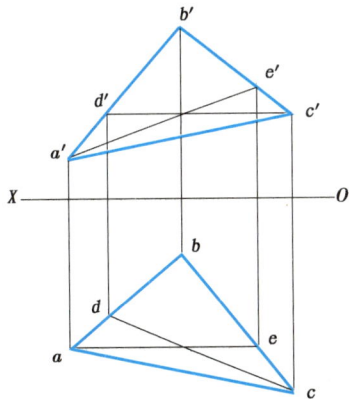

图 2.42 平面内的水平线、正平线

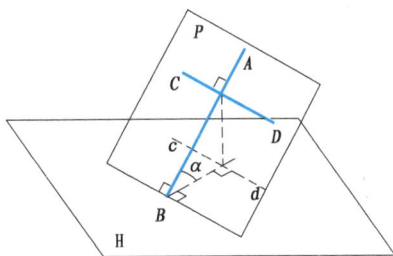

图 2.43 平面的最大斜度线

(2)平面的最大斜度线

平面上对投影面倾角最大的直线称为平面上对该投影面的最大斜度线，最大斜度线一定垂直于该平面的投影面平行线（或平面的迹线）。如图 2.43 所示，CD 为平面 P 上的直线，$CD /\!/ H$ 面，平面 P 上的直线 AB 垂直于 CD，那么 AB 即为平面 P 对 H 面的最大斜度线，直线 AB 与平面 H 的倾角 α 即是平面 P 与 H 面的倾角。

【特别提示】

在投影基本知识单元，从点的投影规律，延伸到线的投影规律，再延伸到面的投影规律，联系的普遍性要求用联系的观点看问题，反对用孤立的观点看问题。

思考与练习

1. 简述投影法的分类。
2. 正投影的主要特性有哪些？
3. 简述三面正投影的关系。
4. 简述投影面平行线和投影面垂直线的投影特性。
5. 简述投影面平行面和投影面垂直面的投影特性。

单元 3　立体的投影

【知识目标】
(1)掌握常见基本形体及其表面取点的作图方法;
(2)掌握平面与平面立体相交的特点及投影、平面立体与平面立体相贯的特点及投影;
(3)了解平面与曲面立体相交的特点及投影、平面立体与曲面立体相贯的特点及投影。

【能力目标】
(1)能够熟练地对立体及其表面的点进行投影分析,并正确绘制投影图;
(2)能够通过投影规律绘制出截交线和相贯线。

【素质目标】
(1)培养空间想象能力和思维能力,以及理性思考、知难而进的人生态度;
(2)培养虚心学习、逐步积累的好习惯,以及团队合作意识和耐心细致的学习态度。

如图 3.1 所示为某建筑的屋顶一角,如果从几何形体角度来分析,它可以看成由五棱柱、四棱锥等一些形状简单的几何体组合而成。在制图中,常把这些工程上经常使用的单一几何形体如棱柱、棱锥(台)、圆柱、圆锥、球和圆环等称为基本几何体,简称基本体。基本体包括平面立体和曲面立体。

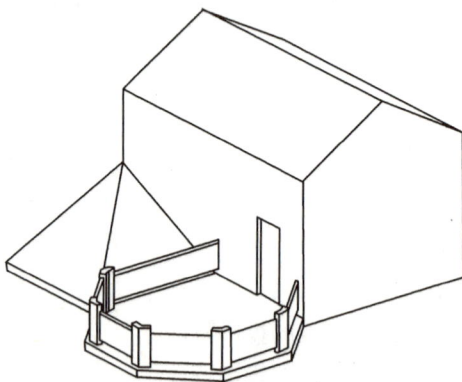

图 3.1　建筑形体三维示意图

【特别提示】
　　同学们可以分组利用纸材制作出不同的基本体,观察并分析其投影特征,以提升空间想象能力,加强实践能力。

3.1 平面立体的投影

由平面围成的具有长、宽、高 3 个方向尺度的几何体称为平面立体。平面立体简称平面体,各个表面都是平面图形,各平面图形均由棱线围成,棱线又由其端点确定。因此,平面立体的投影是由围成它的各平面图形的投影表示的,其实质是作各棱线与端点的投影。常见的平面立体有棱柱、棱锥及棱台,如图 3.2 所示。

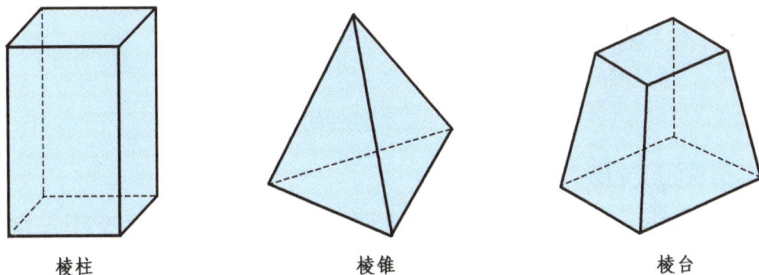

棱柱   棱锥   棱台

图 3.2　常见平面立体

3.1.1　平面立体的三面正投影

1) 棱柱的三面正投影

在一个平面立体中,如果有两个面互相平行且形状全等,其余每相邻两个面的交线均相互平行且等长,这样的平面立体称为棱柱。两个平行且相等的多边形称为棱柱的底面,其余的面称为棱柱的侧面或棱面,相邻两棱面的交线称为棱柱的侧棱或棱线。棱柱底面的边数与侧面数、侧棱数相等,因此棱柱的名称由底面边数决定。当底面边数为 N 时(底面是 N 边形),就称为 N 棱柱($N \geqslant 3$)。

两底面之间的距离为棱柱的高,侧棱垂直于底面的棱柱为直棱柱,其高等于侧棱的长度,其中底边是正多边形的直棱柱称为正棱柱,侧棱倾斜于底面的棱柱称为斜棱柱。

以正六棱柱为例,为便于识图和画图,放置形体时,应使棱柱尽可能多的表面平行或垂直于某一投影面,以便投影图中出现较多的反映物体表面实形的投影或积聚性投影。如图 3.3(a)所示,放置正六棱柱于三面投影体系时,使正六棱柱的两底面平行于 H 面,前后两侧棱面平行于 V 面,其余四个侧面垂直于 H 面。若另有需要时,也可使两底面平行于 V 面或 W 面进行投影。

正六棱柱的三面正投影就是正六棱柱的两底面和六个侧面的三面正投影。如图 3.3(b)所示,棱柱上下两底面是水平面,它们的水平投影反映实形,正面及侧面投影积聚为大矩形的上下边线。棱柱有 6 个侧棱面,前后棱面为正平面,它们的正面投影反映实形,水平投影及侧面投影积聚为一直线;棱柱的其他 4 个侧棱面均为铅垂面,水平投影积聚为直线,正面投影和侧面投影为类似形。

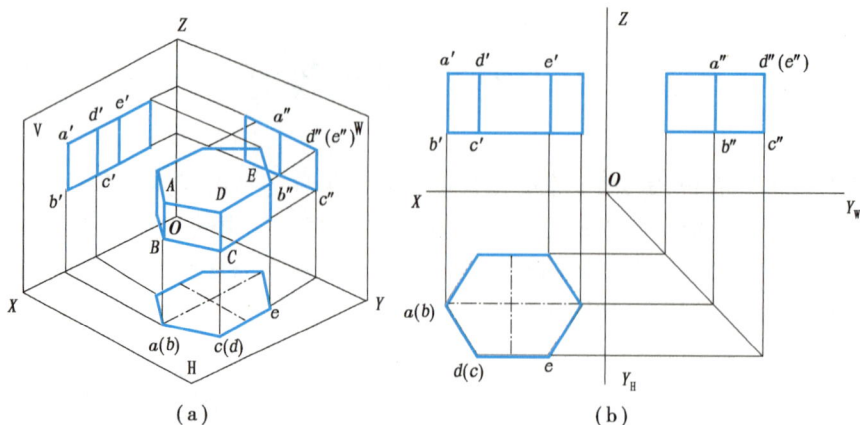

图3.3　正六棱柱的投影

2)棱锥的三面正投影

棱锥由一个底面和若干个呈三角形的侧棱面围成,且所有棱面相交于一点,称为锥顶,常记为 S。棱锥相邻两棱面的交线称为棱线,所有的棱线都交于锥顶 S。棱锥底面的边数与侧面数、侧棱数相等,当底面边数为 N 时(底面是 N 边形),称为 N 棱锥($N \geqslant 3$)。

以三棱锥为例,底面为三角形,每个侧面均为三角形,且每条棱线均交于同一顶点 S,将三棱锥的底面平行于水平投影面,锥顶朝上放置于三面投影体系中,如图 3.4(a)所示,后侧面 $\triangle SAC$ 垂直于 W 面。

三棱锥的三面正投影就是该棱锥底面及各侧面的投影。如图 3.4(b)所示,由于底面为水平面,所以它的水平投影反映实形,正面投影和侧面投影积聚为水平线。后棱面 $\triangle SAC$ 为侧垂面,因此其侧面投影积聚为一条斜线段,正面投影和水平投影都是三角形。左、右两个棱面 $\triangle SAB$、$\triangle SBC$ 均为一般位置平面,因此它们的3个投影均为三角形。

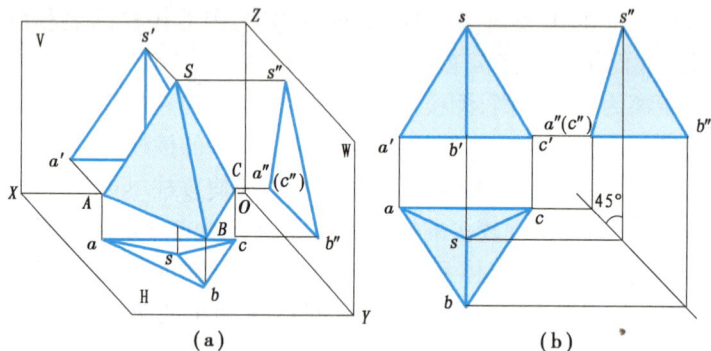

图3.4　正三棱锥的投影

3)棱台的三面正投影

当棱锥被一个平行于底面的平面截割,得到的平面立体称为棱台。棱台底面的边数与侧面数、侧棱数相等,当底面边数为 N 时(底面是 N 边形),就称为 N 棱台($N \geqslant 3$)。

当棱台的底面为正多边形,且棱台的上下底面正多边形中心的连线与底面垂直,则该棱台称为正棱台。

以正四棱台为例,底面为四边形,每个侧面均为梯形,每条侧棱线延长后均交于同一顶点。为了方便识图和画图,使棱台的底面平行于某一投影面,放置于三面投影体系中,如图

3.5(a)所示,四棱台的上下底面平行于 H 面,左右侧面垂直于 V 面,前后侧面垂直于 W 面。

棱台的投影就是此棱台底面及各侧面的投影。如图 3.5(b)所示,由于上下两底面为水平面,所以它的水平投影反映实形,正面投影和侧面投影积聚为水平线;前后两个侧面是侧垂面,所以侧面投影积聚成右左两条边线,水平投影是前后两个梯形,正面投影重合为一个梯形(前侧面可见,后侧面不可见);左右两个侧面是正垂面,所以正面投影积聚成左右两条边线,水平投影是左右两个梯形,侧面投影重合成一个梯形(左侧面可见,右侧面不可见)。

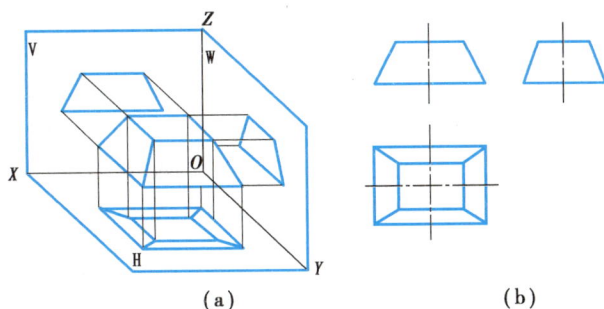

(a)   (b)

图 3.5 棱台的投影

3.1.2 平面立体表面点和直线的投影

在平面立体表面取点和直线,要满足一定的作图条件,结合作图原理并按照作图步骤进行。

作图条件:当点的一个已知投影位于立体的某一表面、棱线或边线的非积聚性投影上时,可由该已知投影,根据点的从属性及点的三面投影规律,补出立体表面点的另两个投影;反之,不能补出点的另两个投影。

作图原理:平面立体所有的表面均为平面,故其表面取点、直线的作图原理与作属于平面的点、直线的作图原理相同。

作图步骤:

①分析。根据点的某一已知投影位置及其可见性,判断、分析出该点所属表面的空间位置及其投影。

②作图。当点所属表面有积聚性投影时,根据点属于面可直接补出点在该面的积聚性投影上的投影,再根据点的三面投影规律,补出点的第三面投影;当点所属表面无积聚性投影时,则应过点在其所属面内作一条合理的辅助线,找到该线的三面投影,再根据点属于该线,求出点的三面投影。

③判别可见性。对某一投影面而言,根据点属于表面,则点的该面投影的可见性与点所属表面的该面投影的可见性一致;当点的某一投影位于该面的积聚性投影上时(一般不可见),通常不必判别点的该面投影的可见性,其投影不用打括号。

1) 棱柱体表面点的投影

【例 3.1】 如图 3.6(a)所示,已知三棱柱的三面投影及其表面上的点 M 的正面投影 m′和点 N 的水平投影 n,求作 M、N 点的另两面投影。

棱柱表面上取点

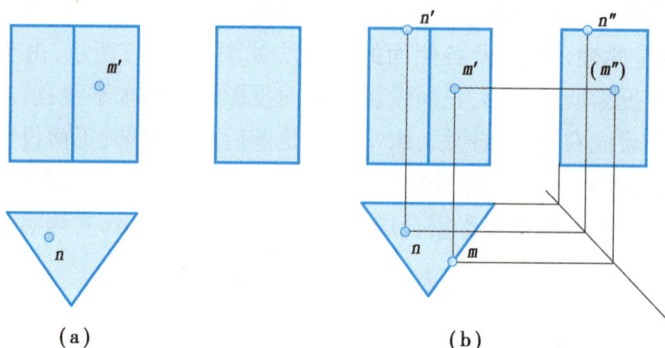

图 3.6　三棱柱表面取点

【分析】　根据已知条件，M 点的正面投影 m' 可见，判断 M 点必在三棱柱前右侧的棱面上，且其 H 面投影有积聚性；N 点的水平投影 n 可见，判断 N 点必在三棱柱的上底面，且上底面的正面投影和侧面投影都具有积聚性。

【作图】　如图 3.6(b)所示。

求 M 点：由 m' 向下作投影连线，与三棱柱前右侧棱面的水平投影积聚线相交得 m，再根据三等关系由 m、m' 求得 m''。

求 N 点：由 n 点向上引投影连线，与上底面的正面投影积聚的上边线相交得 n'，再根据三个对等关系由 n、n' 求得 n''。

判别可见性：对 N 点，因 n'、n'' 属于上底面的正立投影面和侧立投影面的积聚性投影，故不必判别其可见性；对 M 点，因 m 属于右侧棱面的水平投影面的积聚性投影，故不必判别其可见性，右侧棱面的侧面投影不可见，故 m'' 不可见，记为 (m'')。

2）棱锥体表面点和直线的投影

【例 3.2】　如图 3.7(a)所示，已知三棱锥的三面投影及其表面上点 K 的正面投影 k' 和直线 MN 的水平投影 mn，求出它们的另两面投影。

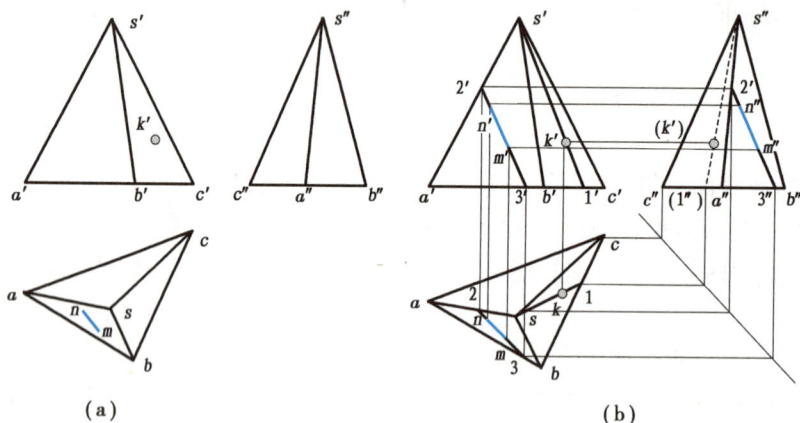

(a)　　　　　　　　　　　　　　　(b)

三棱锥表面上取点

图 3.7　三棱锥及其表面上点的投影

【分析】　根据题中所给出的投影可知：K 点的正面投影可见，判断 K 点位于三棱锥的 △SBC 棱面上；MN 直线的水平投影可见，判断直线 MN 位于三棱锥的棱面 △SAB 上，但由于这两个棱面都是一般位置平面，它们的各个投影没有积聚性，因此，为了解决本题，需要在棱

锥的棱面上作出过已知点和线的辅助线,然后再作出辅助线上该点的各投影。

【**作图**】 如图 3.7(b)所示。

求 K 点:在△s'b'c'内过 k'作辅助线 s'1',与 b'c'交于点 1',根据点的从属性特征,由 1'求得 1 和 1″,连接 s1、s″1″,由三等关系和点的从属性求出 k 和 k″。

求直线 MN:在△sab 内过 mn 作辅助线 23,与 sa 交于点 2,与 ab 交于点 3,根据三等关系和点的从属性求出直线 23 的正面投影和侧面投影,再分别求出点 n'、m',n″、m″,最后两点连接成线得出 n'm'、n″m″。

判别可见性:对于 K 点,因为 K 点所在的棱面△SBC 水平投影可见,侧面投影不可见,所以 k 可见,k″不可见,记为(k″);对于线段 MN,因为所在棱面△SAB 正面投影和侧面投影都可见,所以 n'm'可见,n″m″可见。

【特别提示】

判别点的投影可见性时,也体现了整体和部分的辩证关系:整体居于主导,整体统帅着部分。从整体角度出发判断局部的可见性问题,有事半功倍的效果。学制图如此,工作和生活中也应如此,个人利益要服从集体利益、国家利益。

3.2 曲面立体的投影

由曲面或曲面与平面所围成的几何体,称为曲面立体。工程上常用的曲面立体是回转体,如圆柱体、圆锥体、球体等。

3.2.1 曲面立体的三面正投影

1)圆柱体的三面正投影

如图 3.8(a)所示,圆柱面是由两条相互平行的直线,其中一条直线 AA'(称为直母线)绕另一条直线 OO'(称为轴线)旋转一周而形成。圆柱体由两个相互平行的底面和圆柱面围成。圆柱面上与 OO'平行的直线,称为圆柱面的素线,每根素线都与轴线平行且等距,而且任两根素线都互相平行,当用一垂直于轴线的平面截断圆柱面时,每个截断面都是等直径的圆,这个圆称为纬圆。

(a)   (b)   (c)

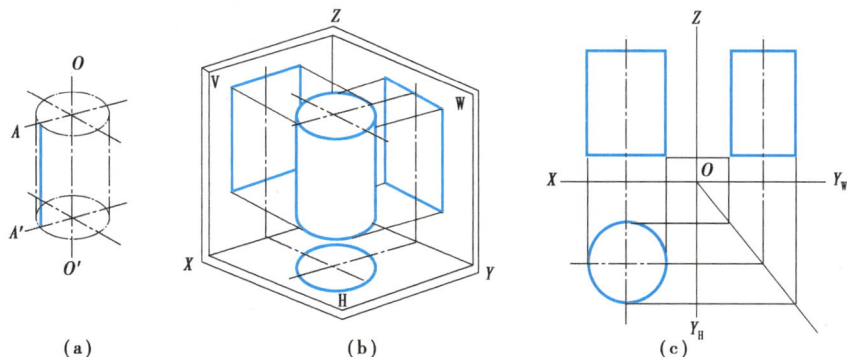

图 3.8 圆柱体的投影

为简便作图,一般将圆柱体的轴线垂直于某一投影面。如图3.8(b)所示,令圆柱体的轴线垂直于H面,上、下底圆平行于H面。分别将圆柱体向三面正投影,得到如图3.8(c)所示的圆柱体三面正投影。水平投影为一个圆,它是可见的上底圆和不可见的下底圆实形投影的重合,其圆周是圆柱面的积聚性投影,圆周上任一点都是一条素线的积聚性投影。正面投影为一矩形,它是可见的前半圆柱和不可见的后半圆柱投影的重合,其对应的H面投影是前、后半圆,对应的W面投影是右和左半个矩形;矩形的上、下边线是上、下底圆的积聚性投影,左、右边线是圆柱最左、最右素线的投影,也是前半、后半圆柱体投影的分界线。侧面投影为一矩形,它是可见的左半圆柱和不可见右半圆柱投影的重合,其对应的H面投影是左、右半圆,对应的V面投影是左和右半个矩形;矩形的上、下边线是上、下底圆的积聚性投影,左、右边线是圆柱最后、最前素线的投影,也是左半、右半圆柱投影的分界线。

2)圆锥体的三面正投影

如图3.9(a)所示,圆锥面是由两条相交的直线,其中一条直线SA(简称"直母线")绕另一条直线OO′(称为轴线)旋转一周而形成,交点S称为锥顶。圆锥体由圆锥面和一个底圆围成。底圆圆心与锥顶的连线称为锥轴。圆锥面上通过锥顶的任一直线,称为圆锥面的素线。

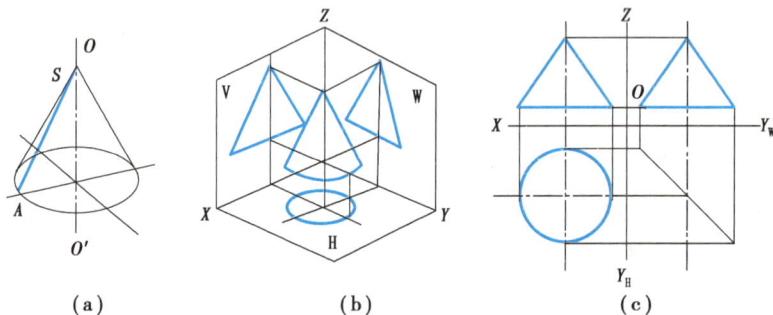

图3.9 圆锥体的投影

如图3.9(b)所示,将圆锥体的轴线垂直于H面,则底圆平行于H面放置于三面投影体系中。圆锥体的三面投影如图3.9(c)所示,水平投影为一个圆,它是可见的圆锥面和不可见的底圆投影的重合。正面投影为一等腰三角形,它是可见的前半圆锥和不可见的后半圆锥投影的重合,其对应的H面投影是前、后半圆,对应的W面投影是右、左半个三角形;等腰三角形的底边是圆锥底圆的积聚性投影,两腰线是圆锥最左、最右素线的投影,也是前、后半圆锥的分界线。侧面投影为一等腰三角形,它是可见的左半圆锥和不可见的右半圆锥投影的重合,其对应的H面投影是左、右半圆,对应的V面投影是左、右半个三角形;等腰三角形的底边是圆锥底圆的积聚性投影,两腰线是圆锥最后、最前素线的投影,也是左、右半圆锥的分界线。

3)圆球体的三面正投影

如图3.10(a)所示,圆球体由圆球面围成。圆球面是一圆素线绕其直径旋转一周形成的。如图3.9(b)所示,由于圆球体形状的特殊性(上下、前后、左右均对称),无论怎么放置,其三面投影都是大小相同的圆。如图3.10(c)所示,水平投影的圆是可见的上半球面和不可见的下半球面投影的重合,圆周a是圆球面上平行于H面的最大圆A(也是上、下半球面的分界线)的投影;正面投影的圆是可见的前半球面和不可见的后半球面投影的重合,圆周b′是圆球面上平行于V面的最大圆B(也是前、后半球面的分界线)的投影;侧面投影的圆是可见的左半球面和不可见的右半球面投影的重合,圆周c″是圆球面上平行于W面的最大圆C(也是左、右半球面的分界线)的投影。

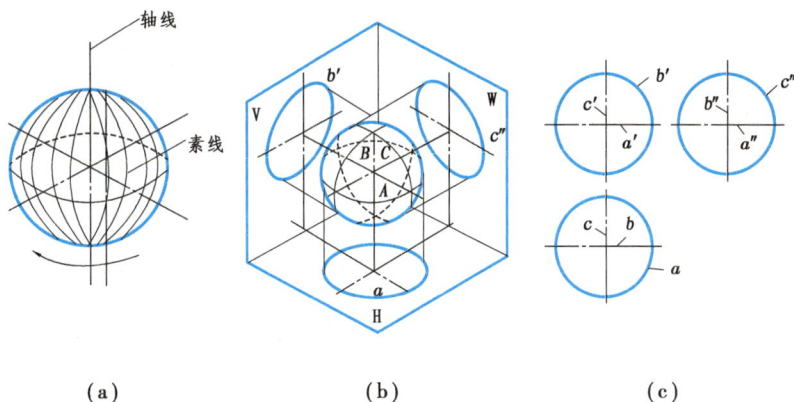

（a）　　　　　（b）　　　　　（c）

图 3.10　圆球体的投影

3.2.2　曲面立体表面上点的投影

1) 圆柱体表面上点的投影

在圆柱体表面上取点,可根据圆柱面的积聚性,先找出点的积聚性投影,然后再根据点的投影规律找点的其余投影。

【例 3.3】　如图 3.11(a)所示,已知圆柱面上两点 A 和 B 的正面投影 a' 和 b',求出它们的水平投影 a、b 和侧面投影 a''、b''。

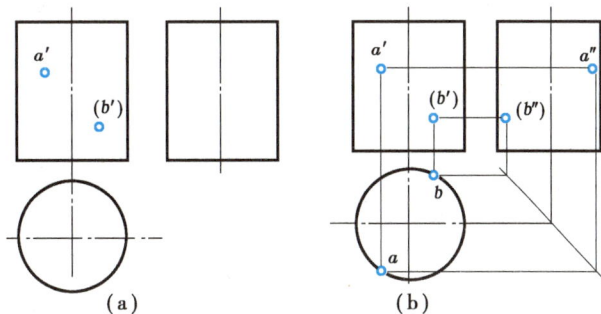

（a）　　　　　　　　　（b）

图 3.11　圆锥体表面上点的投影

【分析】　根据已知条件 a' 可见,且在轴线左侧,可知点 A 在圆柱面的前、左部分;b' 不可见,且在轴线右侧,可知点 B 在圆柱面的后、右部分。圆柱面的 H 面投影有积聚性,可从积聚性投影入手求解。

【作图】　如图 3.11(b)所示。

由 a' 向下作垂线,交 H 面投影中的前半圆周于点 a,由 a'、a 及三等关系可求得 a''。由 b' 向下作垂线,交 H 面投影中的后半圆周于点 b,由 b'、b 及三等关系可求得 b''。A 点位于左半圆柱,故 a'' 可见;B 点位于右半圆柱,故 b'' 不可见。

2) 圆锥体表面上点的投影

在圆锥体表面上取点,因为圆锥面没有积聚性,所以只能用作辅助线的方法。在圆锥面上作辅助线有素线法和纬圆法两种。

（1）素线法

如图 3.12（a）所示，过点 A 与锥顶 S 作锥面上的素线 SB，即先过 a' 作 $s'b'$，由 b' 求出 b、b''，连接 sb 和 $s''b''$，它们是辅助线 SB 的水平投影及侧面投影。而点 A 的水平投影及侧面投影必在 SB 的同面投影上，从而求出 a 和 a''。

（2）纬圆法

如图 3.12（b）所示，过点 A 在锥面上作一水平辅助纬圆，纬圆与圆锥的轴线垂直。该纬圆在正面及侧面投影中积聚为直线，直线长度即为纬圆直径，水平投影反映纬圆的实形。点 A 的投影必在纬圆的同面投影上。先过 a' 作垂直于轴线的直线，得到纬圆的直径；画出纬圆的水平投影，由 a' 找出 a，注意点 A 的正面投影可见，因此其应在圆锥的前半部分，即 a 为 $a'a$ 连线与纬圆水平投影两交点中前面的一个；再由 a'、a 求出 a''，因点 A 在圆锥面的左半部，所以 a'' 可见。

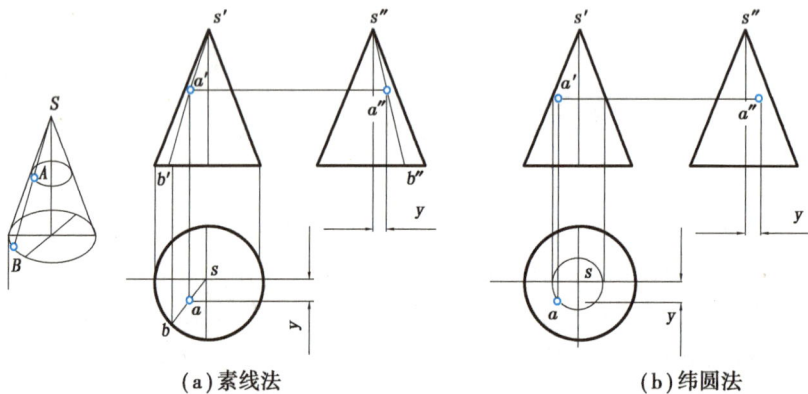

（a）素线法　　　　　　　　　（b）纬圆法

图 3.12　圆锥体表面上点的投影

【例 3.4】　如图 3.13（a）所示，已知圆锥面上 M 点的正面投影 m'，求作它的水平投影 m 和侧面投影 m''。

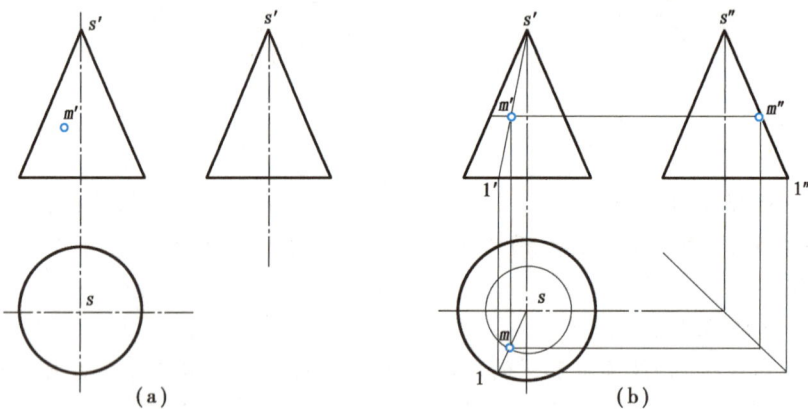

（a）　　　　　　　　　　　　　（b）

图 3.13　圆锥表面上的点

【分析】　根据已知条件 m' 可见，故 M 点位于前半个圆锥面上，m 必在水平投影中前半个圆内，且投影为可见；m'' 在侧面投影中靠三角形外侧，投影亦为可见。

【作图】　如图 3.13（b）所示。

（1）素线法

①连 $s'm'$ 并延长，使与底圆的正面投影相交于 1' 点，求出 s1 及 s"1"，S1 即为过 M 点且在圆锥面上的素线；

②已知 m'，应用直线上取点的作图方法求出 m 及 m"。

（2）纬圆法

①作过 M 点的纬圆。在正面投影中过 m' 作水平线，与正面投影轮廓线相交（该直线段即纬圆的正面投影）。取此线段的一半长度为半径，在水平投影中画底面轮廓圆的同心圆（此即是该纬圆的水平投影）。

②过 m' 向下引投影连线，在纬圆水平投影的前半圆上求出 m，并根据 m' 和 m 求出 m"。

3）球体表面上点的投影

球的三面投影都没有积聚性，且球面上也不存在直线，故只有采用纬圆法求球体表面上点的投影。

【例 3.5】　如图 3.14（a）所示，已知球面上点 A、B、C 的正面投影 a'、b'、c'，求作它们的水平投影和侧面投影。

纬圆法求球体
表面上的投影

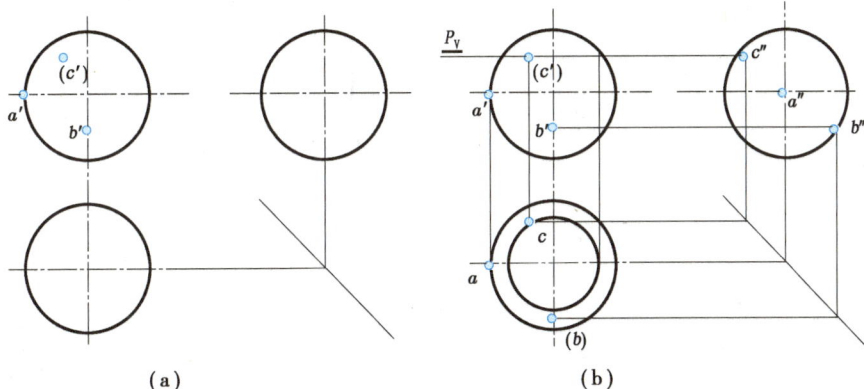

（a）　　　　　　　　　　　（b）

图 3.14　球体表面上的点

【分析】　根据已知条件，A 点正面投影在圆周和水平对称轴上，可由三等关系直接求出 A 点的水平投影。B 点正面投影可见且在竖向对称轴上，故 B 点位于球面的前、下半部分；B 点的侧面投影位于该球体侧面投影的圆周上。C 点正面投影不可见，故 C 点位于球面的后、上半部分，可通过 C 点在球面上作水平纬圆，该点的各投影必然在该纬圆的相应投影上。

【作图】　如图 3.14（b）所示。

过 a' 点向下作垂线交于该球体水平投影圆周上的点即为 A 点的水平投影 a，再由三等关系求出 a"。

过 b' 向右作水平线交于侧面投影中圆周于两点，由于 B 点的正面投影可见，故 B 点在前半部分的球面上，B 点的侧面投影位于右半部分的圆周上，求得 b"，再由三等关系得出 b，b 不可见。

过 c' 作水平纬圆的 V 面投影，该投影积聚为一线段 P_V，以该线段为直径在 H 面上作纬圆的实形投影，由 c' 向下作垂线交纬圆的 H 面投影于 c，因 c' 点不可见，故 C 点位于球面的左、后、上半部分，c 点可见，由 c、c' 可得 c"。

3.3 平面截割立体的投影

在组合形体和建筑形体的表面常有平面与立体相交(平面截割立体)而形成的交线,这些交线称为截交线。这个平面称为截平面,形体上截交线所围成的平面图形称为截断面。被截割后的形体称为切割体,也称为截断体,如图 3.15 所示。从图中可以看出,截交线既在截平面上,又在形体表面上,它具有以下性质:

①截交线上的每一点既是截平面上的点又是形体表面上的点,是截平面与立体表面共有点的集合。

②因为截交线是属于截平面上的线,所以截交线一般是封闭的平面图形。

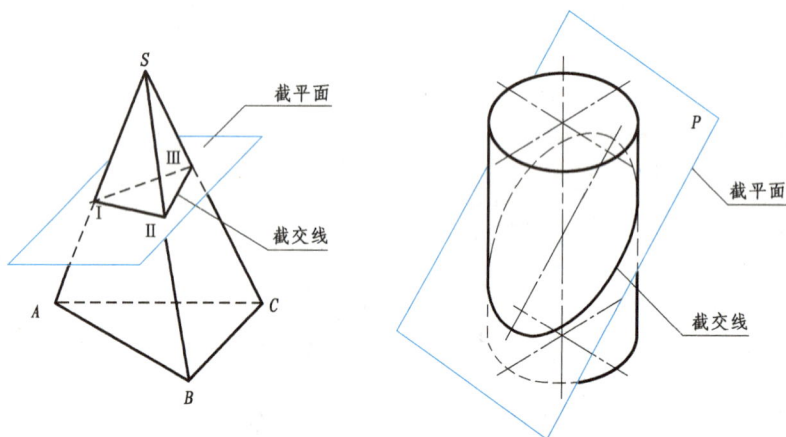

图 3.15 截交线

3.3.1 平面截割平面体的投影

平面立体被截切后所得到的截交线,是由直线段组成的平面多边形。此多边形的各边是立体表面与截平面的交线,而多边形的各顶点是立体各棱线与截平面的交点。截交线既在立体表面上,又在截平面上,它是立体表面和截平面的共有线,截交线上的各顶点都是截平面与立体各棱线的共有点。因此,求截交线实际上是求截平面与立体各棱线的交点,或求截平面与平面立体各表面的交线。在实际作图时,常采用交点法。交点连成截交线的原则是:位于立体同一表面上的两点才能相连。可见表面上的连线画实线,不可见表面上的连线画虚线。

1)棱柱体的截交线

【例 3.6】 已知正六棱柱被截切后的正面投影和水平投影(图 3.16),试作出其侧面投影。

【作图】 ①先画出完整六棱柱的侧面投影图;

②截平面为正垂面,因此六棱柱的 6 条棱线与截平面的交点的正面投影 1′、2′、3′、4′、5′、6′可直接求出;

③六棱柱的水平投影有积聚性,各棱线与截平面的交点的水平投影 1、2、3、4、5、6 可直接求出;

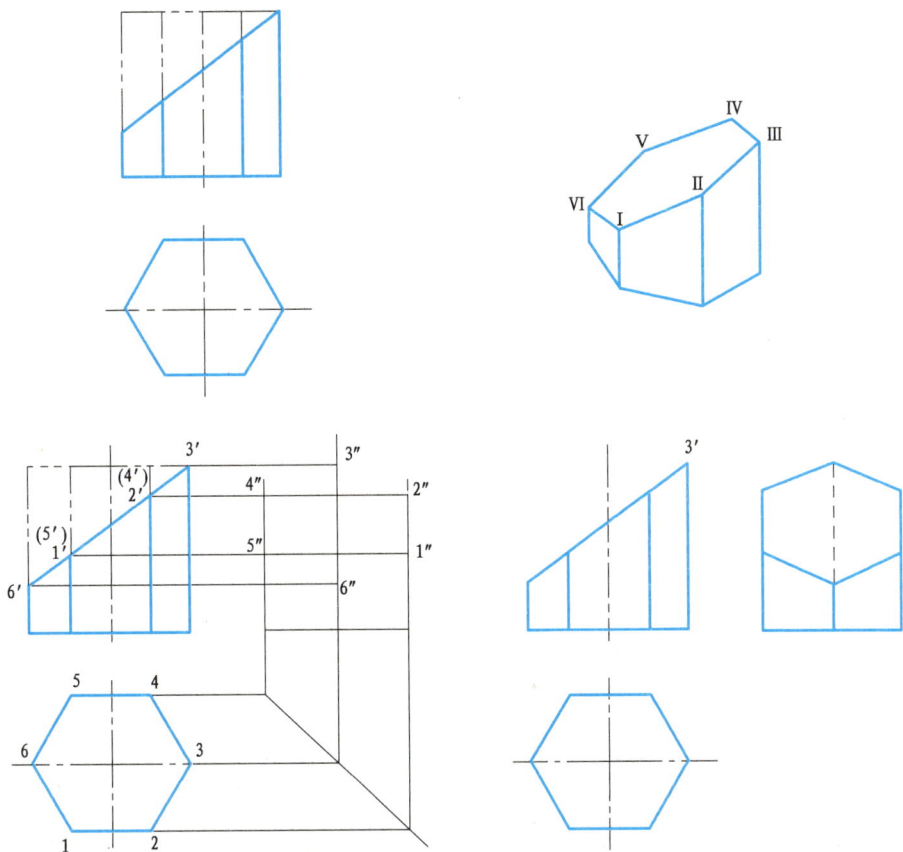

图 3.16　正六棱柱被截割

④根据直线上点的投影性质,在六棱柱的侧面投影上求出相应点的侧面投影 1″、2″、3″、4″、5″、6″;

⑤将各点的侧面投影依次连接起来,即得到截交线的侧面投影,并判断其可见性;

⑥在图上将被截平面切去的顶面及各条棱线的相应部分去掉,并注意可能存在的虚线。

2)棱锥体的截交线

【例 3.7】　已知切口三棱锥的正面投影,试补全其水平投影和侧面投影(图 3.17)。

【分析】　三棱锥所形成的缺口是由一个水平面和一个正垂面切割三棱锥而形成的,由于水平面和正垂面的正面投影有积聚性,所以截交线的正面投影已知。因为水平截面平行于底面,所以它与前棱面的交线 DE 必平行于底边 AB,与后棱面的交线 DF 必平行于底边 AC。正垂截面分别与前、后棱面相交于直线 GE、GF。由于两个截平面都垂直于正立投影面,所以它们的交线 EF 一定是正垂线。画出这些交线的投影,也就画出了这个缺口的投影。

【作图】　①因为两截平面都垂直于正立投影面,所以 d′e′、d′f′ 和 g′e′、g′f′ 都分别重合在它们有积聚性的正面投影上,e′f′ 则位于它们有积聚性的正面投影的交点处。

②根据点在直线上的投影特性,由 d′ 在 sa 上作出 d。由 d 作 de∥ab、df∥ac,再分别由 e′、f′ 在 de、df 上作出 e、f,由 d′e′、de 和 d′f′、df 作出 d″e″、d″f″,都重合在水平截面的积聚成直线的侧面投影上。

③由 g′ 分别在 sa、s″a″ 上作出 g、g″,并分别与 e、f 和 e″、f″ 连成 ge、gf 和 g″e″、g″f″。

④连接 e、f,由于 ef 被 3 个棱面 SAB、SBC、SCA 的水平投影所遮而不可见,画成虚线,e"f"
则重合在水平截面的积聚成直线的侧面投影上。

⑤加粗实际存在的左棱线的 SG、DA 段的水平和侧面投影。

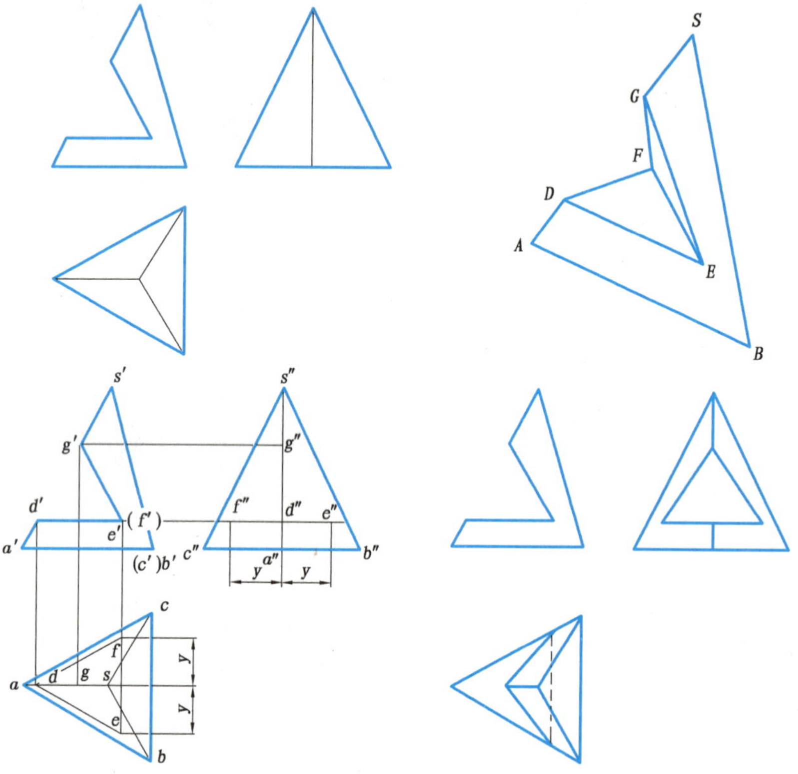

图 3.17　补全带缺口的三棱锥

3.3.2　平面截割曲面体的投影

当平面与曲面立体相交时,截交线的形状取决于曲面立体的形状和截平面与曲面立体轴
线的相对位置。曲面立体截交线一般为封闭的平面曲线,有时为曲线与直线围成的平面图形
或多边形等,但当截平面与曲面立体的轴线垂直时,任何截交线都是圆。

求曲面立体截交线投影的一般步骤:

①分析截平面与曲面立体的相对位置,从而了解截交线的形状。

②分析截平面与投影面的相对位置,以便充分利用投影特性,如积聚性、实形性。

③当截交线的形状为非圆曲线时,应求出一系列共有点。先求出特殊点,即控制截交线
形状的点,如最高、最低、最左、最右、最前、最后、可见与不可见的分界点等,然后再求一般点,
对曲面立体表面上的一般点则采用辅助线的方法求得,最后将这些点依次光滑地连成线即可
求得截交线投影。

1)圆柱体的截交线

根据截平面与圆柱体轴线的相对位置,圆柱体的截交线可分为以下 3 种情况(表 3.1):

①截平面平行于圆柱轴线,其截交线为一矩形;

②截平面垂直于圆柱轴线,其截交线为一个圆;

③截平面倾斜于圆柱轴线,其截交线为一椭圆。

表 3.1　圆柱体截交线的 3 种情况

截平面的位置	平行于轴线	垂直于轴线	倾斜于轴线
截交线的形状	两平行直线	圆	椭圆
立体图			
投影图			

【例 3.8】　已知圆柱体被正垂面截切后的正面投影和水平投影,试求作其侧面投影(图 3.18)。

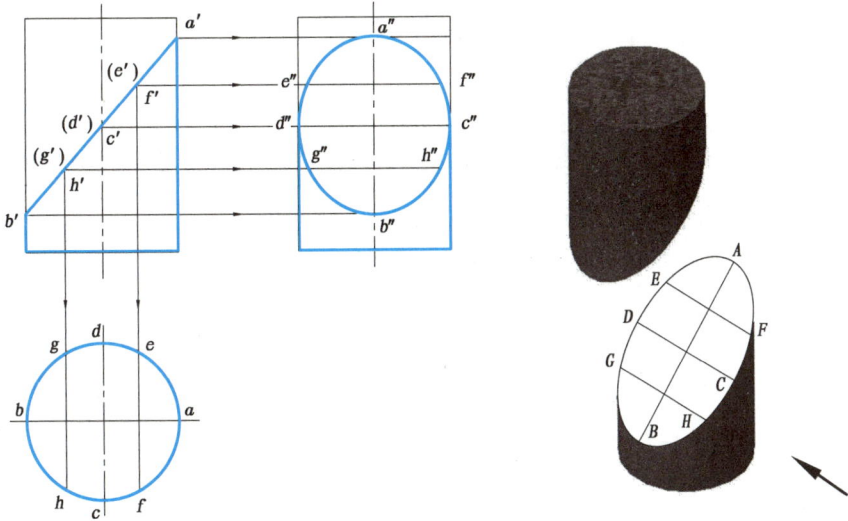

图 3.18　圆柱体被正垂面截切

【分析】　正垂的截平面倾斜于圆柱体的轴线,故截交线在空间是一个椭圆。椭圆的长轴 AB 为正平线,其端点 A、B 是圆柱面上最右和最左轮廓线与截平面的交点。短轴 CD 则在过 AB 中点的正垂线上,其长度等于圆柱的直径。

【作图】　①作特殊点。以正面投影图上的 a'、b'、c'、(d') 为特殊点,由 A、B、C、D 4 点的正面投影和水平投影可作出它们的侧面投影 a''、b''、c''、d'',并且点 A 是最高点,点 B 是最低点。根据对圆柱体截交线椭圆的长、短轴分析,可以看出垂直于正立投影面的椭圆直径 CD 等于圆柱直径,是短轴,而与它垂直的直径 AB 是椭圆的长轴,长、短轴的侧面投影 $a''b''$、$c''d''$ 仍应互相垂直。

②作一般点。在正面投影图上取 $f'(e')$、$h'(g')$ 点,其水平投影 f、e、h、g 在圆柱面的积聚性投影上。因此,可求出侧面投影 f''、e''、h''、g''。一般取点的多少可根据作图准确程度的要求而定。

③依次光滑连接 a''、e''、d''、g''、b''、h''、c''、f''、a'',即得截交线的侧面投影。

2)圆锥体的截交线

根据截平面与圆锥体的相对位置不同,圆锥体的截交线可分为 5 种情况,见表 3.2。

表 3.2 圆锥体截交线的 5 种情况

截平面的位置	过锥顶	不过锥顶			
		$\theta = 90°$	$\theta > \alpha$	$\theta = \alpha$	$\theta < \alpha$
截平面的形状	相交两直线	圆	椭圆	抛物线	双曲线
立体图					
投影图					

【例 3.9】 已知圆锥体被正垂面截切后的正面投影,试求作其水平投影和侧面投影(图 3.19)。

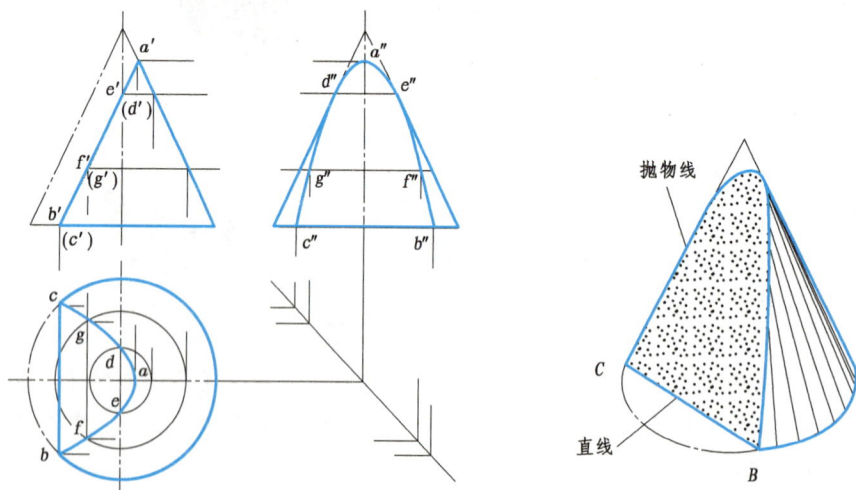

图 3.19 圆锥体被正垂面截切

【分析】 截平面倾斜于圆锥体的轴线,故截交线在空间是一个抛物线。运用锥面上取点的方法作出抛物线的特殊点和一般点,用曲线光滑连接各点。

【作图】　①作特殊点。以正面投影图上的 a'、b'、(c')、(d')、e' 为特殊点,并且点 A 是最高点,点 B 是最低点和最前点,点 C 是最低点和最后点,点 E 和点 D 是截交线和圆锥体最前方以及最后方素线的交点。根据锥面上取点的方法(纬圆法)以及对形体的分析,由 A、B、C、D、E 5 点的正面投影可作出它们的水平投影 a,b,c,d,e 和侧面投影 $a''、b''、c''、d''、e''$。

②作一般点。在正面投影图上取 $f'(g')$ 点,其水平投影 f,g 可用纬圆法求出,最后再求出侧面投影 $f''、g''$。一般取点的多少可根据作图准确程度的要求而定。

③依次光滑连接各个点,即得截交线的水平投影和侧面投影。

3) 圆球体的截交线

平面截切圆球体时,无论截平面与球体的相对位置如何,截交线的空间形状总是圆,见表 3.3。

表 3.3　圆球体截交线的 3 种情况

截平面位置	与V面平行	与H面平行	与V面垂直
轴测图			
投影图			

3.4　两立体相贯的投影

两立体相交,又称为两立体相贯,它们表面产生的交线称为相贯线,如图 3.20 所示。相贯线的形状随立体形状和位置的不同而异,一般分为全贯和互贯两种类型。当一个立体全部穿过另一个立体时,产生两组相贯线,称为全贯,如图 3.20(b)所示;当两个立体部分相贯时,产生一组相贯线,称为互贯,如图 3.20(c)所示。相贯线的基本性质如下:

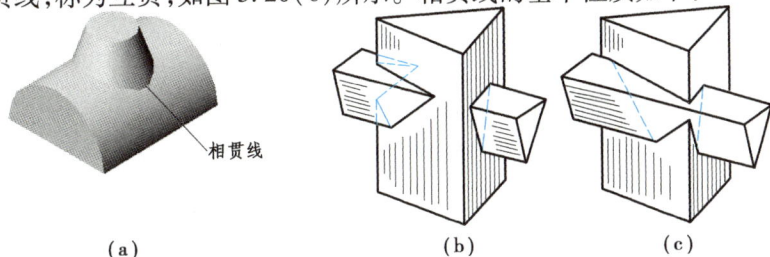

(a)　　　　　　　(b)　　　　　　　(c)

图 3.20　相贯线的概念

①相贯线是两相贯体表面的共有线。相贯线上的每个点都是两立体表面的共有点。

②由于立体表面有一定的范围,所以相贯线一般是闭合线。

根据上述性质可知,求相贯线就是求两立体表面的共有点,将这些点光滑地连接起来,即得相贯线。求相贯线的一般步骤是:

①分析:认识两相贯体的形体特征,考察它们的相对位置,研究它们哪些部分参与相贯。

②求相贯点:首先求出特殊点,特殊点一般是相贯线上处于极端位置的点,如最高、最低点,最前、最后点,最左、最右点。同时为了准确作图,需要在特殊点之间插入若干一般点。

③按一定的次序连接相贯点可得相贯线。

④判别可见性:位于两立体均为可见表面上的相贯线才是可见的。

工程形体常常是由两个或更多的基本几何形体组合而成的。这些形体又常处于特殊位置,因此以下介绍的相贯体,至少其中之一具有特殊位置。

3.4.1　平面立体与平面立体相贯

1)棱线与积聚性棱面相交

【例3.10】　求作图3.21所示两个三棱柱的相贯线。

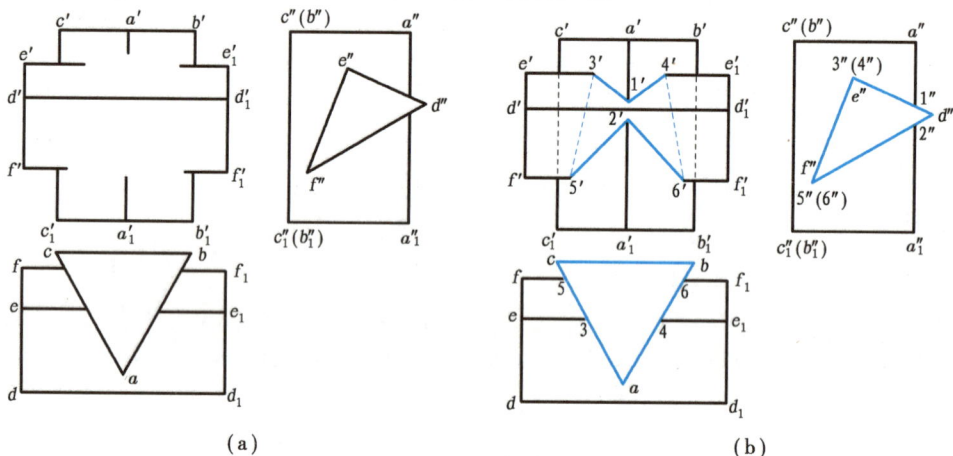

图3.21　两三棱柱相贯

【分析】　根据水平投影可知,直立铅垂的三棱柱部分贯入水平侧垂三棱柱,为互贯,相贯线为一条空间折线。

由于直立铅垂三棱柱的水平投影有积聚性,所以相贯线的水平投影都积聚在直立铅垂三棱柱左右两棱面与水平侧垂三棱柱相交的部分;同理,水平侧垂三棱柱的侧面投影有积聚性,所以相贯线的侧面投影重合在水平侧垂三棱柱各棱面与直立铅垂三棱柱相交的部分。作图时,可根据已知的相贯线水平投影和侧面投影求其正面投影。

2)积聚性棱线与一般位置平面相交

【例3.11】　求作图3.22所示三棱锥与三棱柱的相贯线。

（a）求相贯线   （b）补全棱线和轮廓线的投影

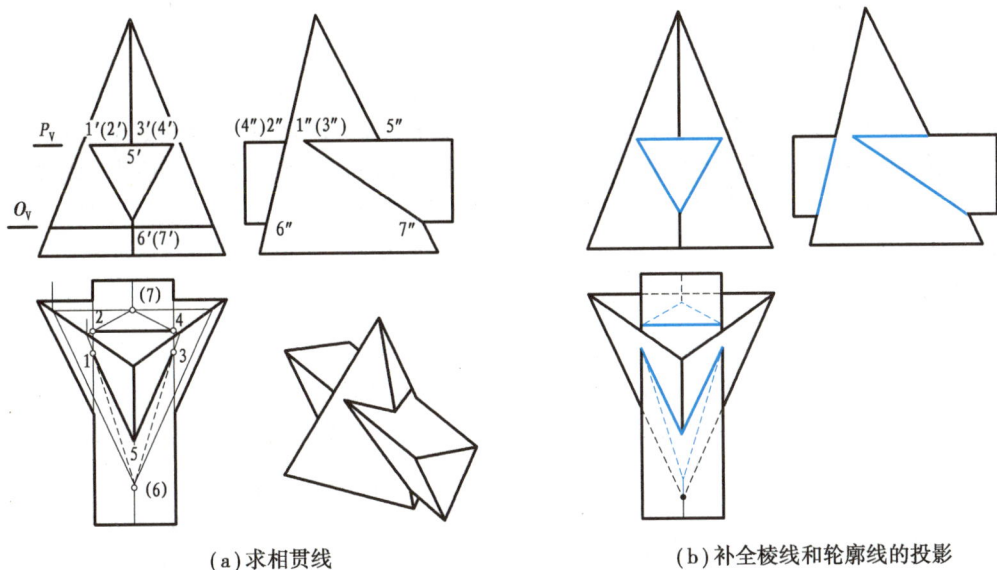

图 3.22 三棱锥与三棱柱相贯

【分析】 根据图 3.22 可知,三棱柱整个贯穿三棱锥,为全贯,形成前后两条相贯线。前面一条是由三棱柱的 3 个棱面与三棱锥的前两个棱面相交而成的空间封闭折线;后面的一条相贯线为三棱柱的 3 个棱面与三棱锥的后面一个棱面相交而成的三角形。

三棱锥与三棱柱相交求相贯线

由于三棱柱的 3 个棱面的正面投影有积聚性,所以两条相贯线的正面投影都重合在三棱柱各棱面的正面投影上。作图时,可根据已知的相贯线正面投影求其水平投影和侧面投影。

3）同坡屋面的投影

【例 3.12】 求作图 3.23 所示两坡屋面的相贯线。

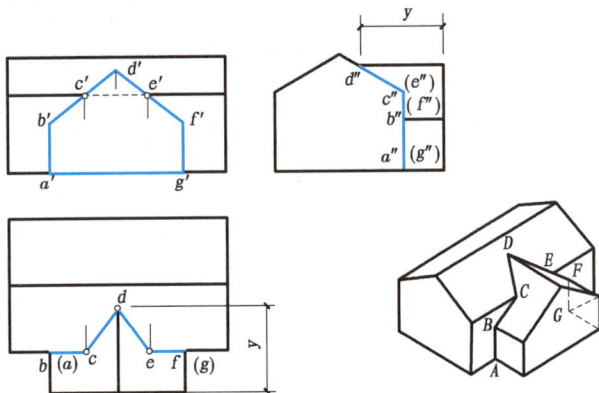

图 3.23 两坡屋面相贯线

【分析】 如图 3.23 所示的两斜坡屋面,可看成两个五棱柱中相应棱面相交,两相贯的五棱柱前后不贯通,只在前面形成一条相贯线;又因为这两个五棱柱下面的水平棱面共面,则这两个棱面之间没有交线,所以相贯线是一条不闭合的空间折线。

由于两个五棱柱分别垂直于 V 面和 W 面,所以相贯线的正面投影和侧面投影已知,根据已知投影即可求出相贯线的水平投影。

3.4.2　平面立体与曲面立体相贯

平面立体和曲面立体相贯,其相贯线是由若干段平面曲线或平面曲线和直线所组成。各段平面曲线或直线均是平面立体上各棱面截割曲面立体所得的截交线。每段平面曲线或直线的转折点是平面立体的棱线和曲面立体表面的交点(贯穿点)。求平面立体与曲面立体的相贯线,实质上就是求平面立体的棱面与曲面立体的截交线,以及求平面立体的棱线与曲面立体表面的贯穿点。

1)棱锥体与圆柱体相贯

【例3.13】　求作图3.24所示圆柱体与四棱锥的相贯线。

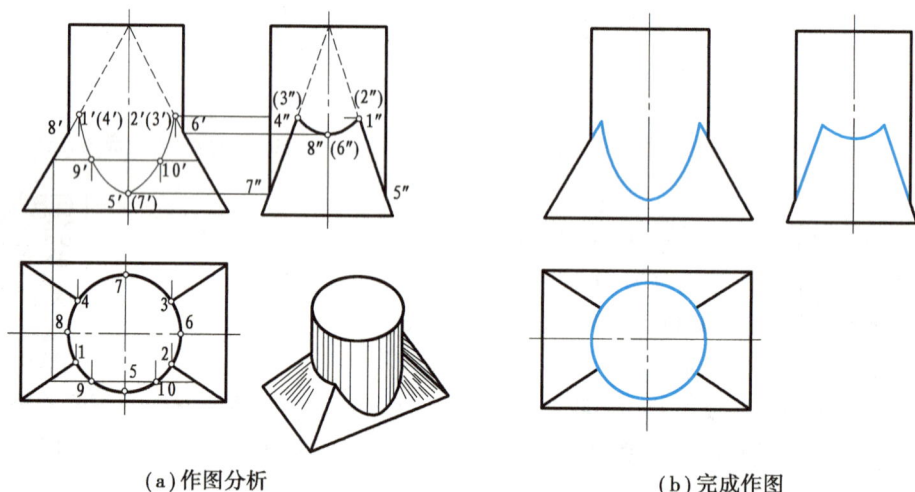

（a）作图分析　　　　　　　　　　　　　（b）完成作图

图3.24　圆柱体与四棱锥相贯

【分析】　由图3.24可知,两相贯体左右前后对称,相贯线也应左右前后对称。又因圆柱体的轴线过四棱锥的锥顶,所有相贯线是由棱锥的4个棱面截切圆柱面所得的4段椭圆弧组合而成。4条棱线与圆柱面的4个交点就是这4段椭圆弧的结合点,这4个点的高度相同,为相贯线上的最高点。

由于圆柱体的轴线垂直于H面,相贯线的水平投影就位于圆柱面的积聚投影上,故相贯线的水平投影已知。

四棱锥的左右两个棱面为正垂面,其正面投影积聚为直线段,相应的两段相贯线椭圆弧的正面投影也在该直线段上。同理,另两段相贯线椭圆弧的侧面投影在四棱锥侧垂面的积聚投影上。

2)棱柱体与圆锥体相贯

【例3.14】　求图3.25所示正三棱柱与圆锥体的相贯线。

【分析】　由图3.25可知,三棱柱与圆锥体的相贯线是由三棱柱的3个棱面与圆锥面相交所形成的3条截交线组成,其空间形状均为双曲线。三棱柱的3条棱线与圆锥面的3个交点就是这3段双曲线的结合点。

在投影图中,相贯线的水平投影重合在三棱柱的棱面投影上,为已知,由于三棱柱的BC棱面[图3.25(b)]为正平面,故该面上的相贯线在正面投影中反映实形,在侧面投影中在其棱面的积聚投影上;另两个棱面上的相贯线的正面投影左右对称,侧面投影重合。

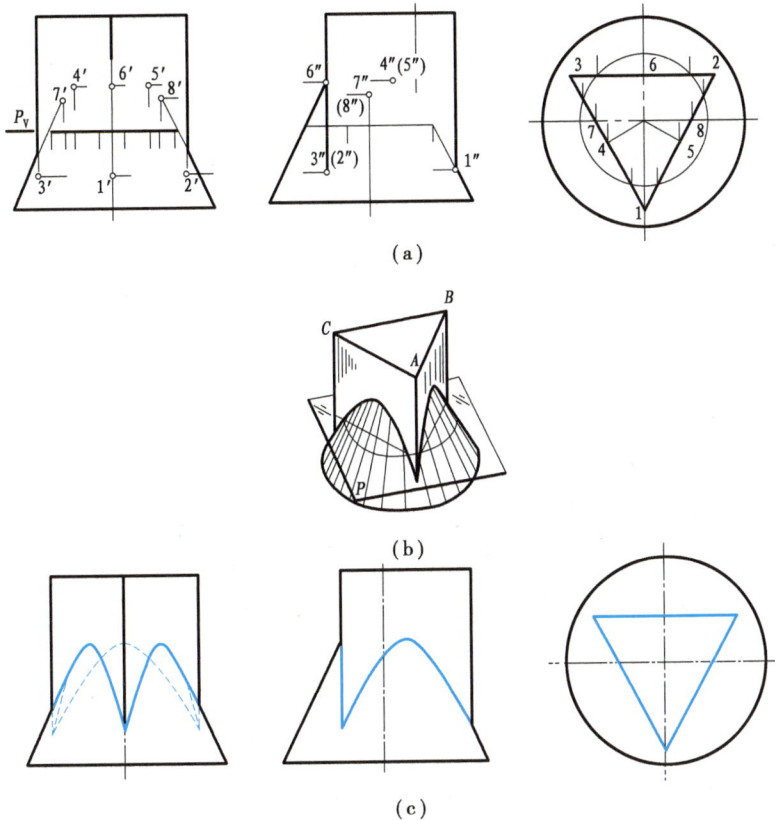

（a）

（b）

（c）

图 3.25　正三棱柱与圆锥体相贯

【特别提示】

相贯线的作图方法

（1）积聚性法（表面取点法）

当两个圆柱相贯,只要有一个圆柱的投影是圆,两圆柱的相贯线一定积聚在圆周上。当两相交回转体中有一个是圆柱且轴线垂直于某一投影面时,可采用积聚性法求解相贯线。

（2）辅助平面法

当两相交的回转体表面有一个投影无积聚性或均无积聚性时,可采用辅助平面法求作相贯线的投影。

思考与练习

1. 分别列举 3 个平面立体与曲面立体的实物。
2. 简述截交线与相贯线的绘制方法。

单元 4   轴测投影

【知识目标】

(1) 了解轴测图的形成与作用,以及轴测图的分类;

(2) 掌握正等轴测图的画法;

(3) 熟悉斜二轴测图的画法。

【能力目标】

(1) 能够运用投影理论,完成平面到立体的投影转换;

(2) 正确熟练绘制立体的正等轴测图。

【素质目标】

(1) 培养图形思维和空间思维能力;

(2) 培养工程思维与创新意识,以及精益求精的职业素养。

将空间形体连同确定其空间位置的直角坐标系一起,沿不平行于形体任一坐标面或坐标轴的方向,用平行投影法将其投影到单一投影面上,所得到的投影图称为轴测投影图,简称轴测图。轴测图是一种单面投影图,在一个投影面上能同时反映出物体三个坐标面的形状,并接近于人们的视觉习惯,形象、逼真,富有立体感。但是轴测图一般不能反映物体各表面的实形,因而度量性差,同时作图比较复杂。因此,在工程上常把轴测图作为辅助图样。

4.1   轴测投影的基本知识

轴测投影的
基本知识

1) 轴测图的形成

如图 4.1 所示,将四棱柱上彼此垂直的棱线分别与直角坐标系的三根轴重合,坐标系称为四棱柱的参考直角坐标系。在适当的位置设置一个投影面 P,用平行投影方法将四棱柱连同其参考直角坐标系沿不平行于任一坐标面的方向将其投射在投影面 P 上,就能得到同时反映四棱柱长、宽、高 3 个向度的投影图,该图称为轴测投影图,简称轴测图。

2) 轴测图中的轴间角和轴向伸缩系数

在轴测投影中,我们把选定的投影面 P 称为轴测投影面;把空间直角坐标轴(OX、OY、OZ)在轴测投影面 P 上的投影(O_1X_1、O_1Y_1、O_1Z_1)称为轴测轴;把两轴测轴之间的夹角

$\angle X_1O_1Y_1$、$\angle Y_1O_1Z_1$、$\angle X_1O_1Z_1$ 称为轴间角;轴测轴上的单位长度与空间直角坐标轴上对应单位长度的比值,称为轴向伸缩系数。OX、OY、OZ 的轴向伸缩系数分别用 p、q、r 表示。在图 4.1 中,$p_1 = O_1A_1/OA$,$q_1 = O_1B_1/OB$,$r_1 = O_1C_1/OC$。

轴间角确定了形体在轴测投影图中的方位,轴向伸缩系数确定了形体在轴测投影图中的大小,这两个要素是作轴测图的关键。

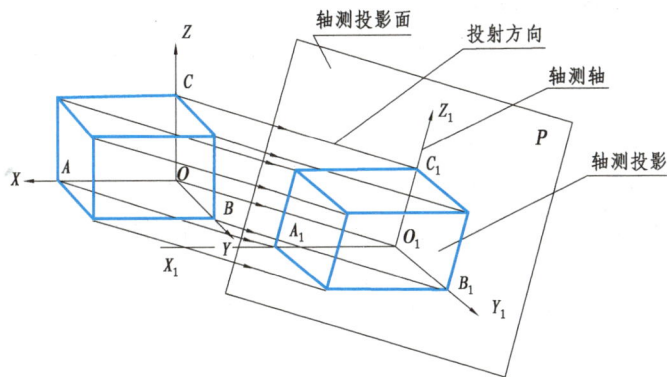

图 4.1　轴测投影的形成

3)轴测图的分类

①按照投射方向与轴测投影面的夹角的不同,轴测图可以分为:

a. 正轴测图:投射方向(投影线)与轴测投影面垂直时投影所得到的轴测图;

b. 斜轴测图:投射方向(投影线)与轴测投影面倾斜时投影所得到的轴测图。

②按照轴向伸缩系数的不同,轴测图可以分为:

a. 正(或斜)等轴测图:$p = q = r$;

b. 正(或斜)二轴测图:$p = r \neq q$;

c. 正(或斜)三轴测图:$p \neq q \neq r$。

4)轴测图的特点

①轴测投影是平行投影,空间中所有直线的轴测投影一般仍为一直线;空间中互相平行的直线,其轴测投影仍互相平行;空间中直线的分段比例在轴测投影中仍不变。

②空间中与坐标轴平行的直线,轴测投影后其长度可沿轴量取;与坐标轴不平行的直线,轴测投影后就不可沿轴量取,只能先确定两端点,然后再画出该直线。

③由于投射方向和空间形体的位置可以是任意的,所以可得到无数个轴间角和轴向伸缩系数,同一形体也可画出无数个不同的轴测图。

4.2　正等轴测图

正等轴测图属于正轴测投影中的一种,它是坐标系的三个坐标轴与投影面 P 所成夹角均相等时所形成的投影。此时,它的 3 个轴向伸缩系数都相等,故称正等轴测图。由于正等轴测图画法简单、立体感较强,所以在工程上较常用。

4.2.1 正等轴测图的轴间角和轴向伸缩系数

1)轴间角

在正等轴测图中,3 个轴向伸缩系数相等,则 3 个直角坐标轴与轴测投影面的倾斜角度必然相同,因此投影后 3 个轴间角宜相等,均为 120°。

根据习惯画法,OZ 轴成竖直位置,X 轴和 Y 轴的位置可以互换,如图 4.2(a)所示。

2)轴向伸缩系数

正等轴测图的轴向伸缩系数相等。从理论上可以推出 $p=q=r\approx0.82$,为了作图简便,常采用简化轴向伸缩系数 $p=q=r=1$。

用简化轴向伸缩系数画出的正等轴测图与实际物体轴测图形状完全一样,只是放大了 1.22 倍,如图 4.2(b)所示。

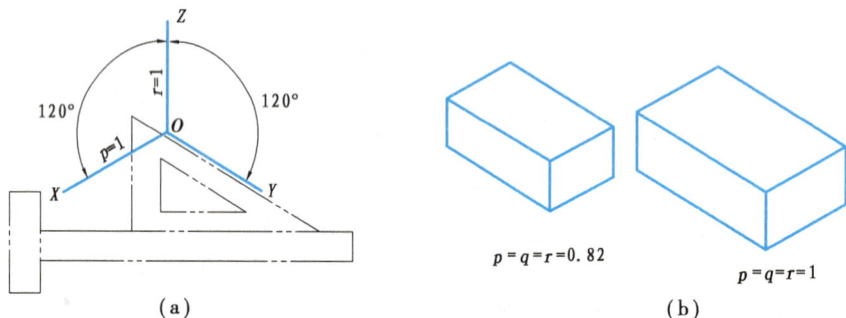

(a)   (b)

图 4.2 正等轴测图的轴间角和轴向伸缩系数

4.2.2 正等轴测图的画法

1)平面体的正等轴测图

画轴测图的方法主要是坐标法。坐标法是根据物体表面上各点的坐标,画出各点的轴测图,然后依次连接各点,即得该物体的轴测图。同时,在作图过程中利用轴测投影的特点,作图的速度将更快、更简捷。

正等轴测图的
绘制

画正等轴测图时,应先用丁字尺配合三角板作出轴测轴。一般将 O_1Z_1 轴画成铅垂线,再用丁字尺画一条水平线,在其下方用 30°三角板作出 O_1X_1 轴和 O_1Y_1 轴,如图 4.3 所示。

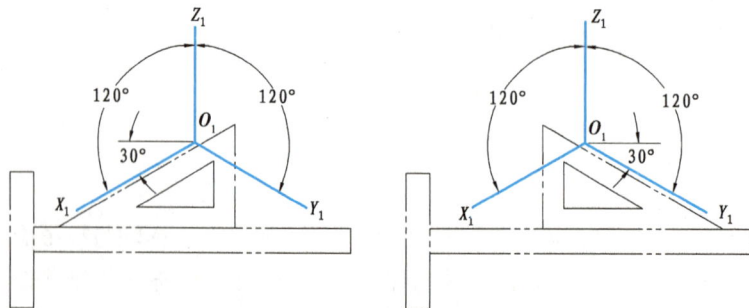

图 4.3 正等轴测轴的画法

【例 4.1】　用坐标法作长方体的正等轴测图,如图 4.4 所示。

【作图】　①如图 4.4(a)所示,在三面正投影图上定出原点和坐标轴的位置;

②如图 4.4(b)所示,画轴测轴,在 O_1X_1 和 O_1Y_1 上分别量取 a 和 b,对应得出点Ⅰ和Ⅱ,过Ⅰ、Ⅱ作 O_1X_1 和 O_1Y_1 的平行线,得长方体底面的轴测图;

③如图 4.4(c)所示,过底面各角点作 O_1Z_1 轴的平行线,量取高度 h,得长方体顶面各角点;

④如图 4.4(d)所示,连接各角点,擦去多余图线并加深,即得长方体的正等轴测图,图中虚线可不必画出。

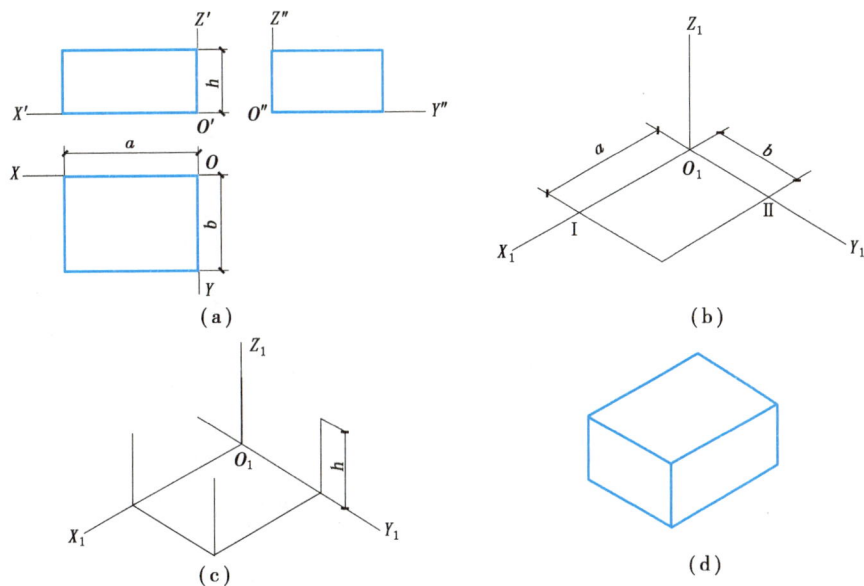

图 4.4　长方体正等轴测图的画法

【例 4.2】　作四棱台的正等轴测图,如图 4.5 所示。

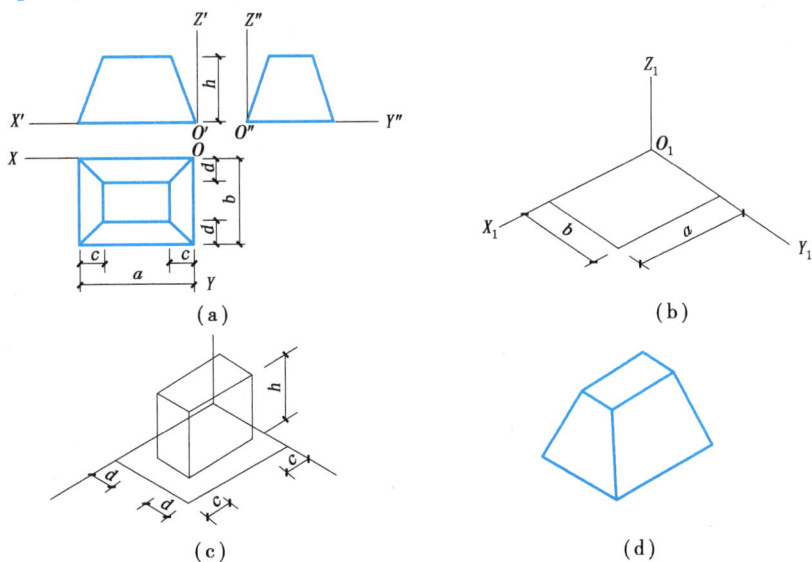

图 4.5　四棱台正等轴测图的画法

【作图】 ①如图4.5(a)所示,在三面正投影图上定出原点和坐标轴的位置;

②如图4.5(b)所示,画轴测轴,在 O_1X_1 和 O_1Y_1 上分别量取 a 和 b,画出四棱台底面的轴测图;

③如图4.5(c)所示,在底面用坐标法根据尺寸 c、d 和 h,作棱台各角点的轴测图;

④如图4.5(d)所示,依次连接各角点,擦去多余图线并加深,即得四棱台的正等轴测图。

2)曲面体的正等轴测图

(1)圆的正等轴测图

①弦线法(坐标法)。这种方法画出的椭圆较准确,但作图较麻烦,作图步骤如图4.6所示。

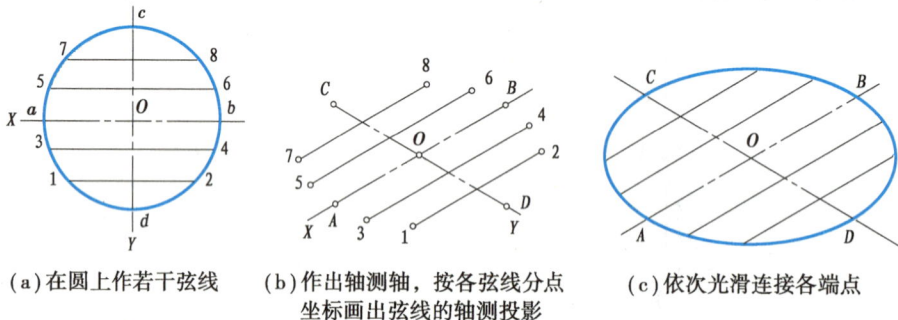

(a)在圆上作若干弦线　(b)作出轴测轴,按各弦线分点　(c)依次光滑连接各端点
　　　　　　　　　　　　　坐标画出弦线的轴测投影

图4.6　弦线法(坐标法)求椭圆(圆的正等轴测图)的画法

②菱形四心法。为了简化作图,轴测投影中的椭圆常采用近似画法,用4段圆弧连接近似画出。这4段圆弧的圆心是用椭圆的外切菱形求得的,因此也称这个方法为菱形四心法,简称"四心法"。以水平面内的圆的正等轴测图为例说明这种画法,如图4.7所示。

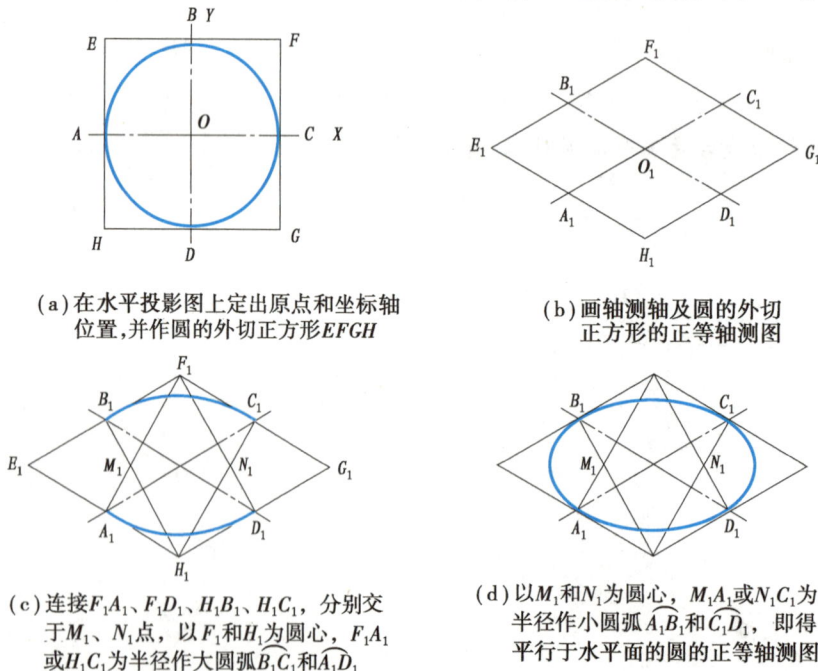

(a)在水平投影图上定出原点和坐标轴　　　(b)画轴测轴及圆的外切
　　位置,并作圆的外切正方形EFGH　　　　　正方形的正等轴测图

(c)连接 F_1A_1、F_1D_1、H_1B_1、H_1C_1,分别交　　(d)以 M_1 和 N_1 为圆心,M_1A_1 或 N_1C_1 为
　于 M_1、N_1 点,以 F_1 和 H_1 为圆心,F_1A_1　　　半径作小圆弧 $\overparen{A_1B_1}$ 和 $\overparen{C_1D_1}$,即得
　或 H_1C_1 为半径作大圆弧 $\overparen{B_1C_1}$ 和 $\overparen{A_1D_1}$　　平行于水平面的圆的正等轴测图

图4.7　菱形四心法作圆的正等轴测图

（2）圆柱体的正等轴测图

如图 4.8 所示为铅垂放置的圆柱体的正等轴测图画法,先作出上下底圆的正等轴测图——椭圆,如图 4.8(b) 所示;再作出两椭圆的最左、最右公切线,即为圆柱体正等轴测图的轮廓线,如图 4.8(c) 所示;为加强立体效果,可画平行线与轴线的阴影线,如图 4.8(d) 所示。

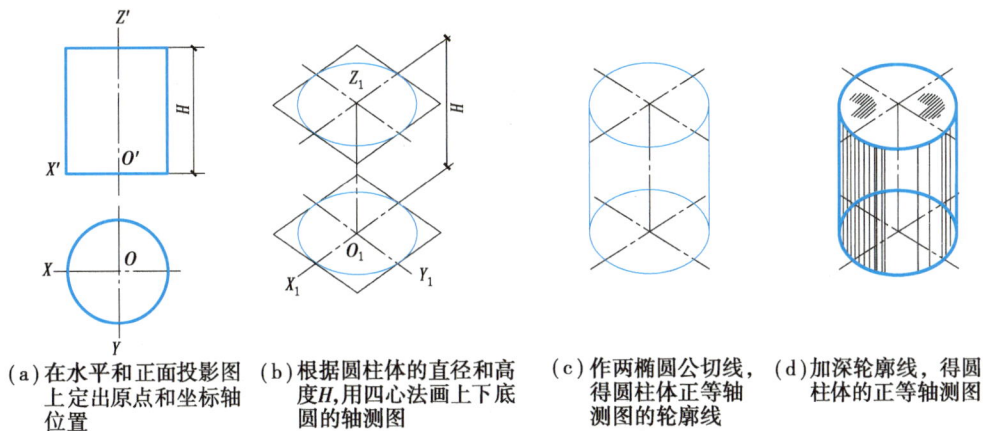

|（a）在水平和正面投影图上定出原点和坐标轴位置|（b）根据圆柱体的直径和高度H,用四心法画上下底圆的轴测图|（c）作两椭圆公切线,得圆柱体正等轴测图的轮廓线|（d）加深轮廓线,得圆柱体的正等轴测图|

图 4.8　圆柱体的正等轴测图画法

4.3　斜二轴测图

4.3.1　斜二轴测图的轴间角和轴向伸缩系数

如图 4.9 所示,XOZ 坐标面平行于轴测投影面,这个坐标面的轴测投影反映实形,因此斜二轴测图的轴间角是:O_1X_1 与 O_1Z_1 成 90°,这两根轴的轴向伸缩系数都是 1;O_1Y_1 与水平线成 45°,其轴向伸缩系数一般取 0.5。

由上述斜二轴测图的特点可知:平行于 XOZ 坐标面的圆的斜二轴测投影反映实形;而平行于 XOY、YOZ 两个坐标面的圆的斜二轴测投影则为椭圆,这些椭圆的短轴不与相应轴测轴平行,且作图过程较繁。因此,斜二轴测图一般用来表达只在互相平行的平面内有圆或圆弧的立体,这时总把这些平面选为平行于 XOZ 坐标面。

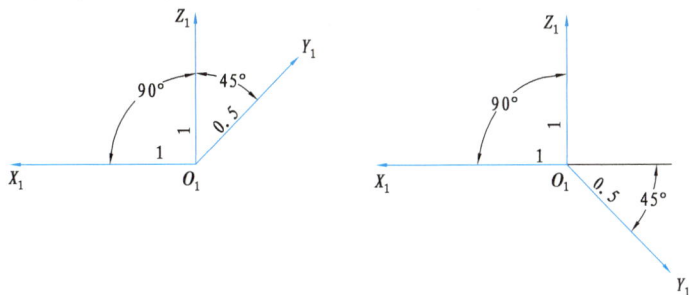

图 4.9　斜二轴测图的轴间角及轴向伸缩系数

4.3.2　斜二轴测图的画法

【例 4.3】　作有圆柱孔物体的斜二轴测图,如图 4.10 所示。

【作图】 ①选择如图 4.10(a)所示坐标及坐标原点。

②先画前面的形状,与正面投影图完全一样,如图 4.10(b)所示;再在 O_1Y_1 轴上定 $O_1O_2 = L/2$,画出后面形状,半圆柱面轴测投影的轮廓线按两圆弧的公切线画出,如图 4.10(c)所示。

③擦去作图线,描深全图的斜二轴测图,如图 4.10(d)所示。

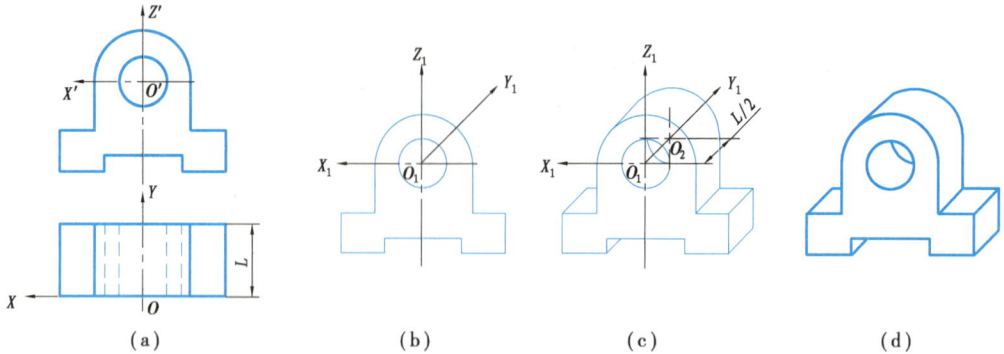

图 4.10 有圆柱孔物体的斜二轴测图

【例 4.4】 作带通孔圆台的斜二轴测图,如图 4.12 所示。

【作图】 ①选择如图 4.11(a)所示坐标及坐标原点;

②作轴测轴,并在 O_1Y_1 轴上定 $O_1A_1 = L/2$,定出前端面的圆心 A_1,如图 4.11(b)所示;

③画出前、后两个端面圆的斜二轴测图,仍为反映实形的圆,如图 4.11(c)所示;

④整理并描深,便得到带通孔圆台的斜二轴测图,如图 4.11(d)所示。

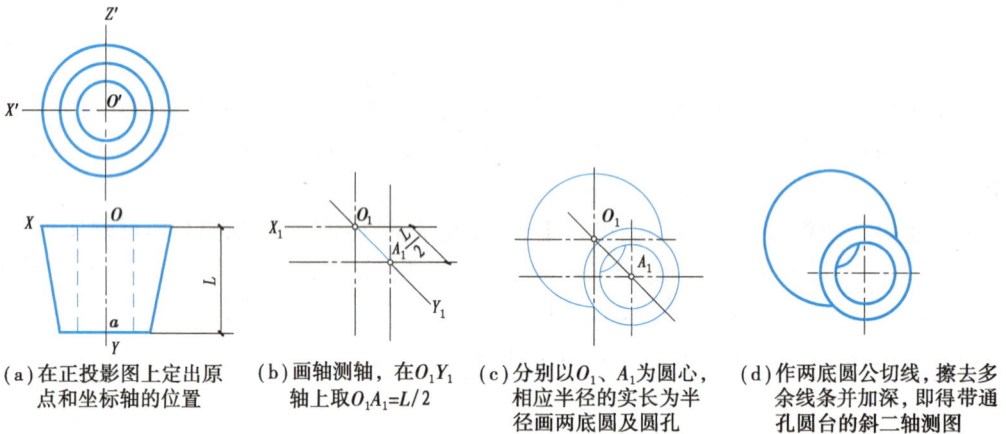

(a)在正投影图上定出原 点和坐标轴的位置

(b)画轴测轴,在 O_1Y_1 轴上取 $O_1A_1 = L/2$

(c)分别以 O_1、A_1 为圆心, 相应半径的实长为半 径画两底圆及圆孔

(d)作两底圆公切线,擦去多 余线条并加深,即得带通 孔圆台的斜二轴测图

图 4.11 带通孔圆台的斜二轴测图

【例 4.5】 作轴座的斜二轴测图,如图 4.12 所示。

【作图】 ①选择如图 4.12(a)所示坐标及坐标原点。

②先画前面的形状,与正面投影完全一样,如图 4.12(b)所示;再在 O_1O_2 轴上定 $O_1O_2 = L/2(L = h_1 + h_2)$,画出后面形状,半圆柱面轴测投影的轮廓线按两圆弧的公切线画出,如图 4.12(c)所示。

③擦去作图线,描深全图的斜二轴测图,如图 4.12(d)所示。

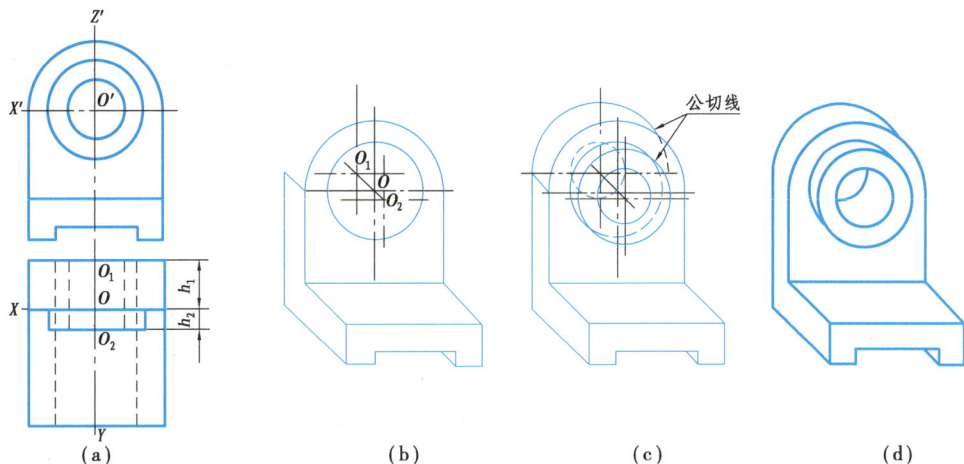

图 4.12 轴座的斜二轴测图

【拓展阅读】

　　"样式雷"是对清代两百多年间主持皇家建筑设计的雷姓世家的誉称。雷氏家族进行建筑设计，都按 1/100 或 1/200 比例先制作模型小样进呈内廷，以供审定。模型用草纸板热压制成，故名烫样。其台基、瓦顶、柱枋、门窗以及床榻桌椅、屏风纱橱等均按比例制成，精细无比。雷氏家族烫样独树一帜，是了解清代建筑和设计程序的重要资料。一些简单材料所制成的烫样，其原理竟与现代建筑的三维空间设计如出一辙。这些古老的设计给予了后辈指引和力量。

　　"样式雷"家族两百余年风雨沉浮的故事，展现了中国传统建筑史上最美、最辉煌的一页。这个辉煌而神秘的清代御用建筑师世家，设计了中国约 1/6 的世界文化遗产。"一家样式雷，半部古建史"，一代代"样式雷"凭着天赋、勤奋和坚韧，终成中国营造的集大成者，在华夏大地留下了一幅幅美丽的人文风景。

思考与练习

1. 简述正等轴测图与斜二轴测图的区别。
2. 概述轴测图在工程图中的作用。

单元 5　组合体的投影

【知识目标】

(1)熟悉组合体的组合方式及组合体视图的形成;

(2)掌握组合体投影图的绘制方法;

(3)熟悉组合体尺寸标注的原则和注意事项;

(4)掌握组合体视图的识读方法。

【能力目标】

(1)能够合理选择组合体的视图并用正确的线型表示;

(2)能够正确绘制和识读组合体投影图;

(3)能够合理标注组合体的尺寸。

【素质目标】

(1)培养团队合作精神、专业专注的工匠精神和创新精神;

(2)培养"辩证"的思维方式,树立正确的价值观。

5.1　组合体投影图的绘制

组合体是由基本几何形体(包括基本平面立体和基本曲面立体)经组合而成的立体。

5.1.1　组合体的形成分析

1)组合体的组合方式

为了便于分析,将组合体按组合特点分为叠加式、切割式、综合式 3 种方式。

(1)叠加式

由两个或两个以上的基本体叠加而形成的组合体称为叠加式组合体。如图 5.1 所示的建筑形体,可以看成由一个三棱柱、一个四棱柱和一个五棱柱组合而成。

(2)切割式

一个基本体被切去某些形体后形成的组合体称为切割式组合体。如图 5.2 所示的工程形体,可以看成由一个四棱柱被切掉一个三棱柱和一个小四棱柱而成。

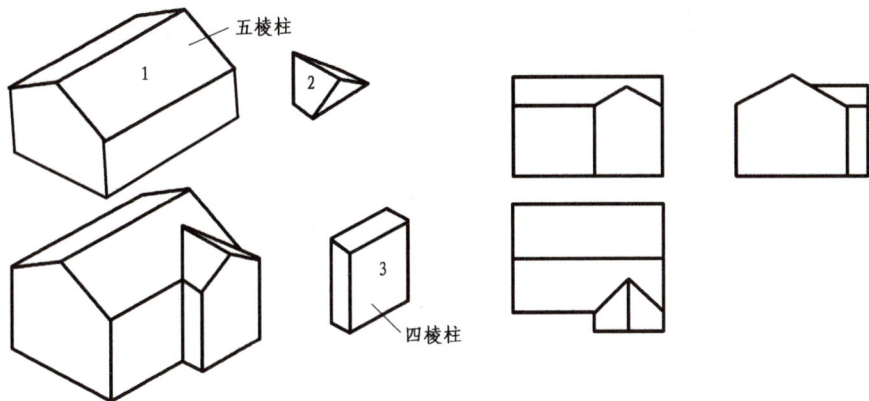

图 5.1　基本体与组合体

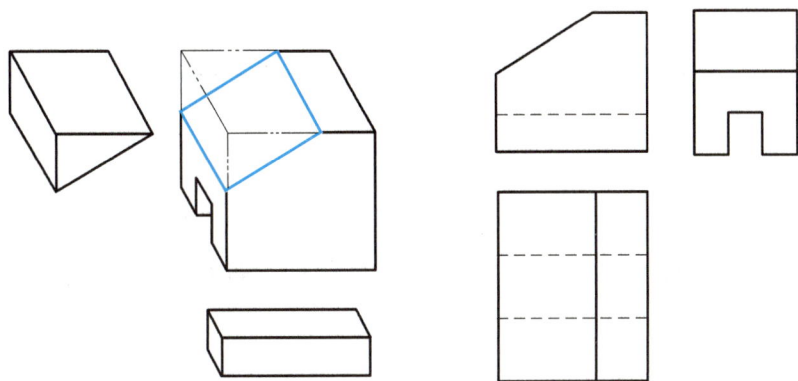

图 5.2　切割式组合体

(3)综合式

综合式组合体是既有形体叠加又有形体切割。如图 5.3 所示的工程形体,可以看成由两个四棱柱叠加后被切掉一个半圆柱和一个小四棱柱而成。

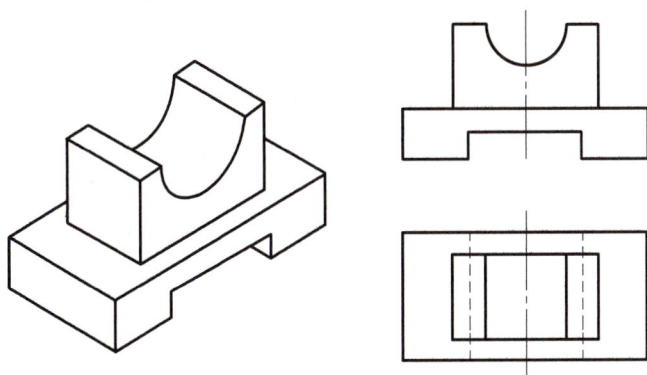

图 5.3　综合式组合体

2)组合体相邻两表面的连接关系

组合体相邻两表面之间的连接关系有共面、相切和相交 3 种。

(1)共面

两基本体叠加时,若相邻两表面共面,则衔接处表面无线,如图 5.4 所示。

共面
共面处不画线
组合过程
正面投影图

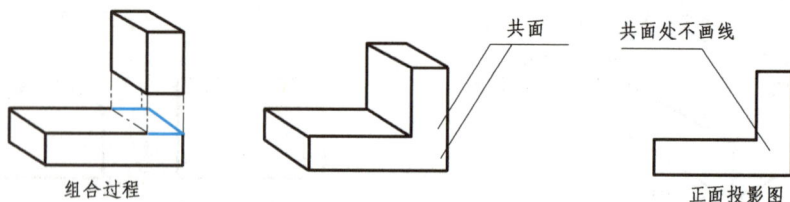

图 5.4　共面连接

(2)相交

两基本体叠加时,若相邻表面相交,则衔接处表面有线,如图 5.5 所示。

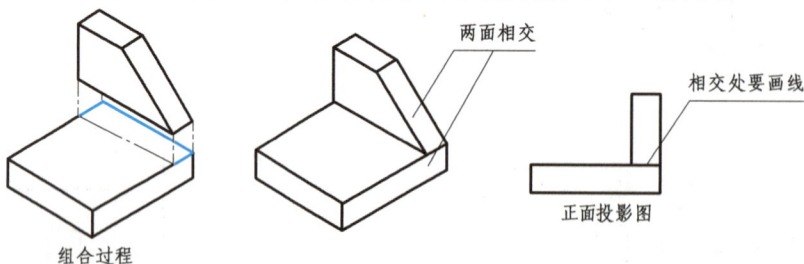

两面相交
相交处要画线
组合过程
正面投影图

图 5.5　相交连接

(3)相切

两基本体相邻表面相切时,光滑过渡,衔接处表面无线,如图 5.6 所示。

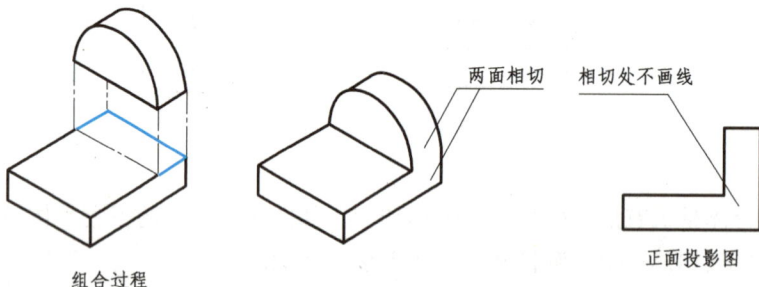

两面相切
相切处不画线
组合过程
正面投影图

图 5.6　相切连接

5.1.2　组合体的绘图步骤

组合体的形状一般比较复杂,而任何复杂的形体都可以看成由若干简单的基本形体组合而成。因此,在画组合体投影图时,应先对物体进行形体分析,通过想象把物体分解成几个基本形体,然后按照其相对位置逐个画出各个形体的投影,再综合起来,得到整个组合体的投影。这种把组合体假想分解为若干个基本形体,并分析其相对位置和组合形式,从而产生对整个组合体的完整概念的方法,称为形体分析法。

形体分析法是画、看组合体及标注尺寸的重要分析方法。

1)形体分析

对一个组合体进行形体分析,主要从以下三个方面进行:首先分析组合体是由什么基本形体组成的,其次看具体的组合方式,是叠加、切割还是综合,最后分析各组成部分之间的相对位置关系及表面衔接方式。以图 5.7 为例,可以把(a)图所示组合体分为Ⅰ、Ⅱ、Ⅲ3 个基本形体,这 3 个基本形体都是以叠加的形式组合在一起的,其中,Ⅱ、Ⅲ两基本形体前后叠加

组合体投影图
的绘制

并共同位于形体Ⅰ之上,Ⅰ、Ⅱ基本形体左侧对齐相交叠加,故有交线,而Ⅰ、Ⅲ基本形体以前侧面对其共面叠加,故表面衔接无交线。

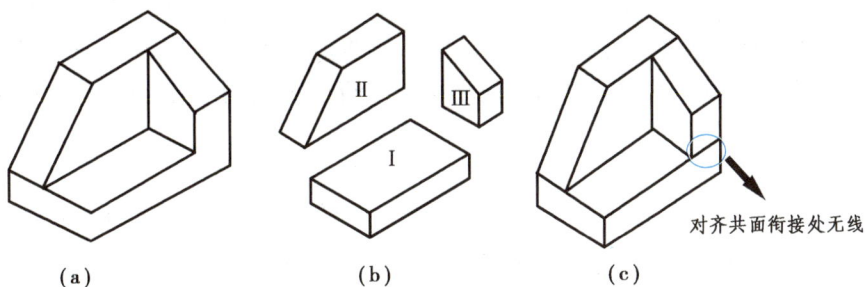

图 5.7　组合体的形体分析

形体分析只是通过想象把组合体分解成基本形体,其目的是把已经熟知的基本形体的投影利用起来,从而形成组合体的投影。实际上,组合体始终是一个整体,因此,其表面的各种交线必须利用投影法的基本知识去正确判断。

2) 投影选择

合理地选择投影,是合理表达形体的关键。按照国家有关制图标准的规定,在考虑投影时,应兼顾以下几个方面的问题:

①将包含物体几何信息量最多的正面投影作为主视图;

②在正确、完整表达形体的前提下,图形的数量越少越好;

③尽量避免使用虚线;

④避免不必要的细节重复。

结合制图标准和实际工作需要,在选择投影时应注意以下三点:选择形体的安放位置、主视图的投影方向以及确定视图的数量。

(1)确定安放位置

确定安放位置,主要指如何确定组合体的上下关系,或者说,组合体三个坐标表面中的哪一个位置成水平面更合理。对于有明确功能作用的工程对象,往往取它们的工作位置或加工位置或安装位置为安放位置;对于其他没有明确作用的抽象组合体,则可以考虑以安放稳定、图面紧凑、避免虚线、视觉感受合理等作为确定安放位置的考虑因素。此外,组合体的各主要表面应尽量平行于投影面,以方便制图和反映实形。

(2)主视图的选择

安放位置确定以后,水平投影也就基本确定了,下一步需要确定的是其余两个投影中,用哪一个作主视图更加合理。一旦安放位置和主视图确定,物体的三个坐标面与三面投影体系中三个投影面的关系就已经确定,其他所有视图也自然相应确定。选择主视图的投影方向时,应使主视图尽可能多地反映物体的形状特征及各组成部分的相对位置,还要考虑尽可能减少投影图中的虚线,另外还要考虑合理地利用图纸。

(3)确定视图数量

确定视图数量的原则是用最少的视图去清楚地表达组合体。

3)绘图步骤

(1)确定比例及图幅

在实际绘制工程对象的视图时,要根据对象的大小,确定用多大的比例和使用多大的图幅。比例大小及图幅大小选择的基本原则是:在能够清楚表达对象并注写必要的尺寸、符号和文字的前提下,图幅及比例都应尽量取偏小的。比例小,图幅才可能小;图幅小,施工现场阅读图纸才方便。

(2)画底稿

画图时一般是一个基本体一个基本体画,应注意每部分三面投影图间都必须符合投影规律,注意各部分之间表面连接处的画法。画图的顺序是:一般先画实形体,后画挖去的形体;先画大形体,后画小形体;先画整体形状,后画细节形状。

在图纸的水平方向或竖直方向上画出的第一条线可以称为"基准线",这些基准线一旦画出,视图在图纸上的位置就固定不变了。布图时应使各视图均匀布局,不能偏向某边。各视图之间要留有适当的空间,以便标注尺寸。

基准线一般选用对称线、较大的平面或较大圆的中心线和轴线。基准线是画图和量取尺寸的起始线。

(3)检查、加深线条

底稿图画完后,应对照立体图检查各图是否有缺少或多余的图线,改正错处,然后对各种不同的线条,按相应的规定加深加粗,并注意保证线条的质量。

画组合体视图一般采用以上所述的形体分析法,即一个基本体一个基本体画,但有时会遇到物体的部分结构与基本形体相差较大,用形体分析法难以画出的情况,此时可在形体分析法的基础上辅以线面分析法来画图。

4)作图举例

【例5.1】 如图5.8所示,绘制该组合体的三面投影图。

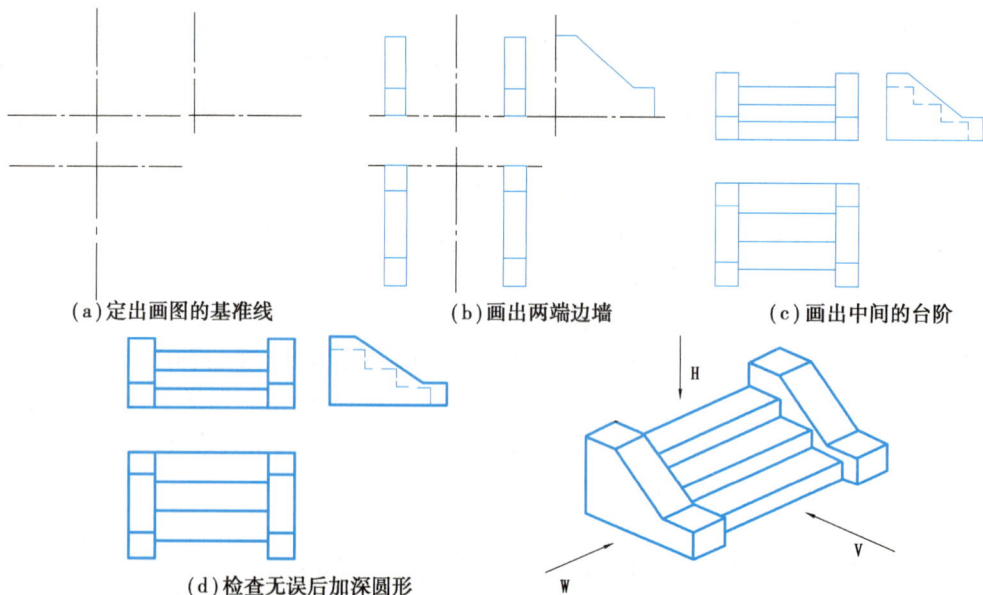

(a)定出画图的基准线   (b)画出两端边墙   (c)画出中间的台阶

(d)检查无误后加深圆形

图5.8 绘制组合体的三面投影图

【作图】 作圆步骤如图5.8所示。

【例5.2】 如图5.9所示,求作该形体的三面投影图。

【作图】 作图步骤如图5.9所示。

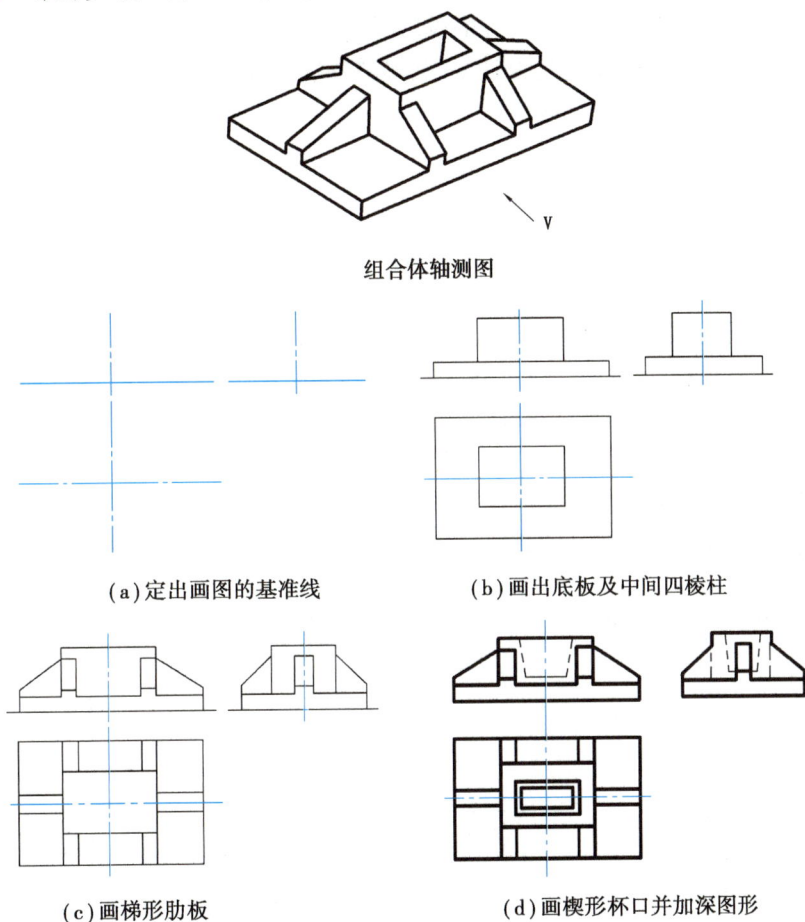

组合体轴测图

(a)定出画图的基准线　　　　　(b)画出底板及中间四棱柱

(c)画梯形肋板　　　　　(d)画楔形杯口并加深图形

图5.9 组合体三视图的画法

【特别提示】

在组合体投影图画法的学习过程中,通过不同视图解决了图学中的定位、度量问题,说明静止、孤立的事物是不存在的,要用发展联系的眼光去看待周围的事物,学会换个角度思考问题,在面对挫折时保持积极乐观的态度。

5.2　组合体的尺寸标注

标注尺寸的基本要求是:正确、完整、清晰、合理。

①正确是指尺寸标注应符合国家制图标准的规定。

②完整是指所注尺寸能够完全确定物体的大小及各组成部分的相对位置,即定形尺寸

（确定各基本形体大小的尺寸）、定位尺寸（确定各基本形体之间相对位置的尺寸）、总体尺寸（确定物体总长、总宽、总高的尺寸）要标注齐全。

③清晰是指所注尺寸整体排列要整齐、清晰，便于读图。为此，每个尺寸只能标注一次，并应标注在最能清晰地反映该结构特征的投影图上。

④合理是指所注尺寸既能满足设计要求，又方便施工。若要符合设计施工要求，则需具备一定的设计和施工知识后才能逐步做到。

5.2.1　基本形体的尺寸标注

基本形体一般都要标注出长、宽、高 3 个方向的尺寸，以确定基本形体的大小，如图 5.10 所示，其中：

①棱柱体和正棱锥体需要标注长、宽、高 3 个方向的尺寸；

②棱台标注上底和下底的长、宽及高度尺寸；

③圆柱、圆锥标注直径和高度尺寸；

④圆台标注上、下底直径和高度尺寸；

⑤球的尺寸标注要在直径数字前加注 S 及直径尺寸；

⑥正多边形可标注其外接圆的直径尺寸。

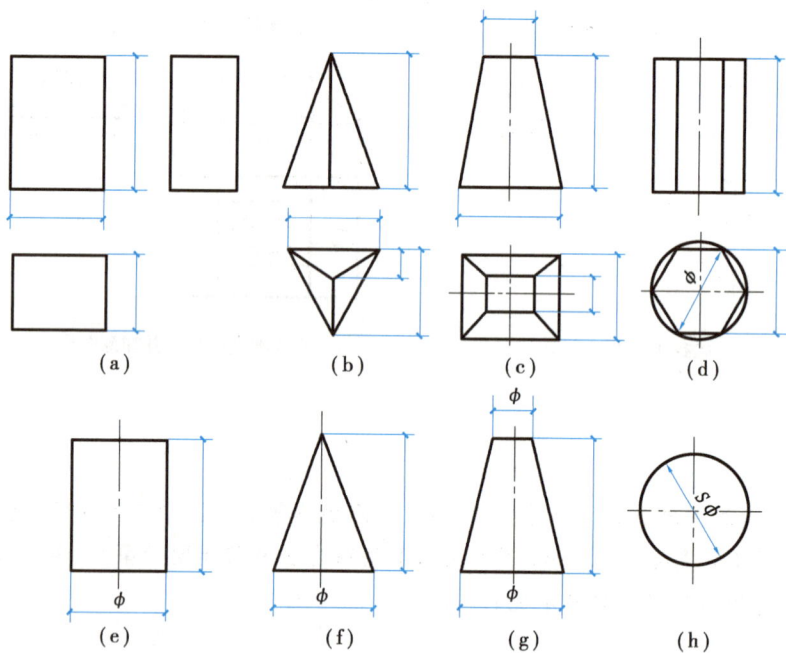

图 5.10　基本形体的尺寸标注

5.2.2　截口形体的尺寸标注

对于被切割的基本形体，除了要标注基本形体的尺寸外，还应标注截平面的位置尺寸，但不必标注截交线的尺寸，如图 5.11 所示。

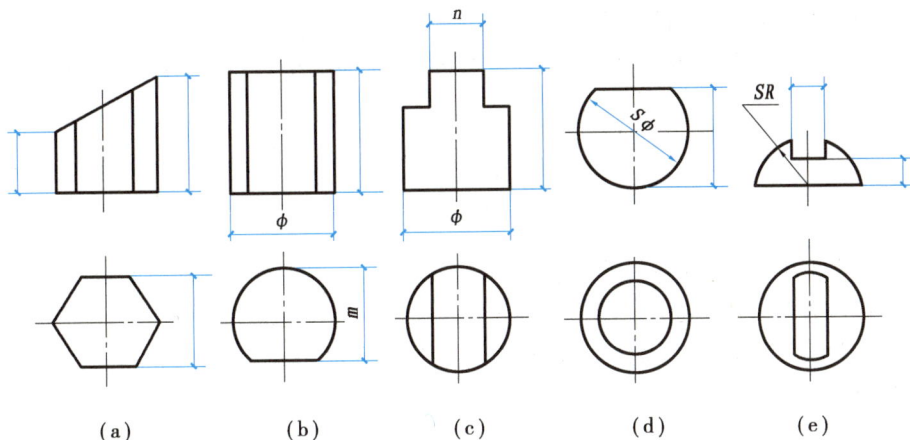

图 5.11 截口形体的尺寸标注

5.2.3 组合体的尺寸标注

学习组合体的尺寸标注是为工程图的尺寸标注打基础。标注组合体的尺寸时,应先对物体进行形体分析,然后顺序标注出其定形尺寸、定位尺寸和总尺寸,如图 5.12 所示。

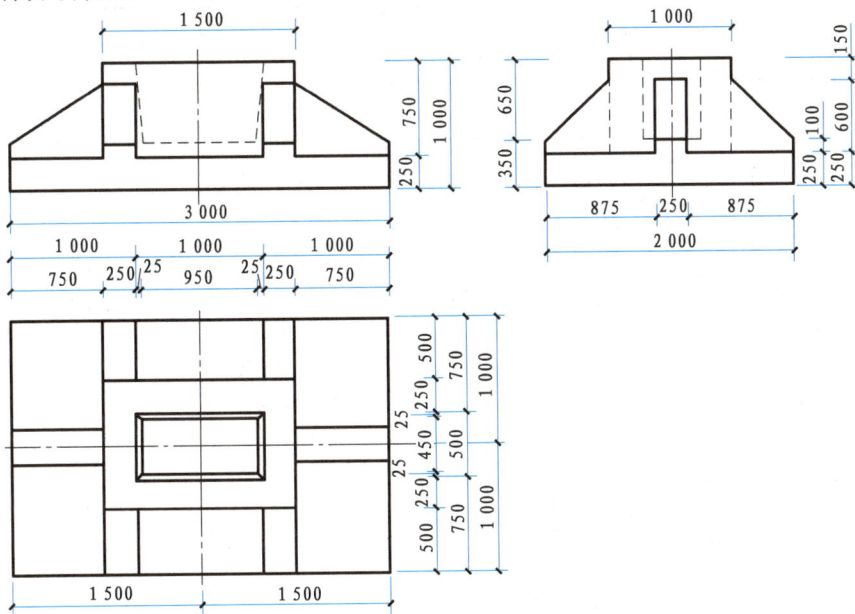

图 5.12 组合体的尺寸标注

①尺寸一般宜注写在反映形体特征的投影图上。

②尺寸应尽可能标注在图形轮廓线外面,不宜与图线、文字及符号相交,但某些细部尺寸允许标注在图形内。

③表达同一几何形体的定形、定位尺寸,应尽量集中标注。

④尺寸线的排列要整齐。对同方向上的尺寸线,组合起来排成几道尺寸,从被注图形的轮廓线由近至远整齐排列,小尺寸线离轮廓线近,大尺寸线应离轮廓线远些,且尺寸线间的距离应相等。

⑤尽量避免在虚线上标注尺寸。

⑥书写的文字、数字或符号等,应做到笔画清晰、字体端正、排列整齐,标点符号正确。

5.3　组合体投影图的识读

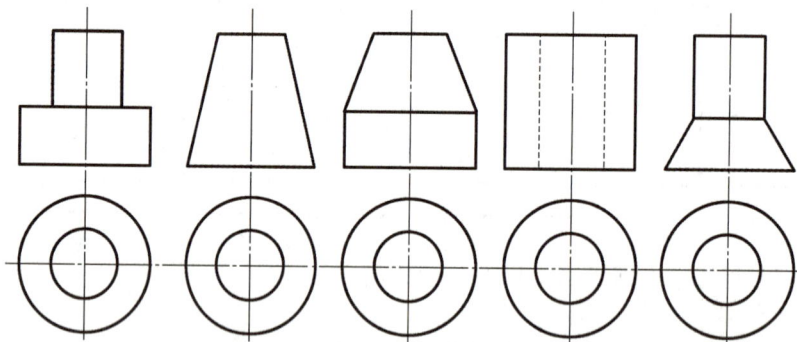

组合体投影图识读是通过思维、构思,在想象中把平面图形还原成空间物体的过程。识读时,必须运用投影规律,分析视图中每一条线、每一个线框代表的含义,再经过综合、判断、推论等空间思维活动,从而想象出各部分的形状、相对位置和组合方式,直至最后形成清晰而正确的整体形象。

5.3.1　识图应具备的基本知识

①将几个投影图联系起来看。如图 5.13 所示,由于一个投影图不能确定物体的形状,因此识图时应以主视图为中心,将各投影图联系起来看。有时两个投影图也不能确定物体的形状,如图 5.14 所示。

组合体投影图
的识读

图 5.13　一个投影图不能确定物体的形状

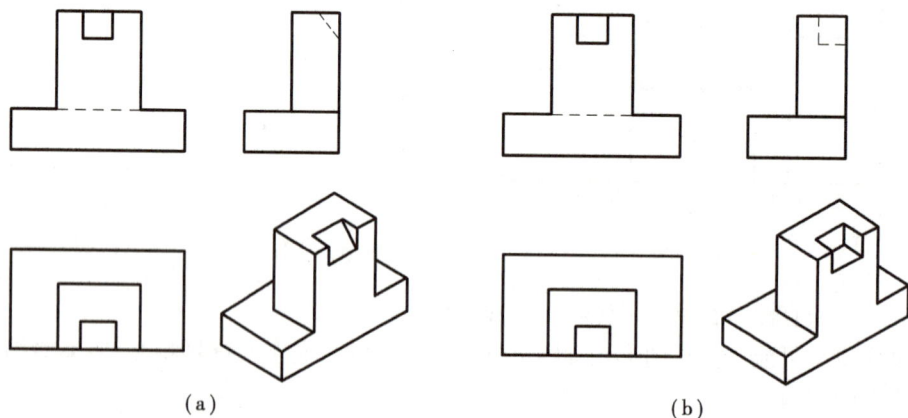

（a）　　　　　　　　　　　　　　　　（b）

图 5.14　两个投影图不能确定物体的形状

②熟练掌握各种位置直线、平面、基本几何体、较简单的组合体的形状特征和位置特征。

③掌握组合体中每一个组成部分的形体特征,读图时应先从特征面入手。

④熟悉投影图中图线、封闭线框的含义,如图 5.15 所示。

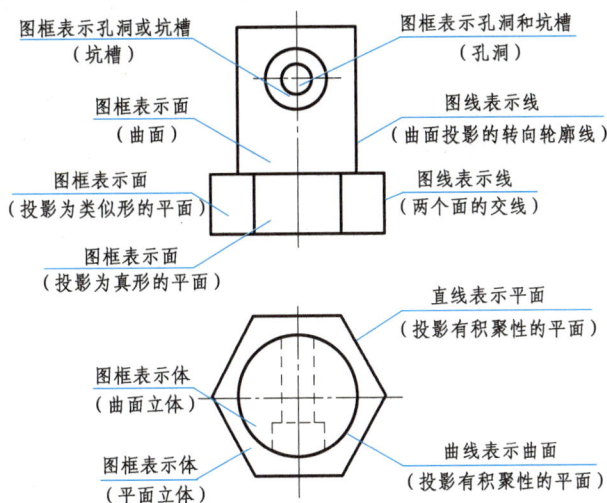

图框表示孔洞或坑槽 （坑槽）

图框表示孔洞和坑槽 （孔洞）

图框表示面 （曲面）

图线表示线 （曲面投影的转向轮廓线）

图框表示面 （投影为类似形的平面）

图线表示线 （两个面的交线）

图框表示面 （投影为真形的平面）

直线表示平面 （投影有积聚性的平面）

图框表示体 （曲面立体）

图框表示体 （平面立体）

曲线表示曲面 （投影有积聚性的平面）

图 5.15 图线、封闭线框的含义

投影图上的一个封闭线框可能有下述几种含义:

a. 可能是形体上一个面(平面或曲面)的投影;

b. 可能是两个或两个以上表面光滑连接而成的复合面的投影;

c. 可能是形体上空心结构的投影。

投影图上的一条线段可能有下述几种含义:

a. 可能是形体上面与面交线(包括棱线)的投影;

b. 可能是圆柱面、圆锥面等外形素线的投影;

c. 可能是形体上一表面(平面或曲面)的积聚投影。

常见的组合体识图方法是形体分析法,对于较难读懂的地方,可采用线面分析法。

5.3.2 形体分析法

用形体分析法读组合体的投影图,就是把比较复杂的投影图,按照某一投影图中的线框设想将形体划分成几个部分,然后逐一分析各部分的形状和相对位置,再综合起来,想象出它的整体形状。简单地说,形体分析法就是一部分一部分地看。

形体分析法比较适用于识读叠加式组合体。形体分析的概念主要包括 3 个方面的内容:由谁组成? 怎样组成? 相对位置如何? 所有这些,都要通过具体的投影图内容来体现。任何一个投影图,其内容都表现为具体的线条以及由线条围合而成的一个个线框,读图时,就以这些线条或线框为依据,以投影规律为准绳,结合基本形体的投影特点,逐一判断这些线条和线框。

【例 5.3】 如图 5.16(a)所示,用形体分析法识图,想象形体空间形状。

【识图】 步骤如下:

①看线框,分形体。根据线框定形体,图 5.16 中的主视图可以划分为Ⅰ、Ⅱ、Ⅲ共 3 个实线框,它们分别表示 3 个基本几何体的正面投影。

②对投影,定形体。从第一步找出的 3 个实线框,根据投影规律找到这个形体在其他投影图中的投影,找到每个形体的特征视图,想象出每个形体的形状和大小。线框Ⅰ表示底板

为一个长方体,如图5.16(b)所示;线框Ⅱ表示竖板,它是带圆柱通孔的四棱柱和半圆柱的简单体,如图5.16(c)所示;线框Ⅲ是一个圆柱,经过三面投影图对照,可以看出它是从形体Ⅱ中挖去的通孔,如图5.16(d)所示。

③想类型,定位置。从正面投影图、水平投影图上看出4个基本形体投影的对应关系,竖板在底板的上面,而通孔打在竖板的中间[图5.16(a)],在水平投影图和侧面投影图上可以看出竖板在底板之后。

④合起来,想整体。综合以上分析可以想象:在一块长方体的底板上面有一个带圆柱通孔的四棱柱和半圆柱的竖板,底板与竖板后面共面,如图5.16(e)所示。

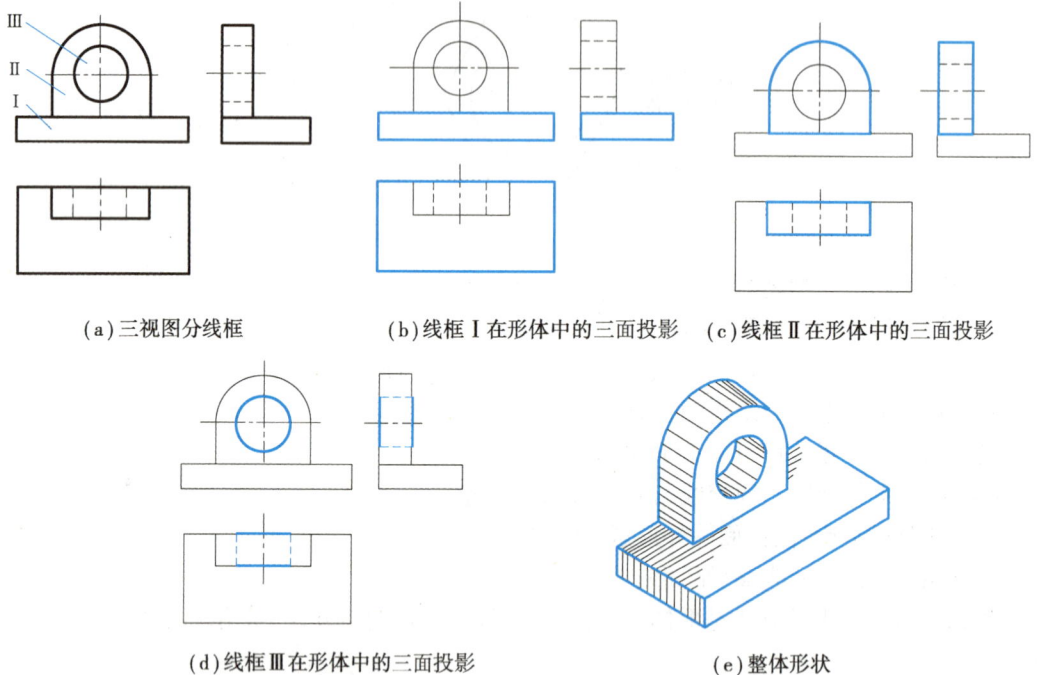

(a)三视图分线框　　　(b)线框Ⅰ在形体中的三面投影　　　(c)线框Ⅱ在形体中的三面投影

(d)线框Ⅲ在形体中的三面投影　　　　　　(e)整体形状

图5.16　形体分析法识图

【特别提示】

利用形体分析法识图,蕴含着用联系的观点,抓主要特征的方法分析投影图。在生活、学习中也是如此,要有大局意识,遇到比较复杂的事情时,要学会抓住主要矛盾,分清事情的主次、轻重、缓急。

5.3.3　线面分析法

线面分析法就是将组合体分解为若干个面和线,并确定它们之间的相对位置以及它们对投影面的相对位置的方法。

线面分析法一般用于切割式组合体,用形体分析法比较困难时,可以用线面分析法作为辅助方法进行分析,在识图时应将这两种方法结合起来灵活运用。

【例5.4】　试根据图5.17(a)所示投影图,利用线面分析法想象出挡土墙的空间形状。

【识图】　识图分析过程如图5.17(b)所示,挡土墙的空间形状如图5.17(c)所示。

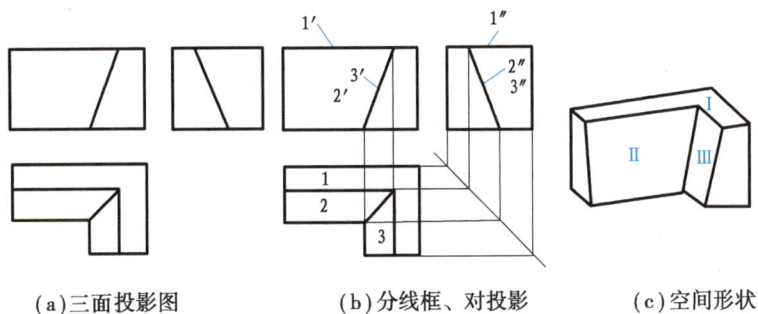

| (a)三面投影图 | (b)分线框、对投影 | (c)空间形状 |

图5.17 线面分析法

【拓展阅读】

《了不起,我的国》中展示了中国传统文化榫卯结构在木质建筑连接中的应用。中国古代工艺人在遥远的7 000年前,不费一颗钉子一点胶水,利用榫卯结构完成复杂的木质古建筑连接设计,有效保证了其坚固性。榫卯结构在现代产品中的运用受到其他国家的肯定,如世博会中国馆的建筑结构设计就利用了榫卯结构,传承了中国技艺,在实现其功能的基础上赋予产品独特的文化价值。

思考与练习

1. 组合体的组合方式有哪几种? 试举例说明。
2. 简述形体分析法。
3. 概述组合体的识图方法。

模块 3
工程形体的表达方法

单元6　工程图样的画法

【知识目标】
(1)了解常用的视图类型;
(2)熟悉剖面图和断面图的形成;
(3)掌握剖面图和断面图的概念、分类及绘制方法和应用;
(4)熟悉各种简化画法。

【能力目标】
(1)能够正确选用视图表达工程实体;
(2)能够正确选用剖面图或者断面图表达工程实体的内部结构。

【素质目标】
(1)培养良好、规范的作图习惯和专注细致的工匠精神;
(2)培养正确认识问题、分析问题和解决问题的能力。

6.1　基本视图

视图是物体向投影面投影时所得到的图形。在视图中,一般只用粗实线画出物体的可见轮廓,必要时可用虚线画出物体的不可见轮廓。常用的视图有基本视图和局部视图两种。

6.1.1　基本视图

在三面投影体系中,可以得到主视图、俯视图、左视图3个视图。如果在三投影面的基础上再加3个投影面,也就是在原来3个投影面的对面,再增加3个面,就构成了一个空间六面体,然后将物体再从右向左投影,得到右视图;从下向上投影,得到仰视图;从后向前投影,得到后视图。这样加上原来的三视图,就得到了主视图、俯视图、左视图、右视图、仰视图、后视图,这6个视图称为基本视图。6个基本视图的展开方法如图6.1所示。

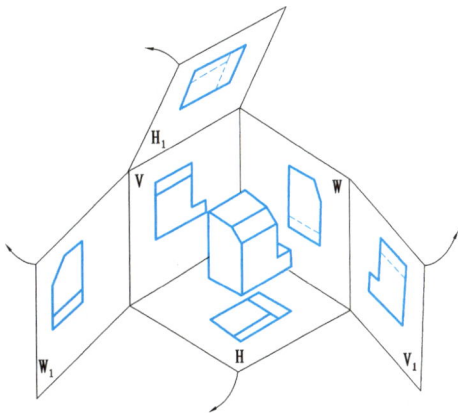

图 6.1　基本视图的展开

如果将这 6 个视图放在一张图纸上,各视图的位置宜按图 6.2 所示的顺序排列。

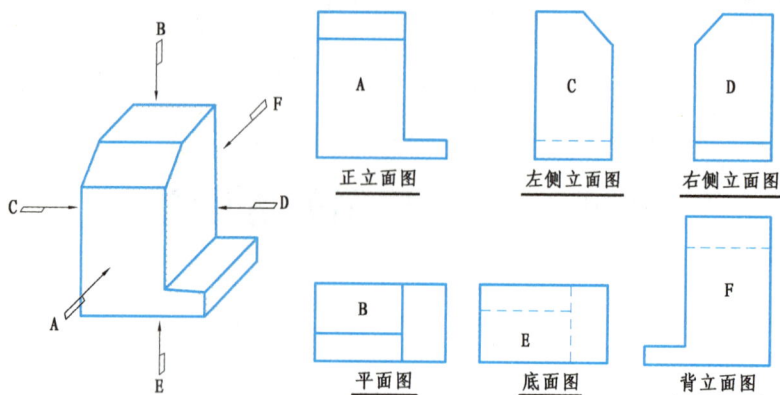

图 6.2　基本投影图的配置

6.1.2　镜像投影图

当用从上向下的正投影法所绘图样的虚线过多、尺寸标注不清楚而很难读懂图时,可以采用镜像投影法绘制,如图 6.3(a)所示,但应在图名后注写"镜像"二字,如图 6.3(b)所示,或按图 6.3(c)画出镜像投影识别符号。

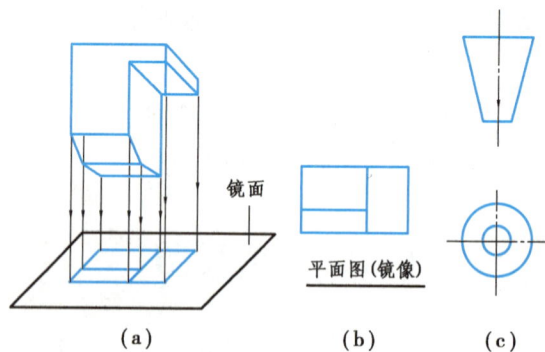

图 6.3　局部视图

6.2　剖面图

6.2.1　剖面图的概念及其画法

当物体的内部结构复杂或被遮挡的部分较多时,视图上会出现较多的虚线,使图面虚实线交错而混淆不清,为解决这一问题,工程上常采用剖切的方法。

1)剖面图的形成

用一个假想的剖切平面将形体剖切开,移去位于观察者和剖切平面之间的部分,作出剩余部分的正投影图,称为剖面图,如图 6.4 所示。

剖面图的形成

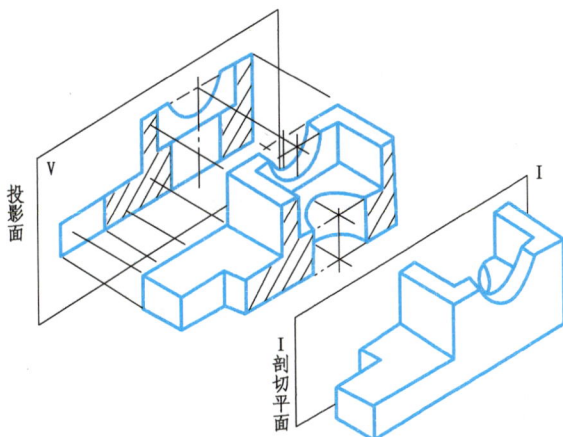

图 6.4 剖面图的形成

【特别提示】

剖面图可以反映出形体或建筑构件内部的材料和构造,同时也能反映出剖切面后面的所有轮廓,即将原来不可见的轮廓变为可见轮廓。在我们的生活中,发现问题时不能只看表面,要透过现象看本质;另外,遇到问题要冷静,看到的和听到的不一定是事情的真相,要通过不断学习和积累,提高认识问题和分析问题的能力。

2)剖面图的标注

为了说明剖面图与有关视图之间的投影关系,便于读图,一般均应加以标注。标注中应注明剖切位置、剖视方向和剖面图的名称,如图 6.5 所示。

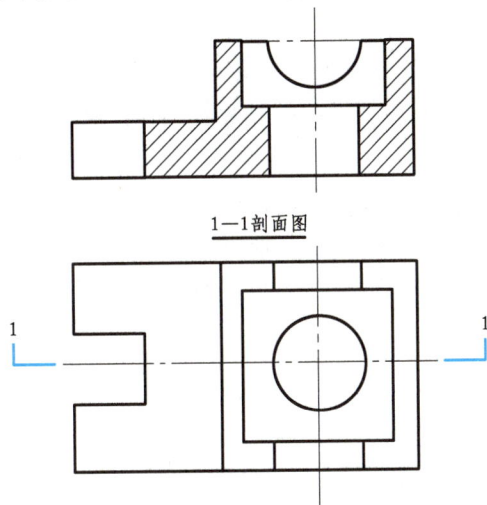

1—1剖面图

图 6.5 剖面图的标注(全剖面图)

(1)剖切符号

剖切符号由剖切位置线及剖视方向线组成,均以粗实线绘制,线宽宜为 b。剖切位置线的长度宜为 6 ~ 10 mm;剖视方向线应垂直于剖切位置线,长度应短于剖切位置线,宜为 4 ~ 6 mm。绘制时,剖切符号不应与其他图线相接触。

（2）剖切符号的编号

剖切符号的编号宜采用粗阿拉伯数字,按剖切顺序由左至右、由下向上连续编排,并应注写在剖视方向线的端部,并一律水平书写。

当剖切面在图上需要转折时,其转折处应画出局部折线,以表示转折剖切,如图 6.7 所示。

（3）剖面图名称

在剖面图下方标注剖面图名称,如"×—×剖面图",它与剖切符号的编号对应,在图名下绘一粗实横线,其长度应以图名所占长度为准,如图 6.5 中的"1—1 剖面图"。

3）剖面图的画法规则

①剖切是一个假想的作图过程,因此一个投影图画成剖面图,没有被剖切的其他投影图不受剖切的影响,仍应完整画出。

②确定剖切位置。为了表达物体内部结构的真实形状,剖切面的位置一般应平行于投影面,且与物体内部结构的对称面或轴线重合。

③画剖面图轮廓线。剖面图除应画出剖切面切到部分的图形外,还应画出沿着投射方向看到的部分,剖切平面与物体接触部分的轮廓线用粗实线绘制,剖切面没有切到但沿投射方向可以看到的部分用中实线绘制。

④画断面材料符号。在剖面图上,剖切面与物体接触的部分称为断面。国家制图标准规定,断面图上应画出表示该物体材料的图例（常用建筑材料图例见表 7.6）,如果图中没有注明是何种材料,断面轮廓线范围内用等间距的 45°倾斜细实线表示。

⑤剖面图中一般不画虚线。

6.2.2 剖面图的几种表达形式

由于形体的形状不同,对形体作剖面图时所剖切的位置和作图方法也不同,通常所采用的剖面图有全剖面图、半剖面图、阶梯剖面图、局部剖面图（分层剖面图）等。

1）全剖面图

用一个平行于基本投影面的剖切平面将形体全部剖开所得到的剖面图称为全剖面图,如图 6.5 所示。全剖面图一般应进行标注。

适用条件:外部结构简单而内部结构相对比较复杂的形体。

剖面图的绘制

2）半剖面图

当物体具有对称平面时,作剖切后在其形状对称的视图上,以对称线为界,一半画成剖面图,另一半画成视图,这样组合的图形称为半剖面图,如图 6.6 所示。

适用条件:用于内外部结构相对都比较复杂的形体。

画半剖面图时应注意以下几点:

①在半剖面图中,半个剖面图和半个视图的分界线必须用点画线画出,且不能与可见轮廓线重合。

②由于所表达的物体是对称的,所以在半个视图中应省略表示内部形状的虚线。

③剖视部分习惯上画在物体的右边或前面。

④半剖面图的标注方法与全剖面图相同。

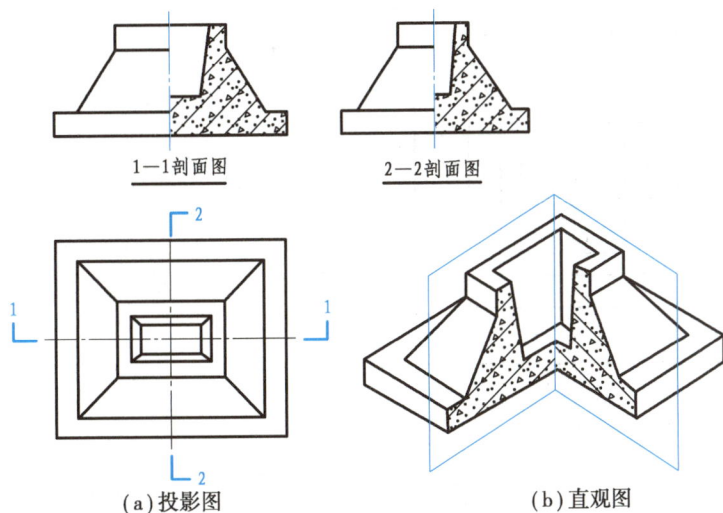

图 6.6 半剖面图

3)阶梯剖面图

用两个或两个以上相互平行且平行于基本投影面的剖切平面剖开物体所得到的剖面图,称为阶梯剖面图,如图 6.7 所示。

适用条件:用于表达内部各结构的对称中心线不在同一对称平面上的形体。

画阶梯剖面图时应注意以下几点:

①阶梯剖面图必须进行标注,标注方法是:在剖面图下方标出"×—×"剖面图的名称,并在其他视图上进行标注,且在每个转折处都应标注剖切符号和编号。

②在剖切过程中产生的轮廓线一律不画,如图 6.7(c)所示。

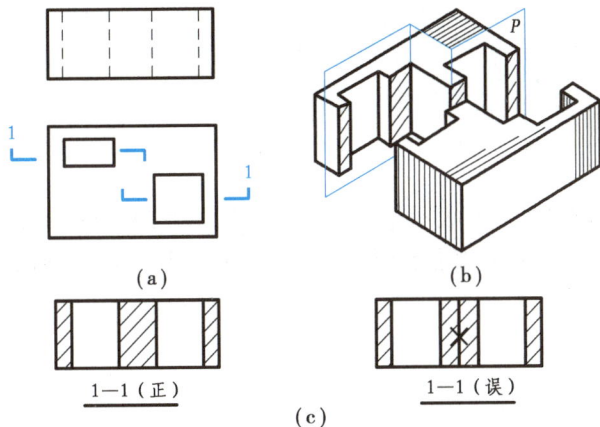

图 6.7 阶梯剖面图

4)局部剖面图(分层剖面图)

用剖切平面局部地剖开物体所得的剖面图,称为局部剖面图,如图 6.8 所示。分层剖面图主要用来表示形体各层不同构造的做法。

注意:波浪线不应与任何图线重合,也不能超出轮廓线之外。

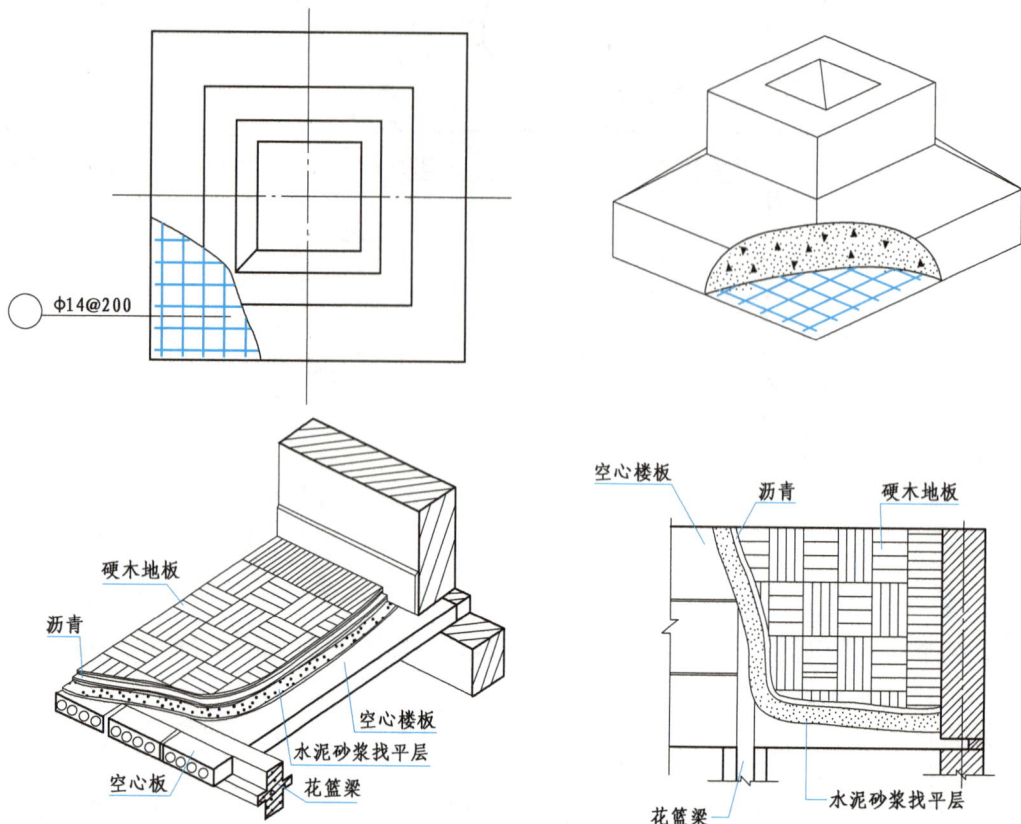

图6.8　局部剖面图(分层剖面图)

6.3　断面图

1)断面图的形成

对于某些单一的杆件或需要表示某一部位的截面形状时,可以只画出形体与剖切平面相交的那部分图形,即假想用剖切平面将物体剖切后,仅画出断面的投影图称为断面图,简称断面。

断面图的形成

2)断面图的标注

①在剖切平面的迹线上标注剖切位置线。

②在剖切位置线一侧注写剖切符号编号,编号所在一侧表示该断面的剖视方向。

③在断面图下方标注断面图名称,如"×—×",并在图名下绘一粗实横线,其长度以图名所占长度为准。

3)断面图与剖面图的区别

①画法上:断面图只画物体被剖开后截面的投影;而剖面图不但要画断面,还要画断面后面的可见部分,如图6.9(a)所示。

②标注上:断面图只标注剖切位置线,用编号所在的一侧表示剖视方向;而

断面图的绘制

剖面图用剖视方向线表示剖视方向,如图6.9(b)所示。

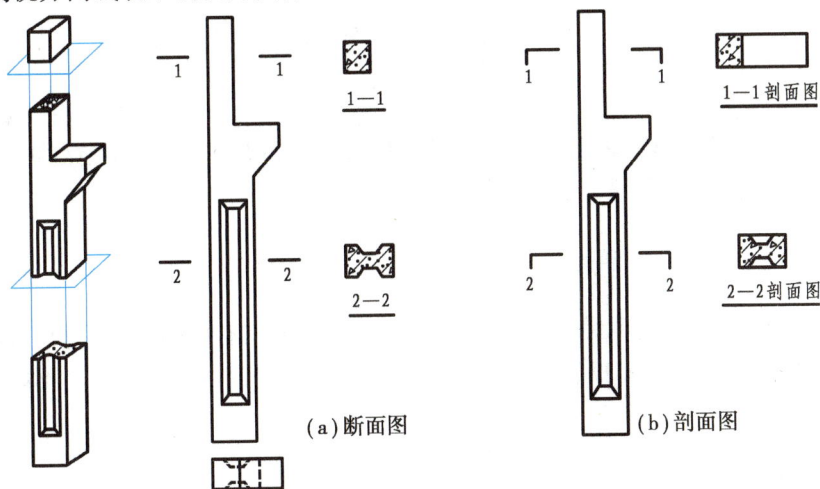

图6.9　断面图与剖面图的区别

4)断面图的种类

(1)移出断面图

将形体某一部分剖切后所形成的断面图画于视图的一侧,称为移出断面图,如图6.9(a)所示。

(2)重合断面图

将断面图直接画于投影图中,二者重合在一起的称为重合断面图,如图6.10所示。重合断面图的比例应与原投影图一致,断面轮廓线的内侧加画图例符号。

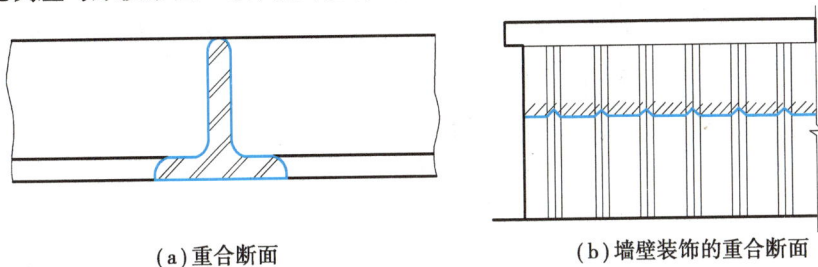

图6.10　重合断面图

(3)中断断面图

对于单一的长向杆件,也可在杆件投影图的某一处用折断线断开,然后将断面图画于其中,称为中断断面图,如图6.11所示。

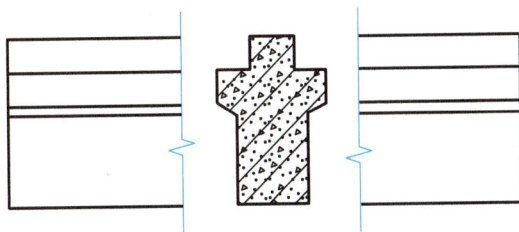

图6.11　中断断面图

6.4　工程图样简化画法

按照《房屋建筑制图统一标准》(GB/T 50001—2017)的规定,在某些情况下可以采用简化作图方法以减轻图纸工作量,使得工程图纸更加简洁。

6.4.1　对称简化画法

构配件的视图有一条对称线,可只画该视图的一半;视图有两条对称线,可只画该视图的1/4,并画出对称符号,如图 6.12(a)所示。图形也可稍超出其对称线,此时可不画对称符号,如图 6.12(b)所示。

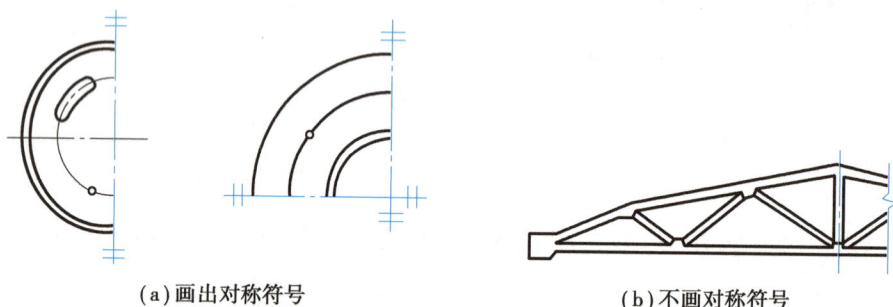

(a)画出对称符号　　　　　　　(b)不画对称符号

图 6.12　对称简化画法示意

对称的形体需画剖面图或断面图时,可以对称符号为界,一半画视图(外形图),一半画剖面图或断面图,如图 6.13 所示。

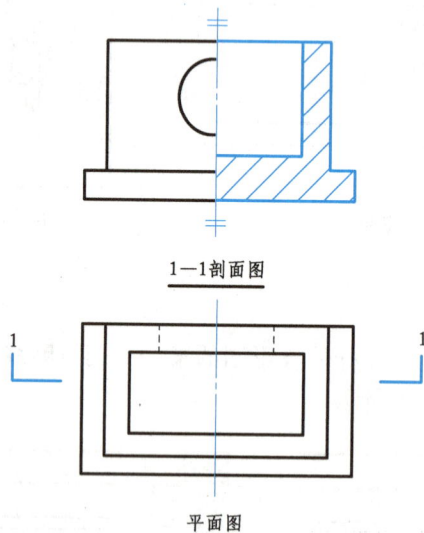

1—1剖面图

平面图

图 6.13　一半画视图,一半画剖面图

6.4.2　相同要素简化画法

构配件内多个完全相同且连续排列的构造要素,可仅在两端或适当位置画出其完整形状,其余部分可以中心线或中心线交点表示,如图 6.14(a)所示。

当相同构造要素少于中心线交点时,其余部分应在相同构造要素位置的中心线交点处用小圆点表示,如图 6.14(b)所示。

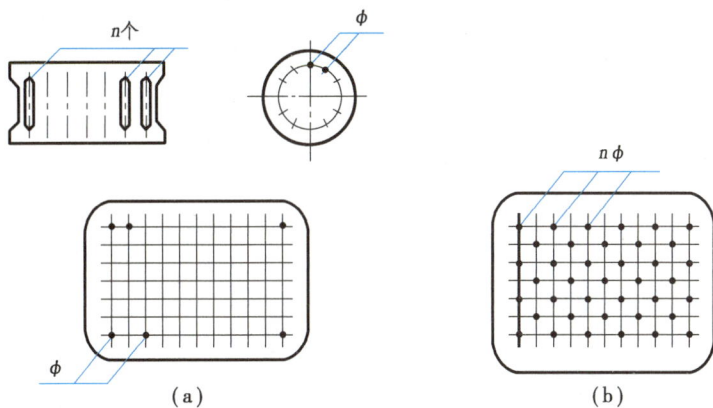

图 6.14 相同要素简化画法

6.4.3 折断简化画法

较长的构件,当沿长度方向的形状相同或按一定规律变化,可断开省略绘制,断开处应以折断线表示,如图 6.15 所示。

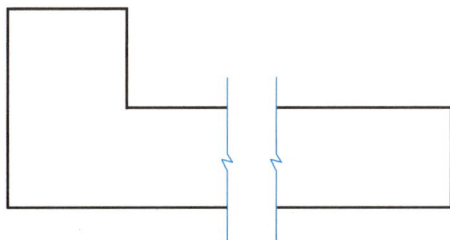

图 6.15 折断简化画法

6.4.4 其他简化画法

①一个构配件如绘制位置不够,可分成几个部分绘制,并应以连接符号表示相连,如图 6.16 所示。

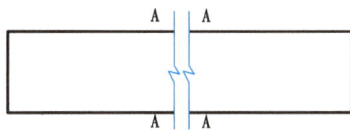

图 6.16 连接符号

②一个构配件如与另一构配件仅部分不相同,该构配件可只画不同部分,但应在两个构配件的相同部分与不同部分的分界线处分别绘制连接符号,如图 6.17 所示。

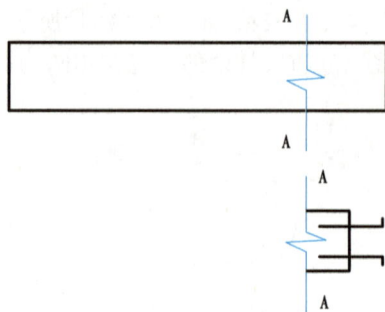

图 6.17　构件局部不同的简化画法

思考与练习

1. 基本视图有哪些？试举例说明。
2. 简述剖面图的画法步骤。
3. 列举剖面图的表达形式(3 种以上)。

单元 7　建筑施工图

【知识目标】

(1) 了解房屋建筑的基本组成部分;

(2) 了解建筑施工图的组成及各部分图纸的名称;

(3) 熟悉总平面图、各层平面图、立面图、剖面图及详图的形成、用途、比例、线型、图例、尺寸标注等要求;

(4) 掌握绘制和识读总平面图、各层平面图、立面图、剖面图及详图的方法和技巧。

【能力目标】

(1) 具备按国家制图标准正确绘制建筑施工图的能力。

(2) 具备正确识读建筑施工图的能力。

【素质目标】

(1) 培养学生认真负责的工作态度和严谨细致的工作作风;

(2) 培养学生知行合一的理念,严谨守则、专注细致的工匠精神和职业责任感。

7.1　建筑施工图概述

任何一栋建筑物,如果要施工,就应该有一套建筑工程施工图。设计人员通过施工图,表达设计意图和设计要求;施工人员通过熟悉图纸,理解设计意图,并按图施工。

当业主与施工单位因工程质量产生争议时,建筑工程施工图是技术仲裁或法律裁决的重要依据。如由于建筑工程施工图的错误而导致工程事故,设计单位及设计相关责任人需要承担相应的责任。

7.1.1　房屋的组成及其作用

房屋按照使用功能不同,可以分为民用建筑、工业建筑和农业建筑。除单层工业厂房外,各种不同功能的房屋一般都是由基础、墙体和柱梁、楼地面、屋面、楼梯和门窗等六大构件组成。此外,还有阳台、雨篷、台阶、窗台、雨水管、明沟或散水,以及其他的一些构件。

如图 7.1 所示为一栋一梯两户对称的 4 层住宅的轴测示意图,图中指出了各组成部分的名称。

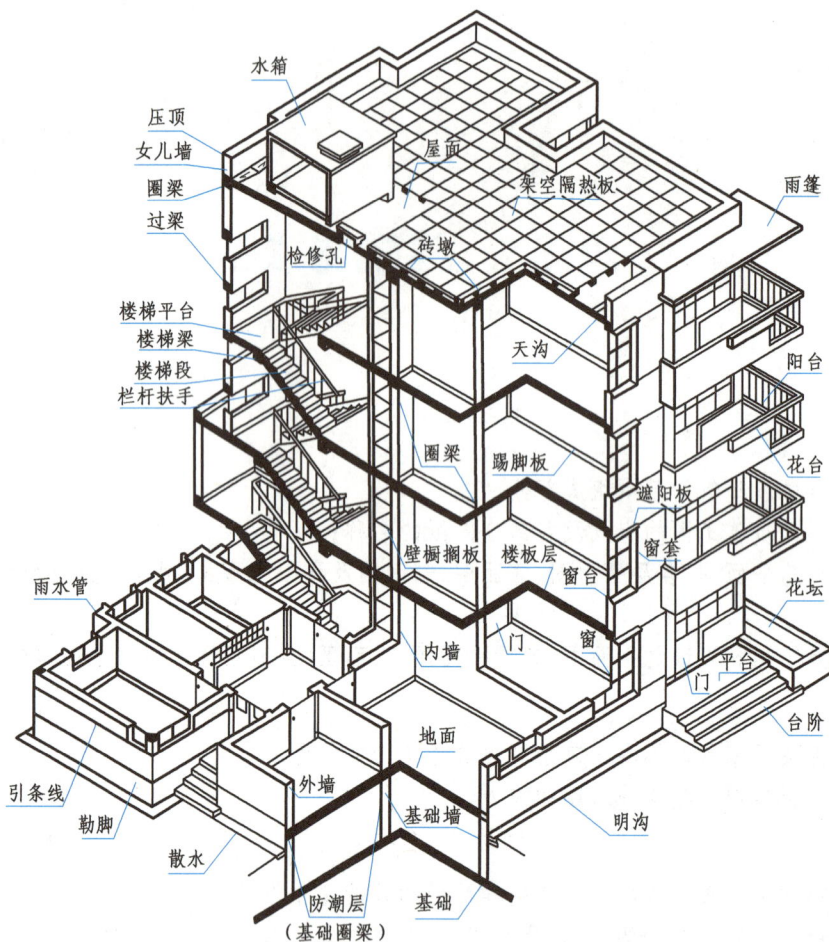

图 7.1　住宅轴测示意图

（1）基础

基础位于墙或柱的下部，属于承重构件，起承重作用，并将全部荷载传递给地基。

（2）墙体和柱梁

墙体按受力情况分为承重墙和非承重墙，承重墙体承担屋顶和楼板等传来的各种荷载，并把它们传递给基础。墙体按位置分为内墙和外墙，外墙起抵御风霜雨雪、保温防寒的作用，内墙起分隔空间的作用。墙体按方向分为纵墙和横墙。两端的横墙通常称为山墙。

柱是将上部结构所受的荷载传递给基础的承重构件。梁则是将支撑在其上的结构所承受的荷载传递给墙或柱的承重构件。

（3）楼地面

楼面又称楼板层，是划分房屋内部空间的水平构件，具有承重、竖向分隔和水平支撑的作用，并将楼板层上的荷载传递给墙（梁）或柱；楼板层还将房屋分隔成若干层。地面位于房屋的底层，它直接将底层房间的荷载传递给地基。

（4）楼梯

楼梯是各楼层之间的垂直交通设施，供人们上下楼层和紧急疏散用。

（5）门窗

门和窗均为非承重的建筑配件。门的主要功能是交通和分隔房间；窗的主要功能则是通风和采光,同时还具有分隔和围护的作用。

(6)屋面

一般指屋顶部分。屋面是建筑物顶部承重构件,主要作用是承重、保温隔热和防水排水。它承受着房屋顶部包括自重在内的全部荷载,并将这些荷载传递给墙(梁)或柱。如图7.1所示的屋顶是平屋顶,屋面板上设有天沟,屋面上的雨水由天沟经雨水管、室外明沟,排至下水道;外墙伸出屋面向上砌筑的矮墙称为女儿墙,其顶部通常还有钢筋混凝土压顶,用来防护女儿墙少受雨水浸透,并增强女儿墙的整体性;为了通风隔热,在屋面上砌筑了砖墩,上铺架空隔热板,形成屋顶上的一个空气通风层,以减少顶层住户所受的辐射热;此外,屋面上还设有修理屋面的检修孔,以及供3层和4层住户用水的水箱。

7.1.2 房屋建筑施工图的内容

一套完整的施工图通常有:建筑施工图,简称建施;结构施工图,简称结施;给水排水施工图,简称水施;采暖通风施工图,简称暖施;电气施工图,简称电施。也有把水施、暖施、电施统称为设施,即设备施工图。

一栋房屋的全套施工图的编排顺序是:图纸目录、建施、结施、水施、暖施、电施。各专业施工图的编排顺序是全局性的在前,局部性的在后;先施工的在前,后施工的在后;重要的在前,次要的在后。本单元主要讲述建筑施工图的相关内容。

1)用途和内容

建筑施工图是表示建筑物的总体布局、外部造型、内部布置、细部构造做法、内外装饰,满足其他专业对建筑的要求和施工的要求的图样,是建筑工程施工和概预算的依据。

建筑施工图的内容包括建筑设计总说明、门窗表、总平面图、各层建筑平面图、各朝向建筑立面图、剖面图和各种详图。

2)一般规定

(1)应遵守的标准

房屋建筑施工图应遵守下列标准:《房屋建筑制图统一标准》(GB/T 50001—2017)、《总图制图标准》(GB/T 50103—2010)和《建筑制图标准》(GB/T 50104—2010)。

(2)图线

图线的宽度b,应根据图样的复杂程度和比例,按现行国家标准《房屋建筑制图统一标准》(GB/T 50001—2017)的有关规定选用。绘制较简单的图样时,可采用两种线宽的线宽组,其线宽比宜为$b:0.25b$。

建筑专业、室内设计专业制图采用的各种图线,应符合表7.1的规定。

(3)比例

建筑专业、室内设计专业制图选用的各种比例,宜符合表7.2的规定。

建筑基本视图

绘制建筑施工图的基本规定

表 7.1 图线 (GB/T 50104—2010)

名 称		图 例	线宽	一般用途
实线	粗		b	1. 平、剖面图中被剖切的主要建筑构造(包括构配件)的轮廓线; 2. 建筑立面图或室内立面图的外轮廓线; 3. 建筑构造详图中被剖切的主要部分的轮廓线; 4. 建筑构配件详图中的外轮廓线; 5. 平、立、剖面的剖切符号
	中粗		$0.7b$	1. 平、剖面图中被剖切的次要建筑构造(包括构配件)的轮廓线; 2. 建筑平、立、剖面图中建筑构配件的轮廓线; 3. 建筑构造详图及建筑构配件详图中的一般轮廓线
	中		$0.5b$	小于 $0.7b$ 的图形线、尺寸线、尺寸界线、索引符号、标高符号、详图材料做法引出线、粉刷线、保温层线、地面、墙面的高差分界线等
	细		$0.25b$	图例填充线、家具线、纹样线等
虚线	中粗		$0.7b$	1. 建筑构造详图及建筑构配件不可见的轮廓线; 2. 平面图中的起重机(吊车)轮廓线; 3. 拟建、扩建建筑物轮廓线
	中		$0.5b$	投影线、小于 $0.5b$ 不可见轮廓线
	细		$0.25b$	图例填充线、家具线等
单点长画线	粗		b	起重机(吊车)轨道线
	细		$0.25b$	中心线、对称线、定位轴线
折断线			$0.25b$	部分省略表示时的断开界线
波浪线			$0.25b$	部分省略表示时的断开界线,曲线形构件断开界线 构造层次的断开界线

注:地平线宽可用 $1.4b$。

表 7.2 比例

图 名	比 例
建筑物或构筑物的平面图、立面图、剖面图	1∶50、1∶100、1∶150、1∶200、1∶300
建筑物或构筑物的局部放大图	1∶10、1∶20、1∶25、1∶30、1∶50
配件及构造详图	1∶1、1∶2、1∶5、1∶10、1∶15、1∶20、1∶25、1∶30、1∶50

（4）图例

由于建筑的总平面图和平面图、立面图、剖面图的比例较小，图样不可能按实际投影画出，各专业对其图例都有明确的规定。建筑专业制图采用《建筑制图标准》（GB/T 50104—2010）规定的构造及配件图例，见表7.5。

（5）标高

标高是标注建筑物高度的另一种尺寸形式。标高符号的画法和标高数字的注写应按照《房屋建筑制图统一标准》（GB/T 50001—2017）的规定，如图7.2所示。

①标高符号应以等腰直角三角形表示，如图7.2（a）左图所示的形式；用细实线绘制，如标注位置不够，可按图7.2（a）中间图所示的形式绘制。图中的 l 是注写标高数字的适当长度，高度 h 则视需要而定。

②总平面图室外地坪标高符号宜用涂黑的三角形表示，具体画法如图7.2（a）右图所示。

③标高数字应以米（m）为单位，注写到小数点后第三位；在总平面图中，可注写到小数点后第二位。零点标高注写成±0.000；正数标高不注写"＋"，负数标高应注写"－"，例如2.700、−0.050，如图7.2（b）所示；标高符号的尖端应指至被注高度的位置，尖端宜向下，也可向上，标高数字应注写在标高符号的上侧或下侧，如图7.2（b）所示。

④在图样的同一位置需要表示几个不同标高时，标高数字可按图7.2（c）所示形式注写。

图7.2　标高符号及其画法

标高有绝对标高和相对标高之分。绝对标高是以青岛附近的黄海海平面为零点，以此为基准点的标高。在实际施工中，用绝对标高不方便。因此，习惯上常用房屋底层的室内主要地面高度定位零点的相对标高。比零点高的标高为"＋"，比零点低的为"－"。在施工说明中，应说明相对标高与绝对标高之间的联系。

房屋的标高还有建筑标高和结构标高之分，如图7.3所示。建筑标高是构件包括粉饰层在内的装修完成后的标高；结构标高则不包括构件表面粉饰层的厚度，是构件的毛面标高。

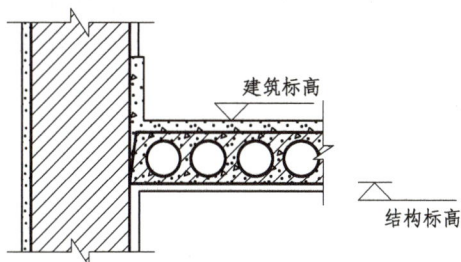

图7.3　建筑标高与结构标高

7.1.3　标准图与标准图集

为了加快设计和施工速度，提高设计与施工质量，把建筑工程中常用的、大量性的构件、配件按国家标准规定的统一模数，根据不同的规格标准，设计编出成套的施工图，以供选用。

这种图样叫作标准图或通用图,将其装订成册即为标准图集。标准图集的使用范围限制在图集批准单位所在地区。

标准图集有两种:一种是整幢建筑的标准设计(定型设计)图集;另一种是目前大量使用的建筑构、配件标准图集,以代号"G"(或"结")表示建筑构件图集,以代号"J"(或"建")表示建筑配件图集。

除建筑、结构标准图集外,还有给水排水、电气设备、道路桥梁等方面的标准图集。

7.1.4　建筑设计总说明

建筑设计总说明主要用来说明工程概况、设计依据、建筑定位和标高、墙体做法、楼地面做法、屋面做法、墙面做法、门窗工程、排水工程、室外工程、防火设计、节能设计和施工要求,是工程建造、验收、管理的重要依据。中小型房屋的施工总说明也常与总平面图一起放在建筑施工图内。有时施工总说明与建筑、结构总说明合并,成为整套施工图的首页,放在所有施工图的最前面。

建筑设计总说明一般包括以下内容:

①设计依据。设计依据包括政府的有关批文,这些批文主要有两个方面的内容:一是立项;二是规划许可证等。

②建筑规模。建筑规模主要包括占地面积和建筑面积,这是设计出来的图纸是否满足规划部门要求的依据。占地面积是指建筑物底层外墙皮以内所有面积之和;建筑面积是指建筑物外墙皮以内各层面积之和。

③装修做法。装修做法用于表达各部分的装修装饰做法,包括地面、楼面、墙面等。

④施工要求。施工要求包含两个方面的内容:一是要严格执行施工验收标准、规范中的规定;二是对图纸中不详之处的补充说明。

7.2　建筑总平面图

总平面图反映新建建筑物的平面形状、层数、位置、标高、朝向及其周围的总体情况。它是新建建筑物定位、施工放线、土方施工及做施工总平面设计的重要依据。

7.2.1　一般规定

1)比例

总平面图包括的区域范围很大,因此一般都采用较小的比例绘制。常用的比例有1:500、1:1 000、1:2 000。实际工程中,总平面图的比例应与地形图的比例一致。

2)图例

在建筑制图中,用图例来表明新建、原有、拟建的建筑物,以及附近的地物环境、交通和绿化布置等,见表7.3。

表7.3　建筑制图常用图例(GB/T 50103—2010)

名　称	图　例	备　注
新建建筑物	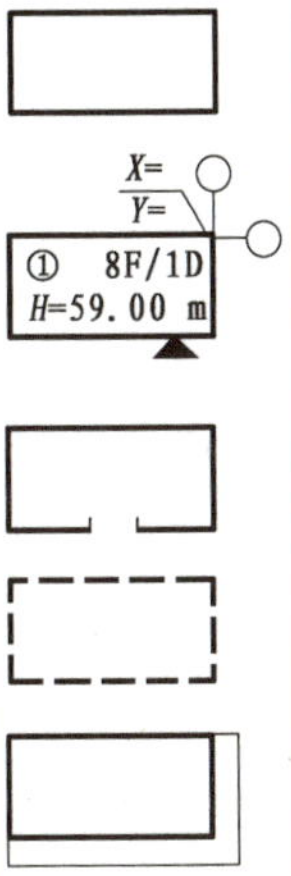X= Y= ①　8F/1D H=59.00 m	新建建筑物以粗实线表示与室外地坪相接处±0.00外墙定位轮廓线 建筑物一般以±0.00高度处的外墙定位轴线交叉点坐标定位。轴线用细实线表示，并标明轴线号 根据不同设计阶段标注建筑编号，地上、地下层数，建筑高度，建筑出入口位置(两种表示方法均可，但同一图纸采用一种表示方法) 地下建筑物以粗虚线表示其轮廓 建筑上部(±0.00以上)外挑建筑用细实线表示 建筑物上部连廊用细虚线表示并标注位置
原有建筑物	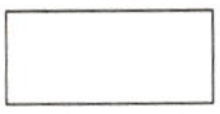	用细实线表示
计划扩建的预留地或建筑物	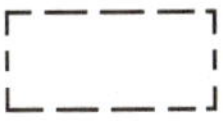	用中粗虚线表示
拆除的建筑物	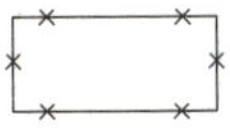	用细实线表示
水池、坑槽	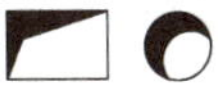	也可以不涂黑
新建的道路	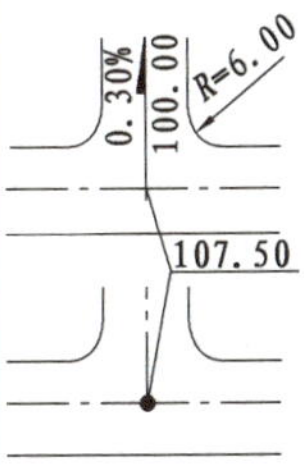0.30% 100.00 R=6.00 107.50	“$R=6.00$”表示道路转弯半径；“107.50”为道路中心线交叉点设计标高，两种表示方式均可，同一图纸采用一种方式表示；“100.00”为变坡点之间距离，“0.30%”表示道路坡度，“⟶”表示坡向
原有道路	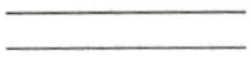	—
计划扩建的道路	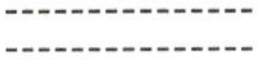	—
桥梁	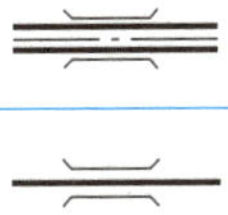	上图为公路桥。下图为铁路桥 用于旱桥时应注明
围墙及大门	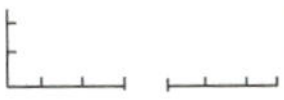	—
露天桥式起重机	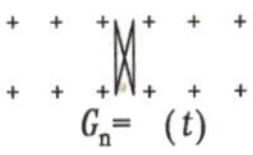G_n= (t)	起重机起重量G_n，以t计算，“+”为柱子位置
坐标	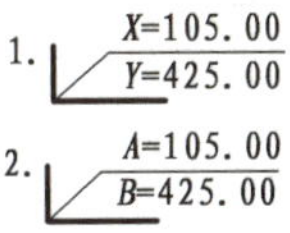1. X=105.00 Y=425.00 2. A=105.00 B=425.00	1. 表示地形测量坐标系 2. 表示自设坐标系 坐标数字平行于建筑标注
方格网交叉点标高	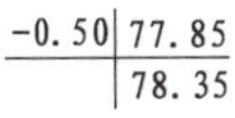-0.50 77.85 78.35	“78.35”为原地面标高 “77.85”为设计标高 “-0.50”为施工高度 “-”表示挖方，“+”表示填方
填挖边坡	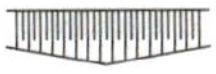	—
雨水口	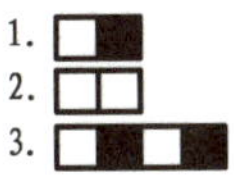1. 2. 3.	1. 雨水口 2. 原有雨水口 3. 双落式雨水口
消火栓井	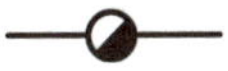	—
盲道	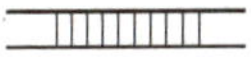	—
地下车库入口	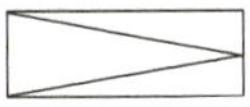	机动车停车场

续表

名　称	图　例	备　注	名　称	图　例	备　注
管线	——代号——	管线代号按国家现行有关标准的规定标注　线型宜以中粗线表示	落叶阔叶乔木	⊙　❋	—
常绿阔叶乔木	◉　◉	—	草坪	⬚	—

3) 图线

总图制图应根据图纸功能,按表 7.4 规定的线型选用。

表 7.4　图线

名　称		图　例	线宽	一般用途
实线	粗	——————	b	1.新建建筑物±0.00 高度可见轮廓线 2.新建铁路、管线
	中	————	$0.7b$ $0.5b$	1.新建构筑物、道路、桥涵、边坡、围墙、运输设施的可见轮廓线 2.原有标准轨距铁路
	细	————	$0.25b$	1.新建建筑物±0.00 高度以上的可见建筑物、构筑物轮廓线 2.原有建筑物、构筑物、原有窄轨、铁路、道路、桥涵、围墙的可见轮廓线 3.新建人行道、排水沟、坐标线、尺寸线、等高线
虚线	粗	— — — —	b	新建建筑物、构筑物地下轮廓线
	中	- - - -	$0.5b$	计划预留扩建的建筑物、构筑物、铁路、道路、运输设施、管线、建筑红线及预留用地各线
	细	- - - -	$0.25b$	原有建筑物、构筑物、管线的地下轮廓线
单点长画线	粗	—·—·—	b	露天矿开采界限
	中	—·—·—	$0.5b$	土方填挖区的零点线
	细	—·—·—	$0.25b$	分水线、中心线、对称线、定位轴线

续表

名　称	图　例	线宽	一般用途
双点长画线	————·· ——··——	b	用地红线
	—————————	$0.7b$	地下开采区塌落界限
	——·· —— ·· ——	$0.5b$	建筑红线
折断线	————⌁————	$0.5b$	断线
不规则曲线	～～～～	$0.5b$	新建人工水体轮廓线

注:根据各类图纸所表示的不同重点确定使用不同粗细线型。

4)标注

(1)建(构)筑物定位

建(构)筑物用尺寸和坐标定位。主要建筑物、构筑物用坐标定位,较小的建筑物、构筑物可用相对尺寸定位。若建筑物、构筑物与坐标轴线平行,可注其对角坐标;与坐标轴线成角度或建筑平面复杂时,宜标注 3 个以上坐标,坐标宜标注在图纸上。均以"米"为单位,注至小数点后第二位。

①坐标,如图 7.4 所示。

a.测量坐标。与地形图同比例的 50 m×50 m 或 100 m×100 m 的方格网。X 为南北方向轴线,X 的增量在 X 轴线上;Y 为东西方向轴线,Y 的增量在 Y 轴线上。测量坐标网应画成交叉十字线,坐标代号宜用"X、Y"表示。

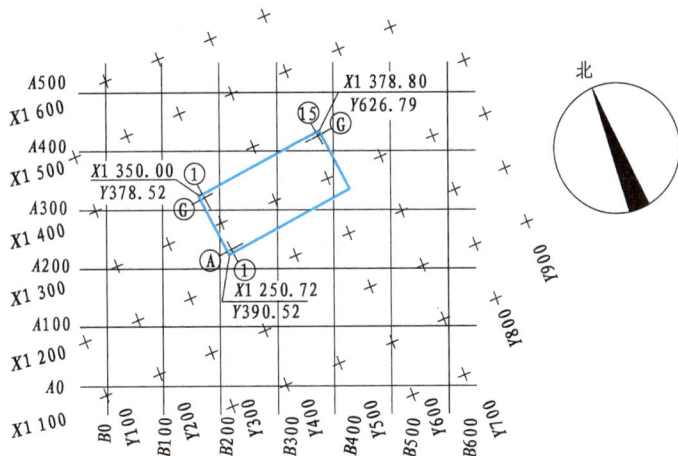

图 7.4　坐标

b.建筑坐标。建(构)筑物平面两方向与测量坐标网不平行时常用建筑坐标。A 轴相当于测量坐标中的 X 轴,B 轴相当于测量坐标中的 Y 轴,选适当位置作坐标原点,画垂直的细实线。建筑坐标网应画成网格通线,自设坐标代号,宜用"A、B"表示。若同一总平面图上有测量和建筑两种坐标系统,应注明两种坐标系统的换算公式。

②尺寸。用新建筑对原有并保留的建(构)筑物的相对尺寸定位。

(2)建(构)筑物的尺寸标注

标注新建建(构)筑物的总长和总宽,以米(m)为单位。

(3)标高

标高分绝对标高和相对标高。总平面图中一般标注绝对标高,以米(m)为单位,注至小数点后第二位。

(4)指北针

指北针的形状如图7.5所示,其圆的直径宜为24 mm,用细实线绘制;指针尾部的宽度为3 mm,指针头部应注"北"或者"N"字。需用较大直径绘制指北针时,指北针尾部的宽度宜为直径的1/8。

(5)房屋的楼层数

房屋的楼层数用建筑物图形右上角的小黑点数或数字表示。

(6)建(构)筑物的名称

建(构)筑物的名称宜直接标注在图上,必要时可列表编注(编号圆的直径为6 mm,细实线)。

(7)风(向频率)玫瑰图

如图7.6所示,风(向频率)玫瑰图用来表示该地区常年的风向频率和房屋的朝向,是根据当地多年平均统计的各个方向吹风次数的百分比,按一定比例绘制,风吹的方向是从外吹向中心。实线表示全年风向频率,虚线表示6、7、8三个月的夏季风向频率。

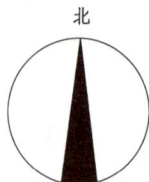

图7.5 指北针

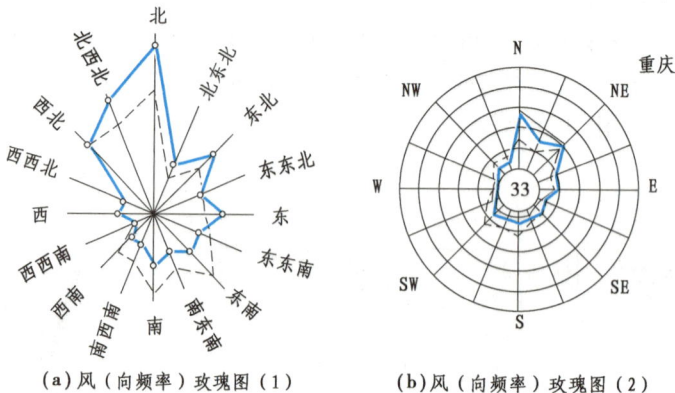

(a)风(向频率)玫瑰图(1)　　(b)风(向频率)玫瑰图(2)

图7.6 风(向频率)玫瑰图

7.2.2 图示内容

1)表明新建区的总体布局

表明用地范围、各建筑物及构筑物的位置(原有建筑、拆除建筑、新建建筑、拟建建筑)、道路、交通等的总体布局。

2)确定新建建筑物的平面位置

①根据原有建筑物和道路定位。若新建建筑物周围存在原有建筑物、道路,此时新建建筑物是以新建建筑物的外墙到原有建筑物的外墙或到道路中心线的距离定位。

②修建成片住宅,规模较大的公共建筑、工厂,或地形较复杂时,可用坐标定位。

a.测量坐标定位:与总平面图采用相同比例的地形图,绘出 100 m×100 m 或 50 m×50 m

的坐标网格,纵轴为 X 轴,代表南北方向;横轴为 Y 轴,代表东西方向。对一般建筑物定位应标明两个墙角的坐标,若为南北朝向的建筑,可只标明一个墙角的坐标。放线时,根据现场已有导线点的坐标,用测量仪器测出新建房屋的坐标。

b. 建筑坐标定位:将新建建筑物所在地区具有明显标志的地物定为"O"点,以水平方向为 B 轴,垂直方向为 A 轴,按 100 m×100 m 或 50 m×50 m 绘制坐标网格,绘图比例与地形图相同,用建筑物墙角距"O"点的距离确定新建建筑物的位置。

③建筑物首层室内地面、室外整平地面的绝对标高。要标注室内地面的绝对标高和相对标高的相互关系,如:±0.000=48.25。室外整平地面的标高符号为涂黑的实心三角形,标高注写到小数点后第二位,可注写在符号上方、右侧或右上角。若建筑基地的规模大,且地形有较大起伏时,总平面图除标注必要的标高外,还要绘出建设区内的等高线,从等高线的分布可知建设区内地形的坡向,从而确定建筑物室外的排水方向及平整场地需要开挖、填方的土石方量。

④指北针和风(向频率)玫瑰图。根据图中所画的指北针可知新建建筑物的朝向。根据风(向频率)玫瑰图可以了解新建建筑物地区常年的盛行风向(主导风向)以及夏季风主导风向。有的总平面图中画出风(向频率)玫瑰图后,就不画指北针。

⑤水、暖、电等管线及绿化布置情况。给水管、排水管、供电线路(尤其是高压线路)、采暖管道等管线在建筑基地的平面布置。

7.2.3 识读建筑总平面图

建筑总平面图的识读要注意以下几点:
①看图名、比例、图例及有关的文字说明;
②了解工程用地范围、地形地貌、周围环境情况;
③了解新建建筑物的平面位置和定位依据;
④了解新建建筑物的朝向和主要风向;
⑤了解道路交通及管线布置情况;
⑥了解绿化、美化的要求和布置情况。

如图 7.7 所示是某学校东南一角的总平面图,在图名旁已注明是按比例 1:500 绘制,在这个范围内要新建一栋4层教工住宅,也就是本章图 7.1 所示的住宅楼。由于场地范围小、地势平坦,所绘制的住宅总平面图可以不画地形等高线和坐标网格,只要表明这栋建筑的平面轮廓形状、层高、高度、位置、朝向、室内外标高,以及周围的环境等,就可以满足本项目总平面图绘制的基本表达要求。

①小区的风向、方位和范围。如图 7.7 所示,图右下角画出了该地区的风(向频率)玫瑰图,根据所指的方向,可以知道这个小区是某学校从北向南延伸出来的一块地方,位于校外××路的北边,同时还可以知道小区的常年和夏季的风向频率。

②新建建筑物的平面轮廓形状、大小、朝向、层数、高度、位置和室内外地面标高。以粗实线画出该新建建筑,标明该建筑的平面轮廓形状,左右对称,东西向外墙轴线之间总长为15.30 m,南北向外墙轴线之间总宽为 11.10 m,朝向正南,4 层。它以已建的室内球类房定位,其北墙面轴线与室内球类房的南墙面平行,相距 36.62 m。它的底层室内地面的绝对标高为 4.50 m,室外地面绝对标高为 3.90 m,室内底层地面高出室外地面 600 mm。房屋地面之上

4 层,没有地下层,总高 13.2 m。

③新建建筑物周围的环境以及附近建筑物、道路、绿化等布置。在新建住宅的四周都有道路和常绿阔叶乔木的绿化;东南西三面绿化带外侧是围墙;在住宅楼北侧,各有 1.50 m 宽的人行道出入口,并分别设一个简易小门,与外界分隔开;南墙外侧的绿化带,将底层东西两户之间的户外地分隔开。

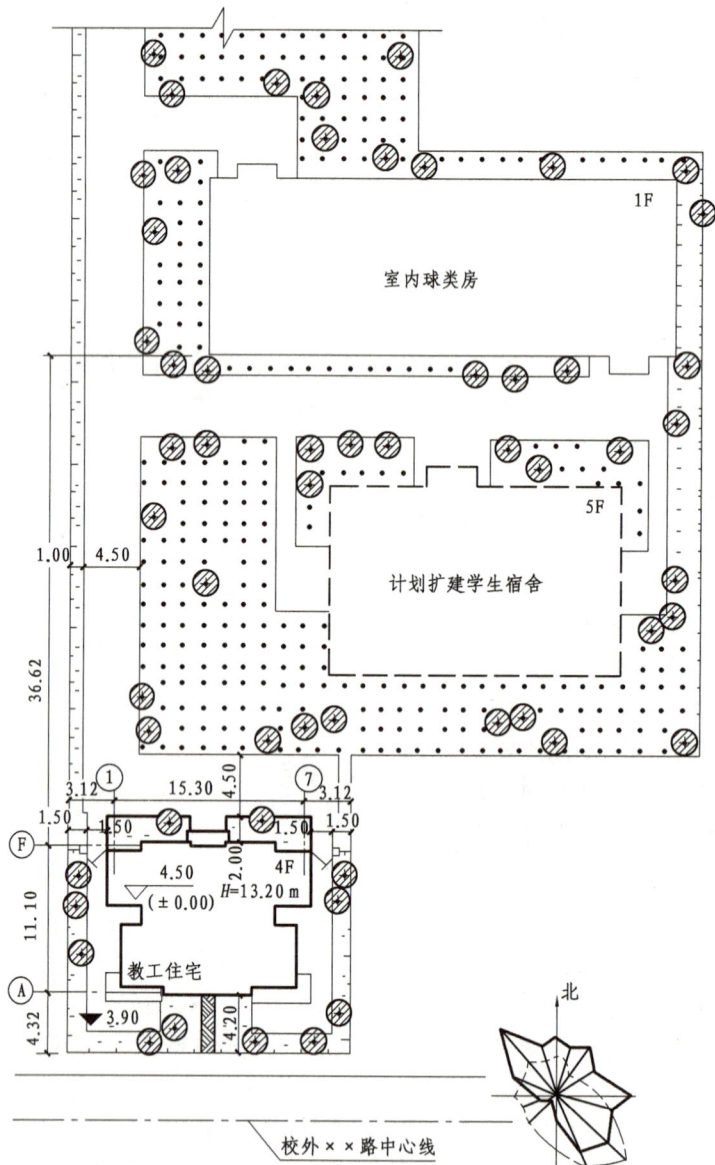

总平面图 1:500

图 7.7 总平面图

【拓展阅读】
　　宋代《营造法式》是李诚创作的建筑学著作,是北宋官方颁布的一部建筑设计、施工的规范书。《营造法式》的编修来源于古代匠师的实践,是历代工匠相传、经久通行的做法,所以该书反映了当时中国土木建筑工程技术所达到的水平。它的编修上承隋唐,下启明清,对研究中国古代土木建筑工程和科学技术的发展具有重要意义。中国古代建筑有着悠久的历史、独特的民族风格和高度的艺术成就,是我国古代劳动人民智慧的结晶,是我们伟大祖国的一份珍贵的历史文化遗产。

7.3　建筑平面图

7.3.1　建筑平面图的形成

　　假想用一个水平剖切平面沿门窗洞口将房屋剖切开,移去剖切平面及其以上部分,将余下的部分按正投影的原理投射在水平投影面上所得到的图形,称为平面图,如图7.8所示。平面图主要用来表示房屋的平面布置情况,反映房屋的平面形状、大小和房间的布置,墙或柱的位置、大小、厚度和材料,门窗的类型和位置等情况。

建筑平面图

　　若一栋建筑的各层平面图都不相同,应画出各层建筑平面图。建筑平面图通常以层来命名,如底层平面图(一层平面图)、二层平面图等。若有几个楼层的平面图完全相同,可以合用一个平面图,例如二层至六层平面图等,也称为标准层平面图。若两层或者几层的平面布置只有少量局部不一样,也可以合用一个平面图,但需另外画出不同处的局部平面图作为补充。

　　建筑平面图除了上述各层平面图外,还有局部平面图、屋顶平面图等。局部平面图可以用于表示两层或两层以上合用平面图中不同的部分,也可以用于将平面图中某个局部以较大的比例画出,以便清晰表示出室内一些固定设施的形状和尺寸。屋顶平面图则是房屋顶部按俯视方向投射在水平投影面上所得到的正投影图。

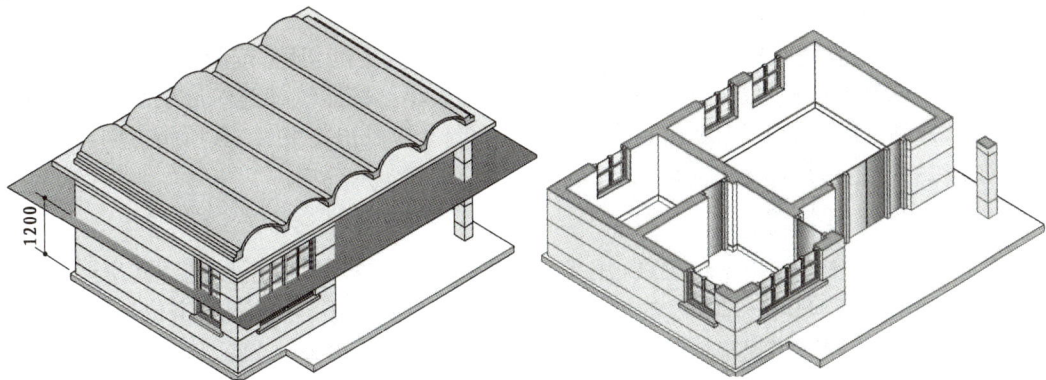

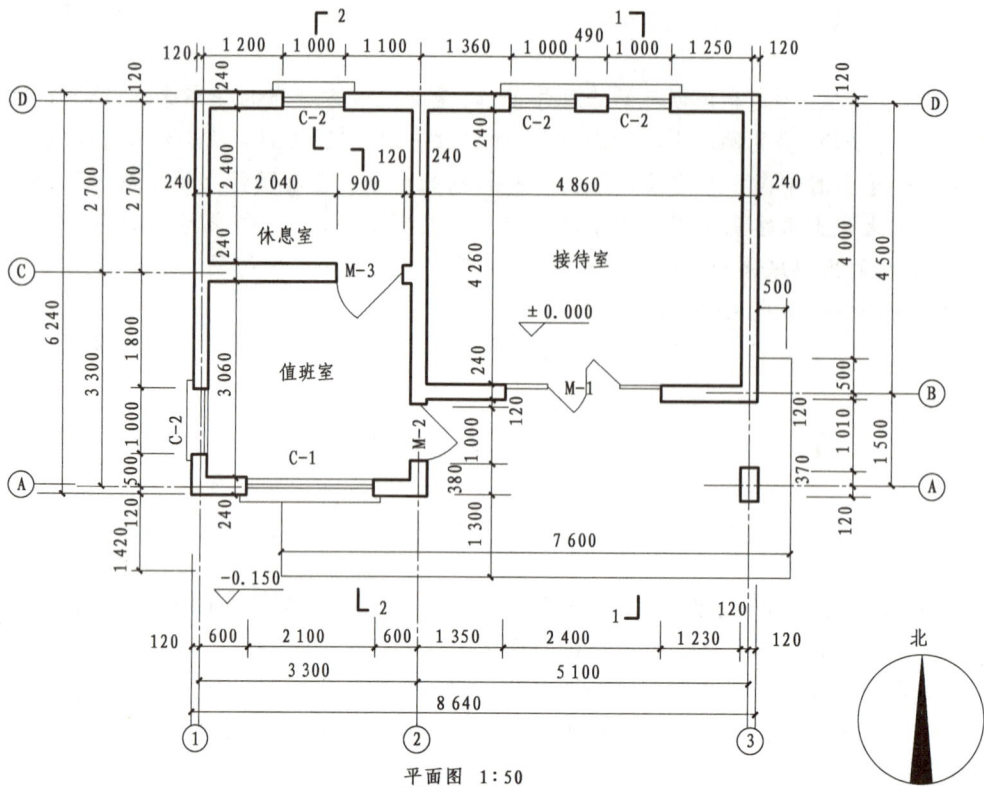

图7.8　平面图的形成

7.3.2　建筑平面图的表现内容

建筑平面图用来直观地反映建筑物的平面形状大小、内部布置、内外交通联系、采光通风处理、构造做法等基本情况,是建筑施工图的主要图纸之一,是概预算、备料及施工放线、砌墙、设备安装等的重要依据。下面通过阅读图7.9所示底层平面图,阐述建筑平面图的内容和图示方法,同时对建筑平面图的阅读方法和步骤也作一介绍。

1)图名、比例、朝向

底层平面图是在建筑的底层窗台之上(约1.2 m处)水平剖切后,按俯视方向投射所得到的正投影图,反映了这栋建筑底层的平面布置和房间大小。按照这栋建筑底层总面积大小和复杂程度,选用常用比例1∶100绘制。在底层平面图上应画出指北针,其所指方向与总平面图中风玫瑰的指北针方向一致,由指北针可以看出这栋建筑的朝向。

2)定位轴线及编号

在建筑平面图中应画出定位轴线,用来确定房屋各承重构件的位置。根据《房屋建筑制图统一标准》(GB/T 50001—2017)的规定,定位轴线用细单点长画线绘制,定位轴线应编号,编号应注写在轴线端部用细实线绘制的圆内,圆的直径为8～10 mm,圆心应在定位轴线的延长线或延长线的折线上。平面图上定位轴线的编号,宜标注在图样的下方与左侧,横向编号用阿拉伯数字从左至右顺序编写;竖向编号用大写拉丁字母(除I、O、Z外)从下至上顺序编写。在标注非承重构件时,可用附加定位轴线,附加定位轴线的编号应按图7.10中规定的形式表示。

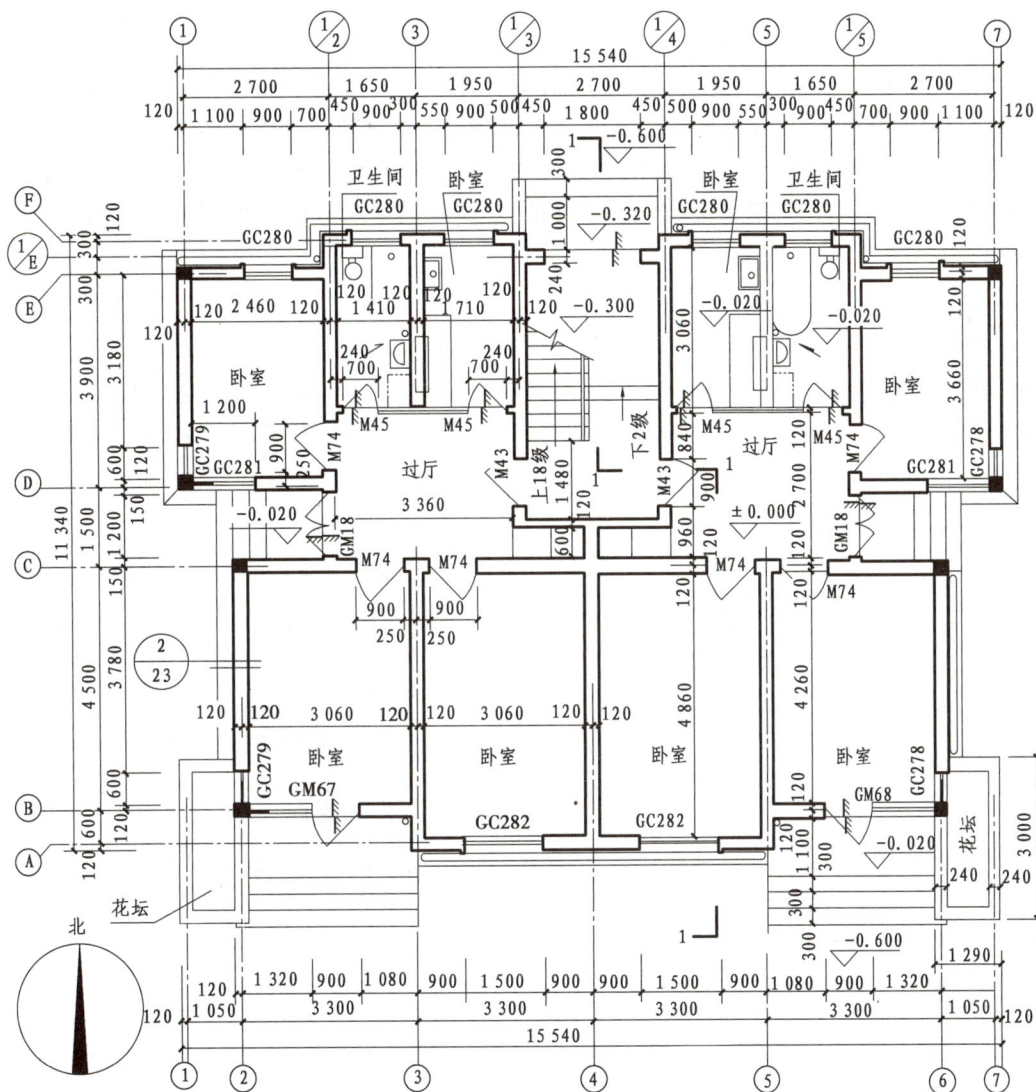

底层平面图 1:100

图7.9 底层平面图

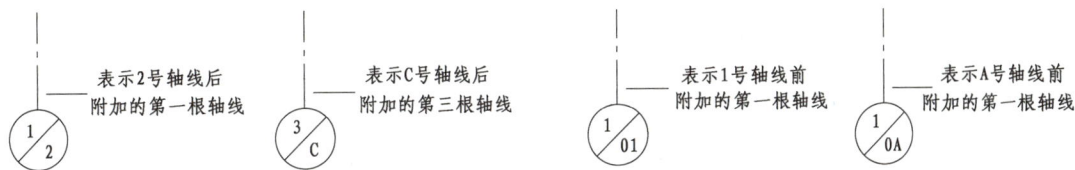

图7.10 附加定位轴线及其编号

由图7.9可知,从左到右按横向编号的有①—⑦共7根定位轴线,并且在轴线②、③、④、⑤之后,还分别有1根附加定位轴线;从下向上按竖向编号的有Ⓐ—Ⓕ共6根定位轴线,在轴线Ⓔ之后也有1根附加定位轴线。它们分别是有关墙柱的中心线。

3）墙、柱的断面

当比例用1∶100～1∶200时,建筑平面图中的墙、柱断面通常不画《房屋建筑制图统一标准》（GB/T 50001—2017）规定的建筑材料图例,而按《建筑制图标准》（GB/T 50104—2010）的规定,画简化的材料图例,且不画抹灰层;比例大于1∶50的平面图,应画出抹灰层的面层线,并画出材料图例;比例等于1∶50的平面图,抹灰层的面层线应根据需要而定;比例小于1∶50的平面图,可以不画抹灰层。

4）图例

在建筑平面图中,由于所用比例较小,所以对平面图中的建筑配件和卫生设备,如门窗、楼梯、烟道、通风道、洗脸盆、大便器等无法按真实投影画出,对此采用《建筑制图标准》（GB/T 50104—2010）中规定的图例来表示,见表7.5。真实投影情况另用较大比例的详图来表示。

表7.5　建筑构造及配件图例（GB/T 50104—2010）

序号	名　称	图　例	备　注
1	墙　体		1. 上图为外墙,下图为内墙; 2. 外墙细线表示有保温层或有幕墙; 3. 应加注文字或涂色或图案填充表示各种材料的墙体; 4. 在各层平面图中防火墙宜着重以特殊图案填充表示
2	隔　断		1. 加注文字或涂色或图案填充表示各种材料的轻质隔断; 2. 适用于到顶与不到顶隔断
3	玻璃幕墙		幕墙龙骨是否表示由项目设计决定
4	栏　杆		—
5	楼　梯		1. 上图为顶层楼梯平面,中图为中间层楼梯平面,下图为底层楼梯平面; 2. 需设置靠墙扶手或中间扶手时,应在图中表示
6	坡　道		长坡道 上图为两侧垂直的门口坡道,中图为有挡墙的门口坡道,下图为两侧找坡的门口坡道

续表

序号	名　称	图　例	备　注
7	台阶	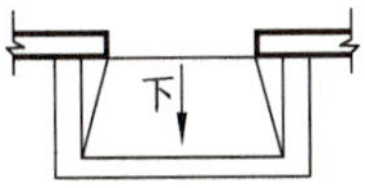	—
8	检查口		左图为可见检查口,右图为不可见检查口
9	孔洞		阴影部分也可填充灰度或涂色代替
10	坑槽		—
11	墙预留洞、槽	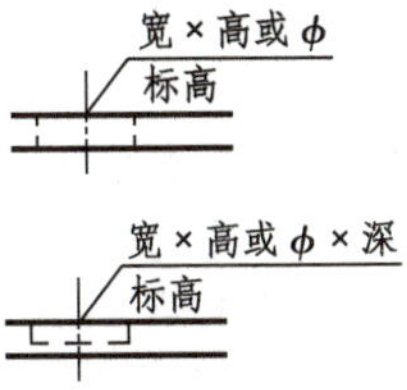 宽×高或φ 标高 宽×高或φ×深 标高	1.上图为预留洞,下图为预留槽; 2.平面以洞(槽)中心定位; 3.标高以洞(槽)底或中心定位; 4.宜以涂色区别墙体和预留洞(槽)
12	烟道	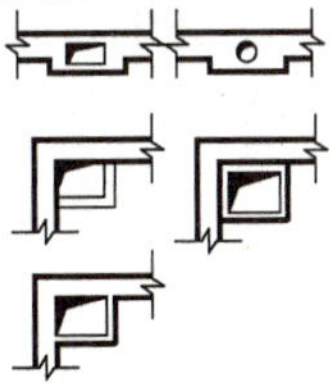	1.阴影部分也可填充灰度或涂色代替; 2.烟道、风道与墙体为相同材料,其相接处墙身线应连通; 3.烟道、风道根据需要增加不同材料的内衬
13	风道	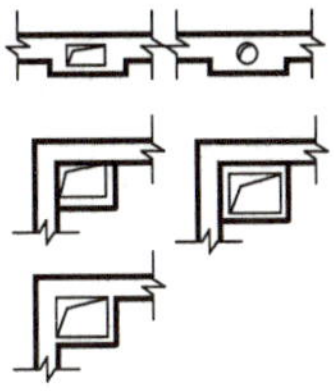	
14	新建的墙和窗	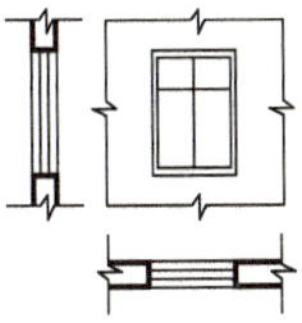	—
15	空门洞	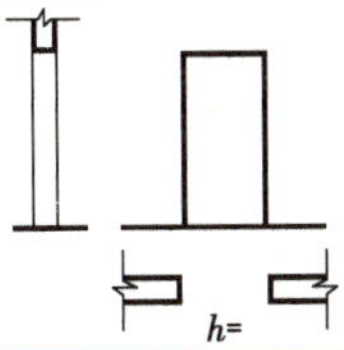 $h=$	h 为门洞高度

续表

序号	名　称	图　例	备　注
16	单面开启单扇门（包括平开或单面弹簧）	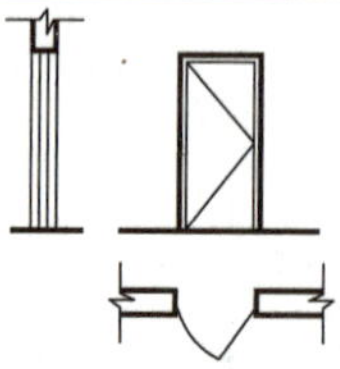	
	双面开启单扇门（包括双面平开或双面弹簧）	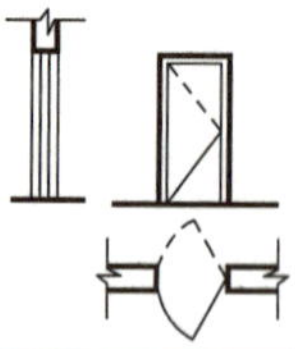	1.门的名称代号用 M 表示。 2.平面图中，下为外，上为内；门开启线为 90°、60° 或 45°，开启弧线宜绘出。 3.立面图中，开启线实线为外开，虚线为内开。开启线交角的一侧为安装合页一侧。开启线在建筑立面图中可不表示，在立面大样图中可根据需要绘出。 4.剖面图中，左为外，右为内。 5.附加纱扇应以文字说明，在平、立、剖面图中均不表示。 6.立面形式应按实际情况绘制
	双层单扇平开门	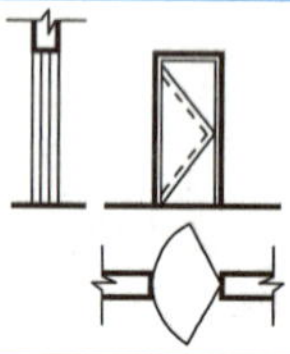	
17	单面开启双扇门（包括平开或单面弹簧）	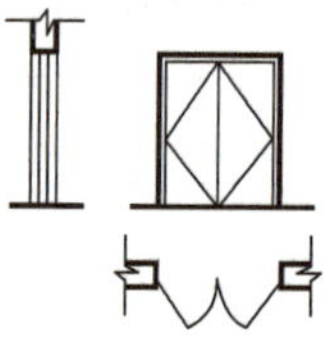	
	双面开启双扇门（包括双面平开或双面弹簧）	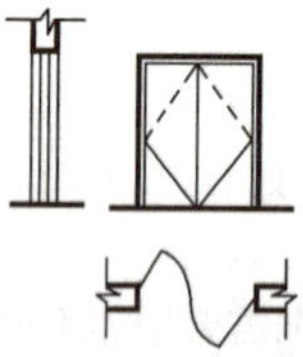	
	双层双扇平开门	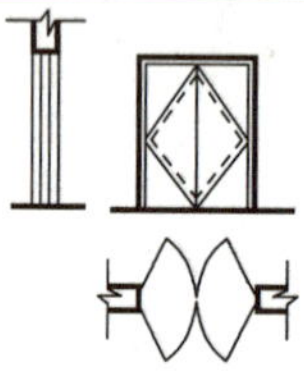	
18	折叠门	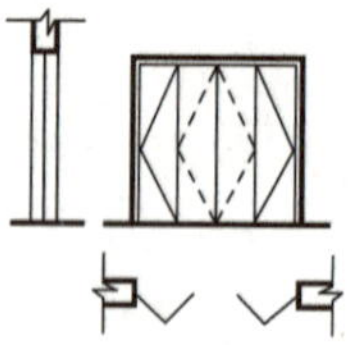	1.门的名称代号用 M 表示。 2.平面图中，下为外，上为内。 3.立面图中，开启线实线为外开，虚线为内开。开启线交角的一侧为安装合页一侧。 4.剖面图中，左为外，右为内。 5.立面形式应按实际情况绘制
	推拉折叠门	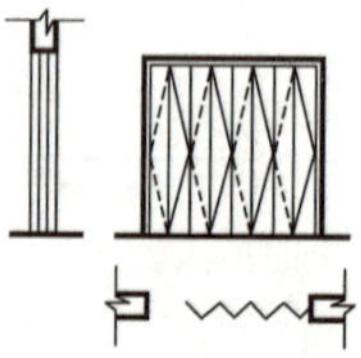	

续表

序号	名　称	图　例	备　注
19	墙中单扇推拉门	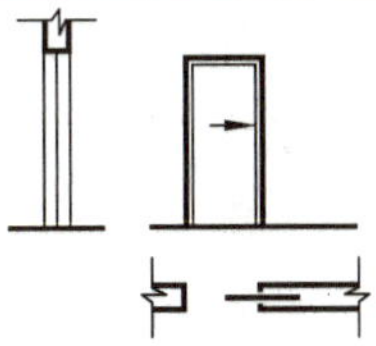	1.门的名称代号用 M 表示; 2.立面形式应按实际情况绘制
	墙中双扇推拉门	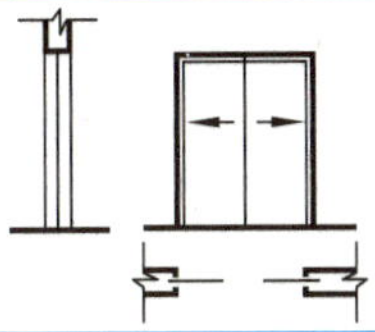	
20	固定窗	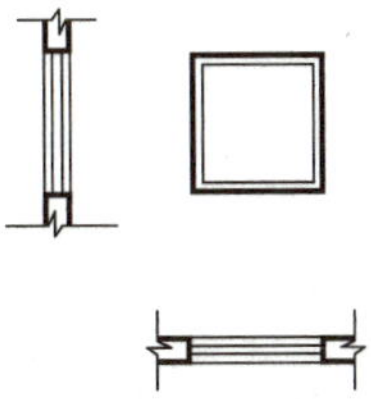	
21	上悬窗	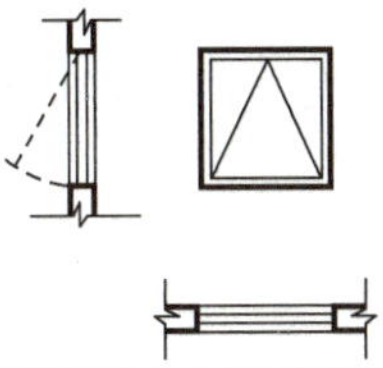	1.窗的名称代号用 C 表示。 2.平面图中,下为外,上为内。 3.立面图中,开启线实线为外开,虚线为内开。开启线交角的一侧为安装合页一侧。开启线在建筑立面图中可不表示,在门窗立面大样图中需绘出。 4.剖面图中,左为外、右为内。虚线仅表示开启方向,项目设计不表示。 5.附加纱窗应以文字说明,在平、立、剖面图中均不表示。 6.立面形式应按实际情况绘制
	中悬窗	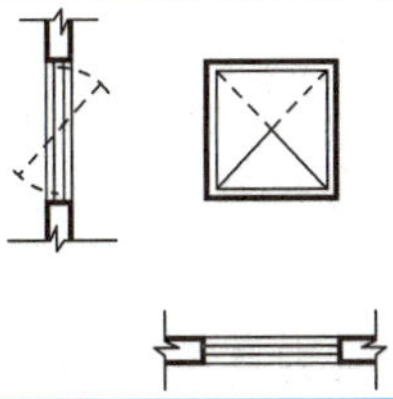	
22	双层内外开平开窗	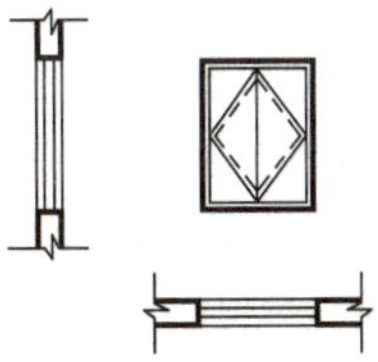	
23	单层推拉窗	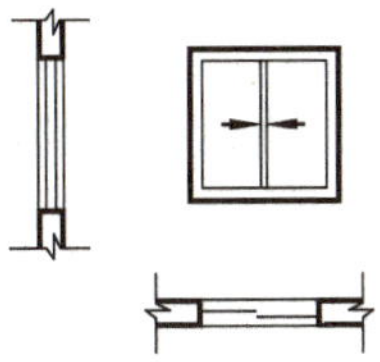	1.窗的名称代号用 C 表示; 2.立面形式应按实际情况绘制
	双层推拉窗	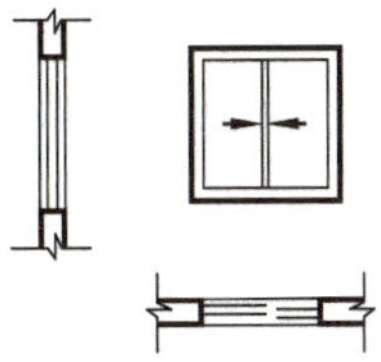	

5)图线

在建筑平面图上,需要选用不同的线宽、线型来清晰表示平面图的内容。按《建筑制图标准》(GB/T 50104—2010)规定:被剖切的主要建筑构造(包括构配件)如承重墙、柱的断面轮廓线,建筑构配件详图中的外轮廓线及剖切符号用粗实线;被剖切的次要建筑构造(包括构配件)的轮廓线(如墙身、台阶、散水、门扇开启线),建筑平、立、剖面图中建筑构配件的轮廓线,建筑构造详图及建筑构配件详图中的一般轮廓线用中粗实线;建筑构造详图及建筑构配件不可见轮廓线用中粗虚线;小于 0.7b 的图形线、尺寸线、尺寸界线、索引符号、标高符号、详图材料做法引出线等用中实线;图例填充线、家具线等用细实线。对于较简单的图样,可以用粗实线和细实线两种线宽。

6)尺寸标注与标高

在建筑平面图中,用轴线和尺寸线表示各部分的长、宽尺寸和准确位置。平面图的外部尺寸一般分 3 道:最外面一道是外包尺寸,表示建筑物的总长度和总宽度;中间一道是轴线间距,表示开间和进深;最里面一道是细部尺寸,表示门窗洞口、孔洞、墙体等详细尺寸。在平面图内还注有内部尺寸,标明室内的门窗洞、孔洞、墙体及固定设备的大小和位置。在首层平面图上还需要标注室外台阶、花池和散水等局部尺寸。

在各层平面图上还注有楼地面标高,表示各层楼地面距离相对标高零点(即±0.000)的高差。一般规定,首层地面标高为±0.000。

7)门窗编号

在施工图中,门用代号"M"表示,窗用代号"C"表示,并用阿拉伯数字编号,同一编号代表同一类型的门或窗。当门窗采用标准图集时,注写标准图集编号及图号。从门窗编号中可知门窗共有多少种,一般情况下,在本页图纸上或前面图纸上附有一个门窗表,表明门窗的编号、名称、洞口尺寸及数量。

在建筑平面图中,窗洞位置处若画成虚线,则表示此窗为高窗(高窗指窗洞下口高度高于1.5 m,一般为 1.7 m 以上的窗)。

8)剖切符号及房屋名称的标注

平面图应标注房间名称或编号,编号宜用细实线圆且直径为 6 mm。一般在底层平面图中应标注剖面图的剖切符号;凡套用标准图集或另有详图表示的构配件、节点,均需画出详图索引符号,以便对照阅读。

剖切符号宜优先选择国际通用方法表示[图 7.11(a)],也可采用常用方法表示[图 7.11(b)],同一套图纸应选用一种表示方法。

剖切符号标注的位置应符合下列规定:

①建(构)筑物剖面图的剖切符号应注在±0.000 标高的平面图或首层平面图上;

②局部剖切图(不含首层)、断面图的剖切符号应注在包含剖切部位的最下面一层的平面图上。

采用国际通用剖视表示方法时,剖面及断面的剖切符号应符合下列规定:

①剖面剖切索引符号应由直径为 8~10 mm 的圆和水平直径以及两条相互垂直且外切圆

的线段组成,水平直径上方应为索引编号,下方应为图纸编号,线段与圆之间应填充黑色并形成箭头表示剖视方向,索引符号应位于剖线两端;断面及剖视详图剖切符号的索引符号应位于平面图外侧一端,另一端为剖视方向线,长度宜为 7 ~ 9 mm,宽度宜为 2 mm。

②剖切线与符号线线宽应为 $0.25b$。

③需要转折的剖切位置线应连续绘制。

④剖号的编号宜由左至右、由下向上连续编排。

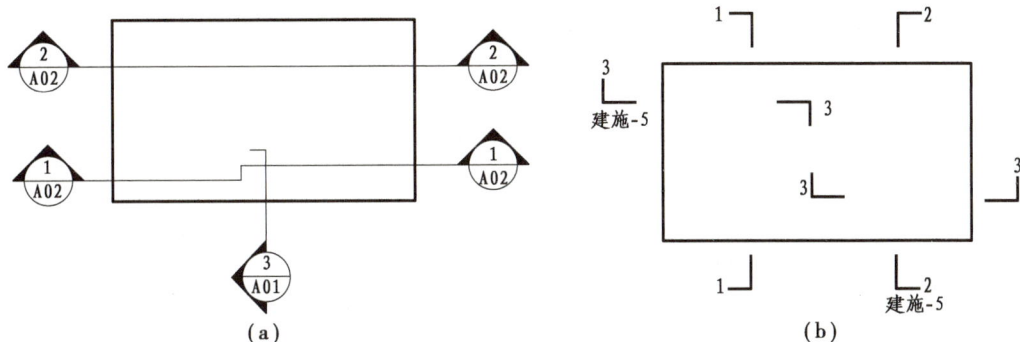

图 7.11 剖视的剖切符号

采用常用方法表示时,剖面的剖切符号应由剖切位置线及剖视方向线组成,均应以粗实线绘制,线宽宜为 b。剖面的剖切符号应符合下列规定:

①剖切位置线的长度宜为 6 ~ 10 mm;剖视方向线应垂直于剖切位置线,长度应短于剖切位置线,宜为 4 ~ 6 mm。绘制时,剖视剖切符号不应与其他图线相接触。

②剖视剖切符号的编号宜采用粗阿拉伯数字,按剖切顺序由左至右、由下向上连续编排,并应注写在剖视方向线的端部[图 7.11(b)]。

③需要转折的剖切位置线,应在转角的外侧加注与该符号相同的编号。

④断面的剖切符号应仅用剖切位置线表示,其编号应注写在剖切位置线的一侧;编号所在的一侧应为该断面的剖视方向,其余同剖面的剖切符号(图 7.12)。

⑤当与被剖切图样不在同一张图内时,应在剖切位置线的另一侧注明其所在图纸的编号(图 7.12),也可在图上集中说明。

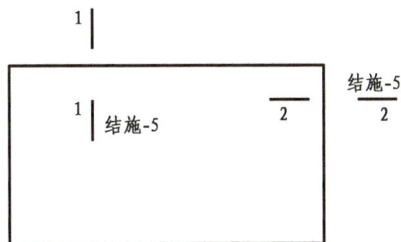

图 7.12 断面的剖切符号

⑥索引剖视详图时,应在被剖切的部位绘制剖切位置线,并以引出线引出索引符号,引出线所在的一侧应为剖视方向,如图 7.13 所示。

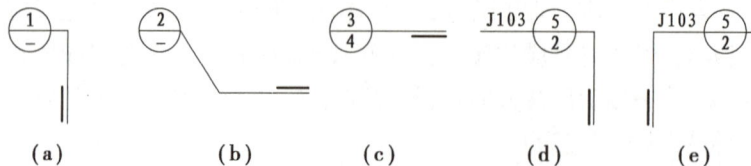

图 7.13　用于索引剖视详图的索引符号

7.3.3　建筑平面图的绘制

建筑平面图的绘制方法与步骤如下：

①选定比例与图幅进行图面布置。根据房屋的复杂程度与大小,选择适当的比例,并确定图幅的大小。要注意留出标注尺寸、符号及文字说明的位置。

②画铅笔图稿。用不同硬度的铅笔在绘图纸上画出的图形称为底图。其绘图步骤如下：

a.绘制图框及标题栏,并绘制出定位轴线；

b.画墙、柱断面及门窗位置、走廊,同时补全未定轴线的次要的非承重墙；

c.初步校核,检查底图是否正确；

d.按线型及线宽要求加深图线；

e.标注尺寸,注写符号及文字说明；

f.图面复核:为尽量做到准确无误,完成绘图前应仔细检查,及时更正错误。

以图 7.9 底层平面图为例,绘制建筑平面图的步骤如图 7.14 所示。

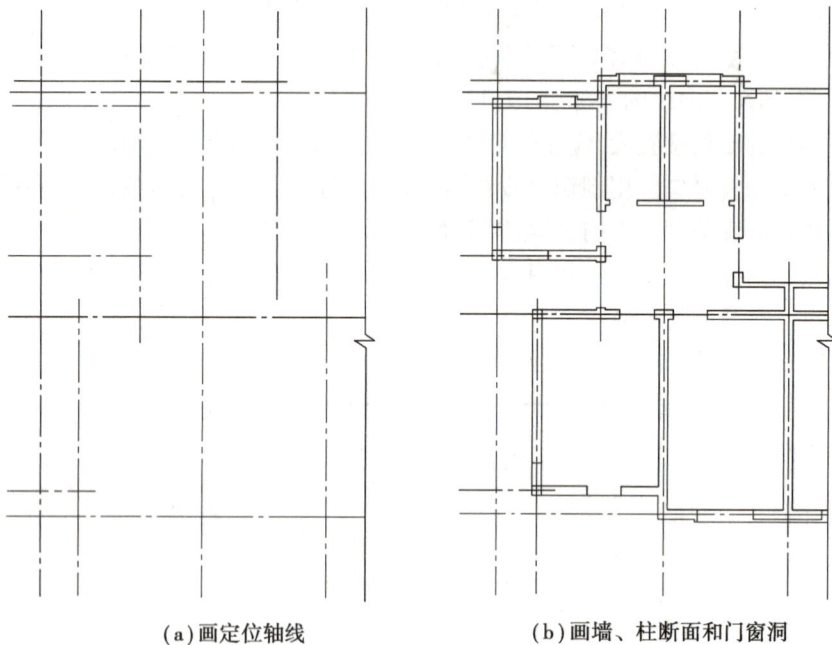

（a）画定位轴线　　　　　　　　（b）画墙、柱断面和门窗洞

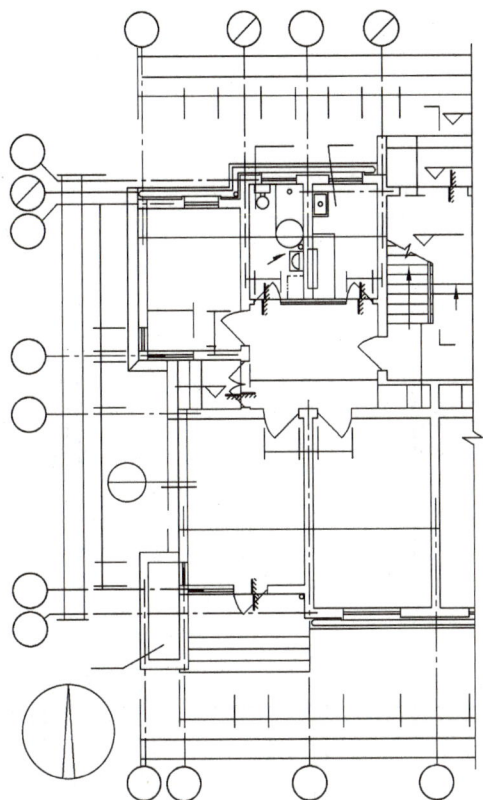

(c)画细部轮廓，标注尺寸、符号、编号、说明等

图 7.14　绘制建筑平面图的步骤

7.3.4　其他楼层建筑平面图

其他楼层建筑平面图的表达内容和要求，基本上与底层平面图相同。在其他楼层建筑平面图中，不必画底层平面图中已显示的指北针、剖切符号以及室外的构配件和基础设施等。各层平面图除应画出本层室内的各项内容外，还应画出本层水平剖切面以下的阳台，下一层可见窗顶、雨篷、雨水管等构件的位置及尺寸。此外，其他楼层平面图除开间、进深等主要尺寸以及定位轴线间的尺寸外，与底层相同的次要尺寸可以省略。

在绘制楼层平面图时，应特别注意楼梯间中各层楼梯图例的画法。对常见的双跑楼梯，除顶层楼梯的围护栏杆、扶手、两段下行梯段和一个中间平台应全部画出外，其他各楼层则分别画出上行梯段的几级踏步、下行梯段的一整段、中间平台及其下面的下行梯段的几级踏步，上行梯段与下行梯段的折断处应各画一条倾斜的折断线。

对于住宅中相同的建筑构造或配件，详图索引可仅在一处画出，其余各处都省略不画，如这栋住宅中二、三、四层阳台共用一个详图，索引符号只在二层平面图的东南角阳台中画出。

图 7.15 至图 7.17 所示为二层至四层平面图。

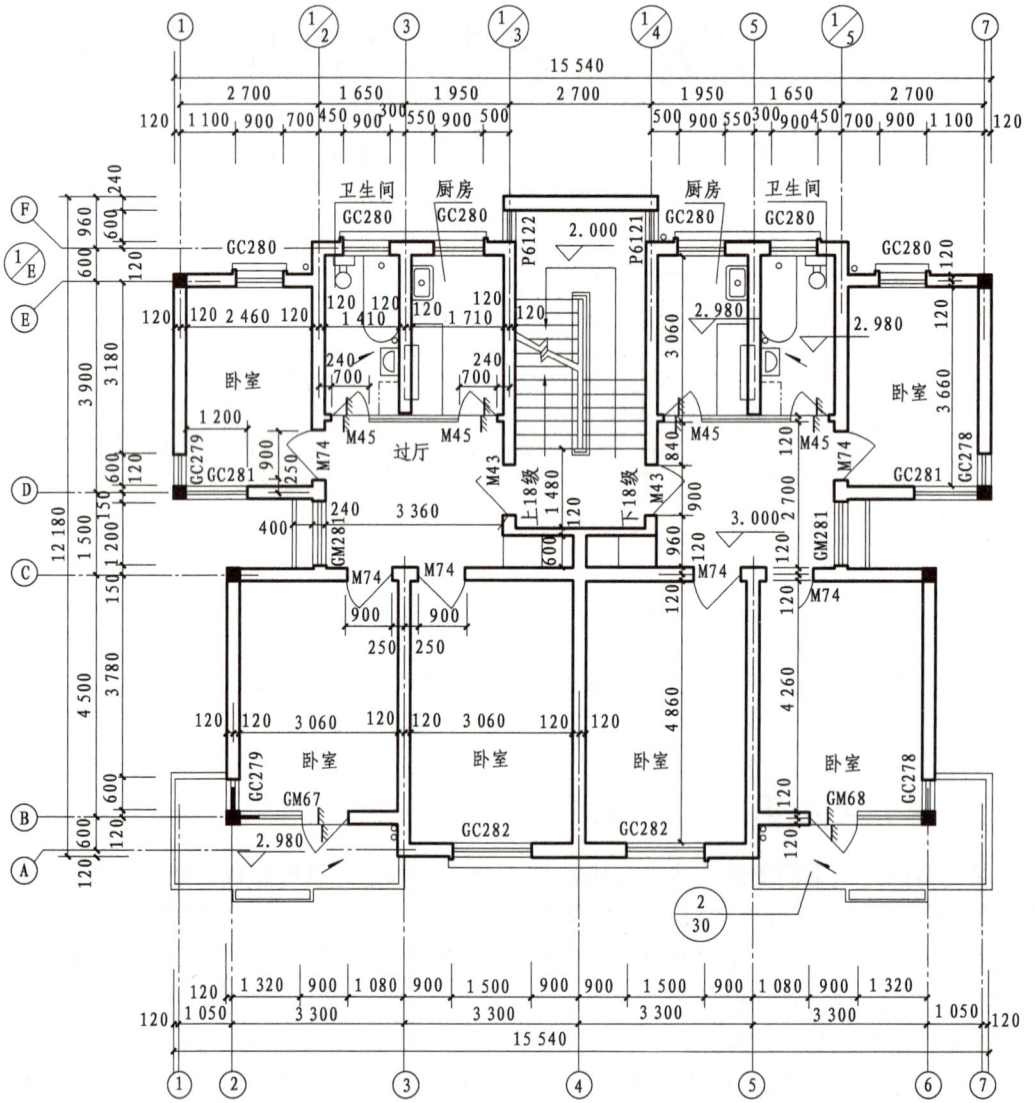

二层平面图 1:100

图 7.15 二层平面图

图 7.16 中各房间、尺寸及构件编号如图所示。

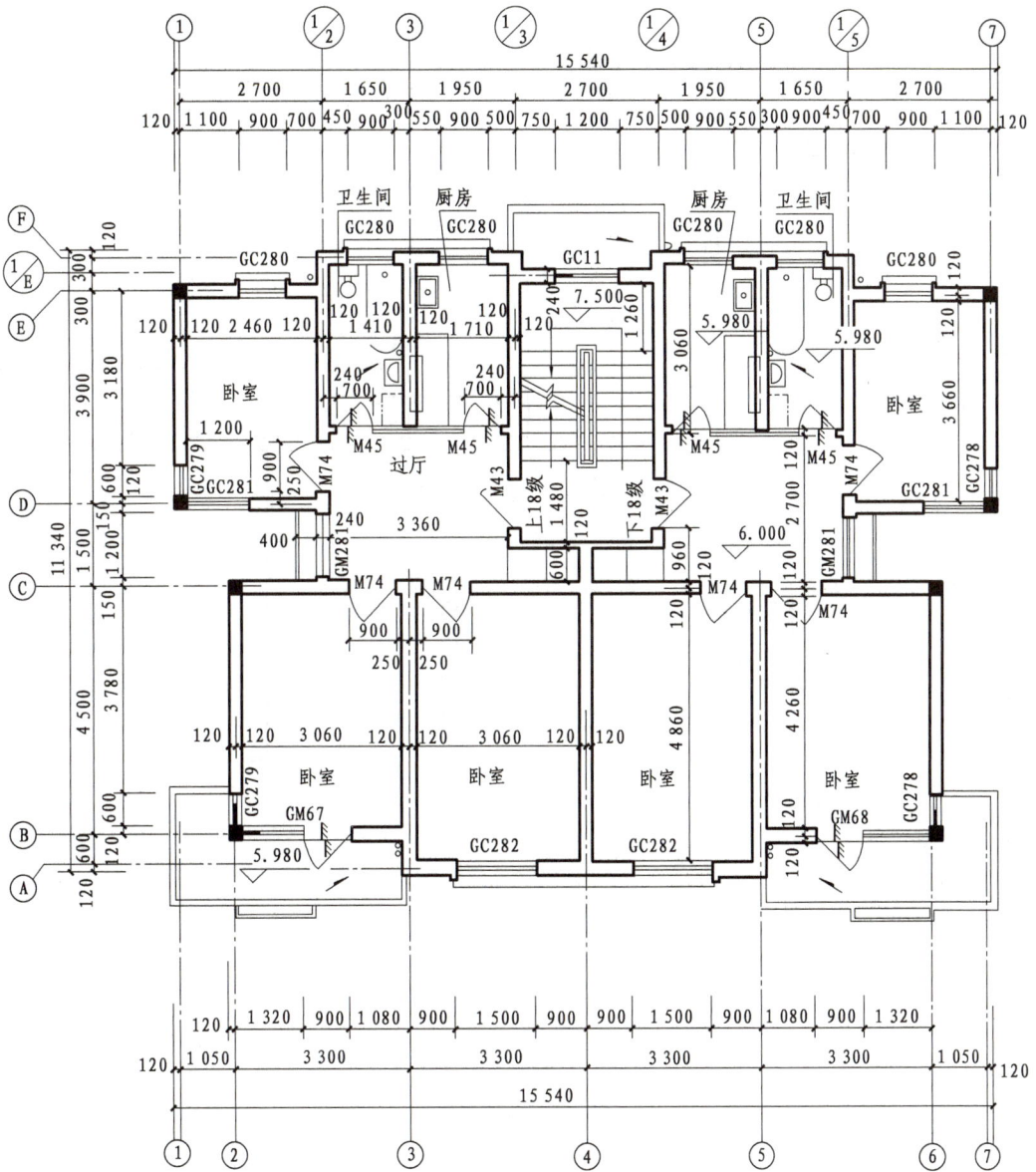

三层平面图 1:100

图 7.16 三层平面图

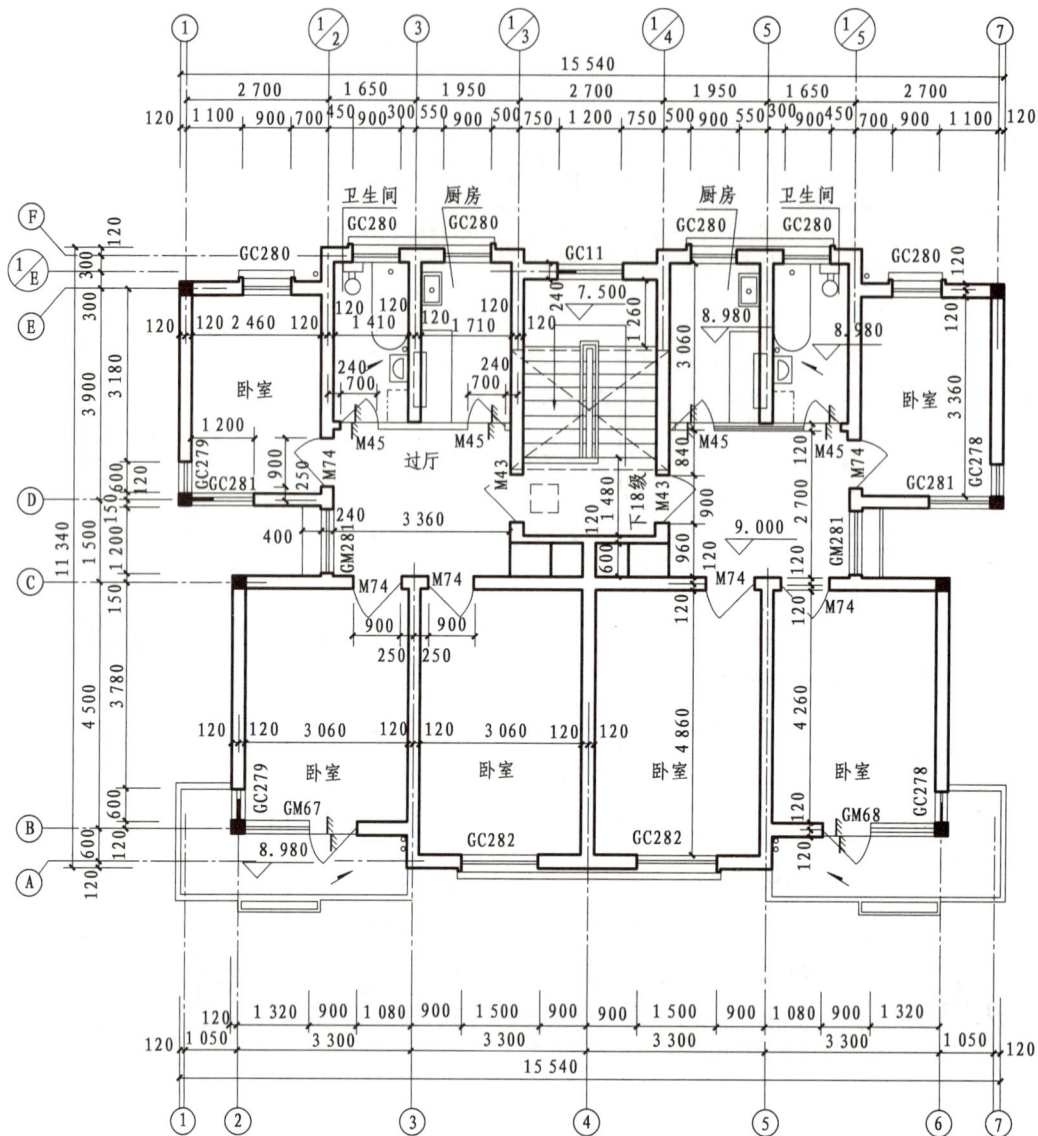

四层平面图 1:100

图 7.17 四层平面图

7.3.5 局部平面图

在比例 1:100 的建筑平面图中,由于图形太小而只能画出固定设施和卫生器具的外形轮廓或图例,不能标注它们的定形尺寸和定位尺寸。如果是用 1:50 的比例,就可以注写出一些固定设施的定形尺寸和定位尺寸,以便于按图施工安装,如图 7.18 所示。对部分未能标注出尺寸的设施或卫生设备,则将其注在与之相应的详图中。另外,如洗脸盆、浴盆、坐便器等卫生器具,通常是按一定规格或型号订购成品后,再按有关规定或说明安装,因而也不必注全尺寸。

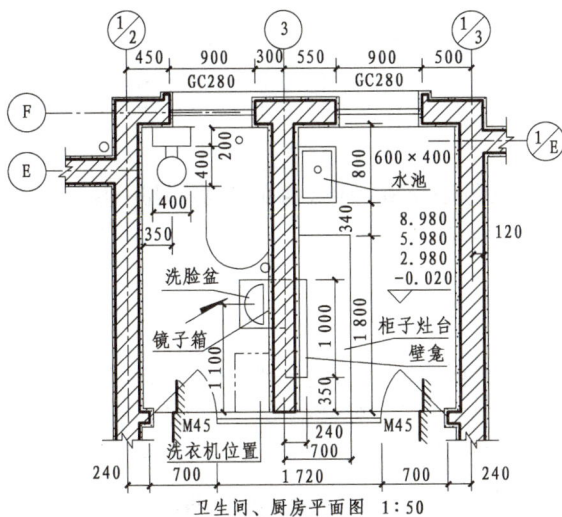

卫生间、厨房平面图 1:50

图 7.18 卫生间、厨房局部平面图

7.3.6 屋顶平面图

对照图 7.1 房屋轴测图中的屋顶情况可以看出,在屋顶平面图(图 7.19)中,绘制有关的定位轴线、屋顶的形状、女儿墙、分水线、隔热层、屋顶水箱和屋面检修孔的大小位置、屋面的排水方向及坡度、天沟及其雨水口的位置等。此外,还把在图 7.17 所示的四层平面图中未能表示的顶层阳台的雨篷和顶层窗上的遮阳板等,画在屋顶平面图中。

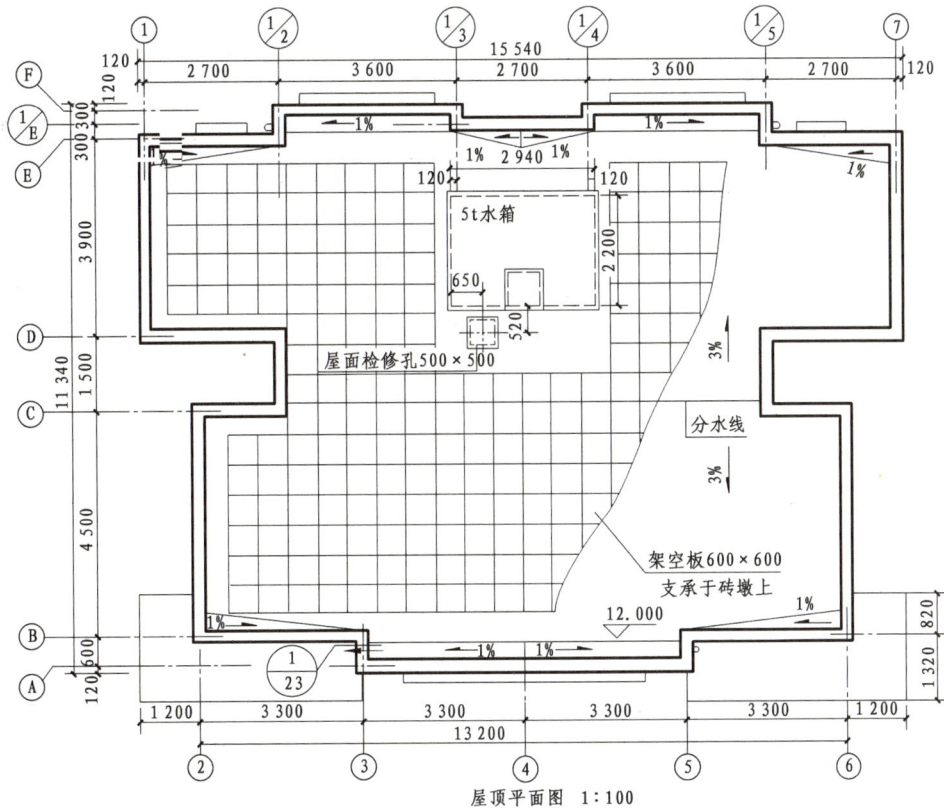

屋顶平面图 1:100

图 7.19 屋顶平面图

7.4　建筑立面图

建筑立面图是设计人员表达立面设计效果的重要图纸,在施工中是外墙面造型、外墙面装修、工程概预算、备料等的依据。

建筑立面图

7.4.1　建筑立面图的形成

在平行于建筑立面的投影面上所作的建筑物正投影图,称为建筑立面图,简称立面图。它主要用来表示建筑物的体型和外貌、外墙装修、门窗的位置与形式,以及遮阳板、窗台、窗套、屋顶水箱、檐口、阳台、雨篷、雨水管、水斗、引条线、勒脚、平台、花坛等构造和配件的各部位的标高及必需的尺寸。建筑立面图在施工过程中主要用于室外装修。

一般建筑物都有前、后、左、右4个面。其中,表示建筑物正立面特征的正投影图称为正立面图;表示建筑物背立面特征的正投影图称为背立面图;表示建筑物侧立面特征的正投影图称为侧立面图,侧立面图又分为左侧立面图和右侧立面图。

但通常也按房屋的朝向来命名,如南立面图、北立面图、东立面图、西立面图等。另外也可按建筑立面图两端定位轴线编号来命名,如图7.20所示。有定位轴线的建筑物,宜根据两端定位轴线编号标注建筑立面图的名称;无定位轴线的建筑物,则可按平面图的朝向来标注建筑立面图的名称。

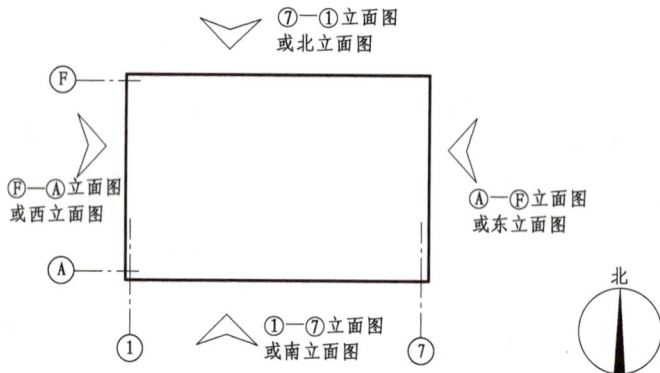

图7.20　建筑立面的投射方向与名称

图7.21至图7.23所示为建筑立面图。

14.200

12.600

白马赛克

12.600

11.700

9.900

11.840

10.050

白马赛克　白水泥引条线

8.700

6.900

8.840

7.050

鹅黄石子掺10%黑石子干粘石

5.840

5.700

3.900

1440　320　φ100聚氯乙烯雨水管

4.050

2.700

0.900

±0.000

2.840

-0.020

-0.020

700

-0.100

-0.600

-0.600

600高1:2水泥砂浆勒脚

1/29

① ⑦

①—⑦立面图　1:100

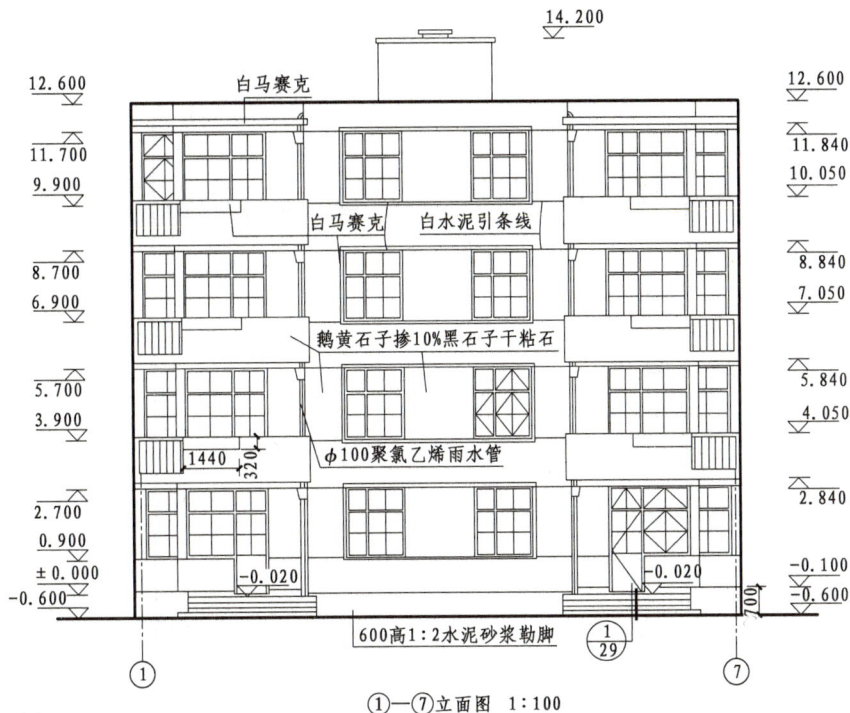

图7.21　①—⑦立面图

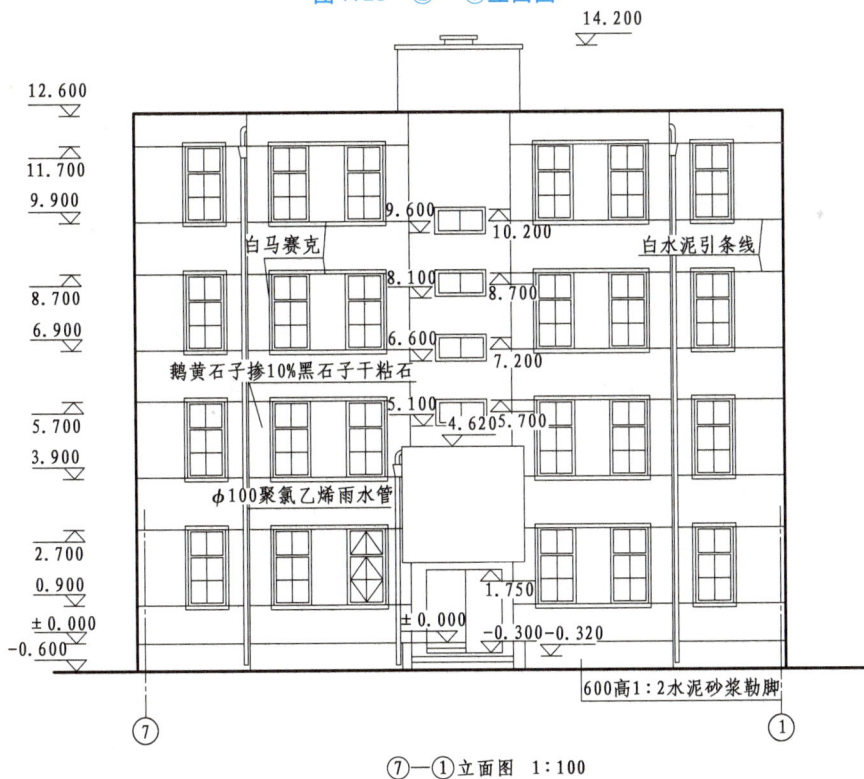

14.200

12.600

11.700

9.900

9.600

10.200

白马赛克

白水泥引条线

8.700

6.900

8.100

8.700

6.600

7.200

鹅黄石子掺10%黑石子干粘石

5.100

4.6205.700

5.700

3.900

φ100聚氯乙烯雨水管

2.700

0.900

±0.000

-0.600

1.750

±0.000

-0.300-0.320

600高1:2水泥砂浆勒脚

⑦ ①

⑦—①立面图　1:100

图7.22　⑦—①立面图

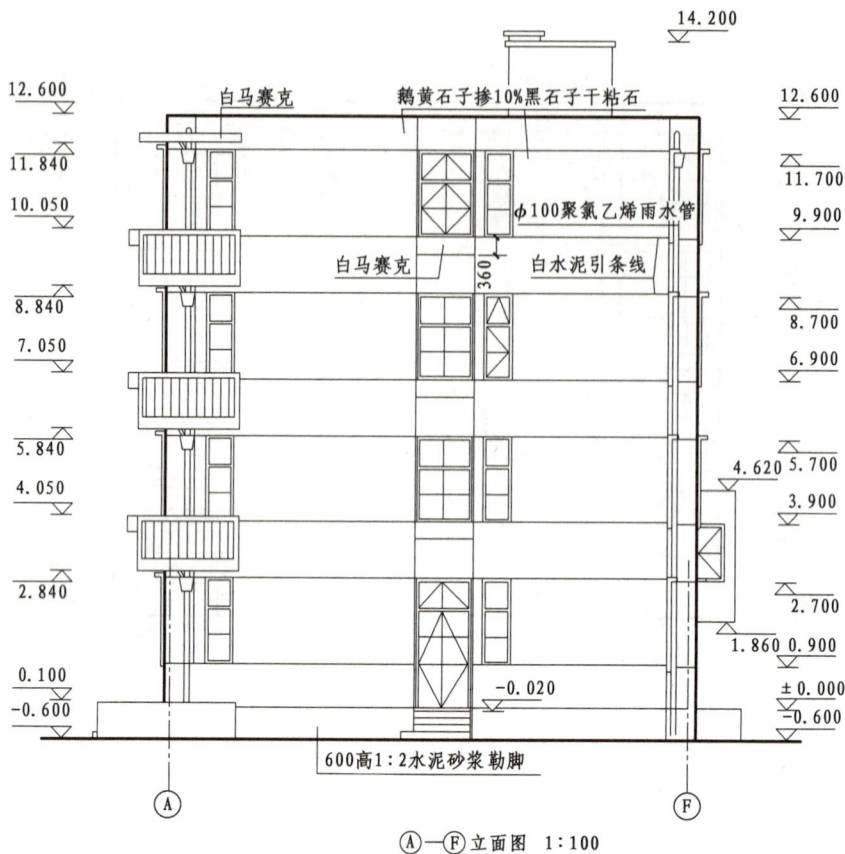

图 7.23　Ⓐ—Ⓕ 立面图

7.4.2　建筑立面图的表现内容

1）图名与比例

图名可按立面的主次、朝向、轴线编号来命名。

建筑立面图通常用 1∶50、1∶100、1∶150、1∶200、1∶300 的比例绘制,一般与建筑平面图的比例一致。

2）定位轴线及其编号

在建筑立面图中只画出两端的轴线并标注其编号,编号应与建筑平面图该立面两端的轴线编号一致,以便与建筑平面图对照阅读,从而确认立面的方位,如图 7.21 至图 7.23 所示。

3）图例

由于绘制建筑立面图的比例较小,很难将所有细部表达清楚,所以建筑立面图上的建筑构造与配件常用表 7.5 所列图例表示。门窗开启线以人站在门窗外侧看为准,细实线表示外开,细虚线表示内开。

相同的构件和构造如门窗、阳台、墙面装修等可局部详细图示,其余简化画出。相同类型的门窗只画出 1 或 2 个完整图形,其余的只需画出轮廓线。

4) 图线

为使建筑立面图清晰、美观,应采用不同的线型来表示。立面图的外轮廓线,用粗实线(b)表示;突出墙面的雨篷、阳台、门窗洞口、窗台、窗楣、台阶、柱等投影,用中粗实线($0.7b$)表示;其余如门窗、墙面等分格线,落水管,材料符号引出线及说明引出线等,用中实线($0.5b$)表示;图例填充线用细实线($0.25b$)表示;室外地坪线,用特粗实线($1.4b$)表示。

5) 尺寸标注与标高

沿建筑立面图高度方向标注三道尺寸,即高度方向总尺寸、定位尺寸、细部尺寸。

总尺寸:最外面一道,表示建筑物总高,即从建筑物室外地坪至女儿墙(或至檐口)的距离。

定位尺寸:即层高,表示上下相邻两层楼地面之间的距离。

细部尺寸:最里面一道是细部尺寸,表示室内外地面高差、防潮层位置、窗下墙高度、门窗洞口高度、洞口顶面到上一层楼面的高度、女儿墙或挑檐板高度。

在房屋主要部位应标注相对标高,如室外地坪、室内地面、各层楼面、檐口、女儿墙、雨篷等。

6) 其他标注

凡是需要绘制详图的部位,都应画上索引符号。房屋外墙面的各部分装饰材料、做法、色彩等用文字说明或列表说明。

7.4.3　建筑立面图的绘制

建筑立面图的绘制方法和步骤与建筑平面图基本一致,一般对应建筑平面图绘制立面图,具体步骤如下:

①选定比例与图幅进行图面布置,绘制标题栏。比例、幅面与建筑平面图一致。

②画铅笔图稿。其绘图步骤如下:

a.画室外地坪线、外墙轮廓线和屋顶或檐口线,并画出首层轴线和外墙面表面分格线;

b.画细部轮廓,如门窗洞口位置、窗台、走廊、窗楣、屋檐、屋顶、雨篷、雨水管等;

c.按线型及线宽要求加深图线;

d.标注尺寸、标高,用文字说明各部位所用材料及色彩;

e.图面复核;

建筑立面图的绘制步骤如图 7.24 所示。

(a) 画室外地坪线、楼面线、定位
轴线和房屋的外轮廓线

(b) 画凹凸墙面、门窗洞和较大
的建筑构造和配件的轮廓线

(c) 画细部轮廓，标注尺寸、标高、编号、说明等

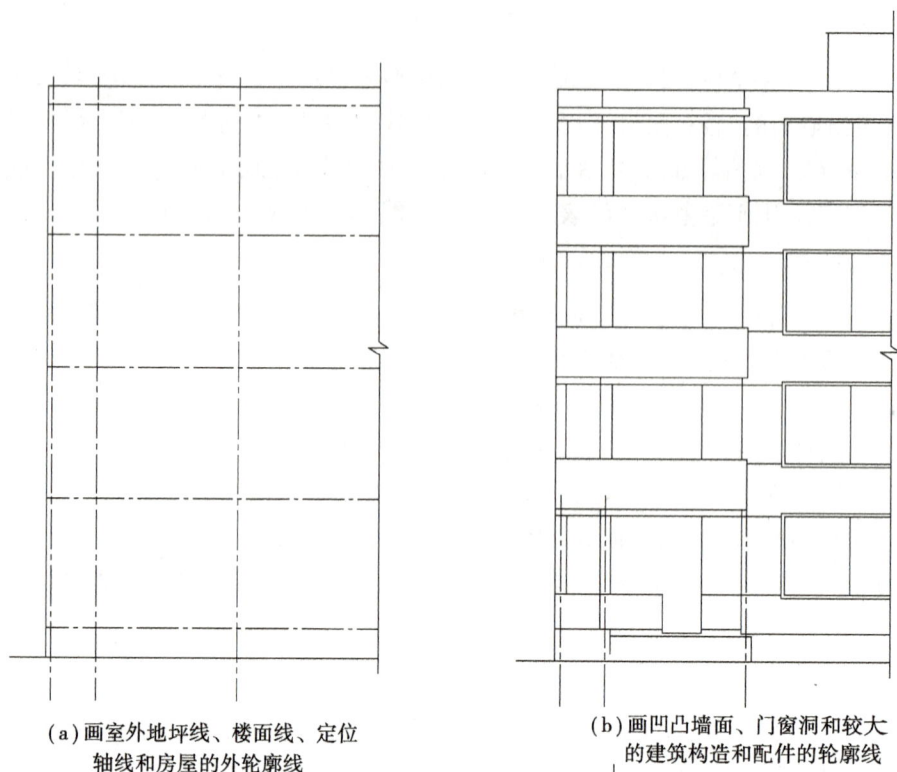

图 7.24　绘制建筑立面图的步骤

7.5 建筑剖面图

剖面图主要表示建筑物内部在高度方向上的结构和构造,如表示建筑物内部沿高度方向的分层情况、层高、门窗洞口的高度、各部位的构造形式等。剖面图是与建筑平面图、立面图相互配合的不可缺少的基本图样之一。

建筑剖面图

7.5.1 建筑剖面图的形成

假想用一个正立投影面或侧立投影面的平行面将房屋剖切开,移去剖切平面与观察者之间的部分,将剩下部分按正投影的原理投射到与剖切平面平行的投影面上,得到的图形称为剖面图。剖面图是指房屋的垂直剖面图。

用侧立投影面的平行面进行剖切,得到的剖面图称为横剖面图;用正立投影面的平行面进行剖切,得到的剖面图称为纵剖面图。一般在标注剖切符号时,同时标注了编号,剖面图的名称用其编号来命名,如1—1剖面图、2—2剖面图等,如图7.25所示。

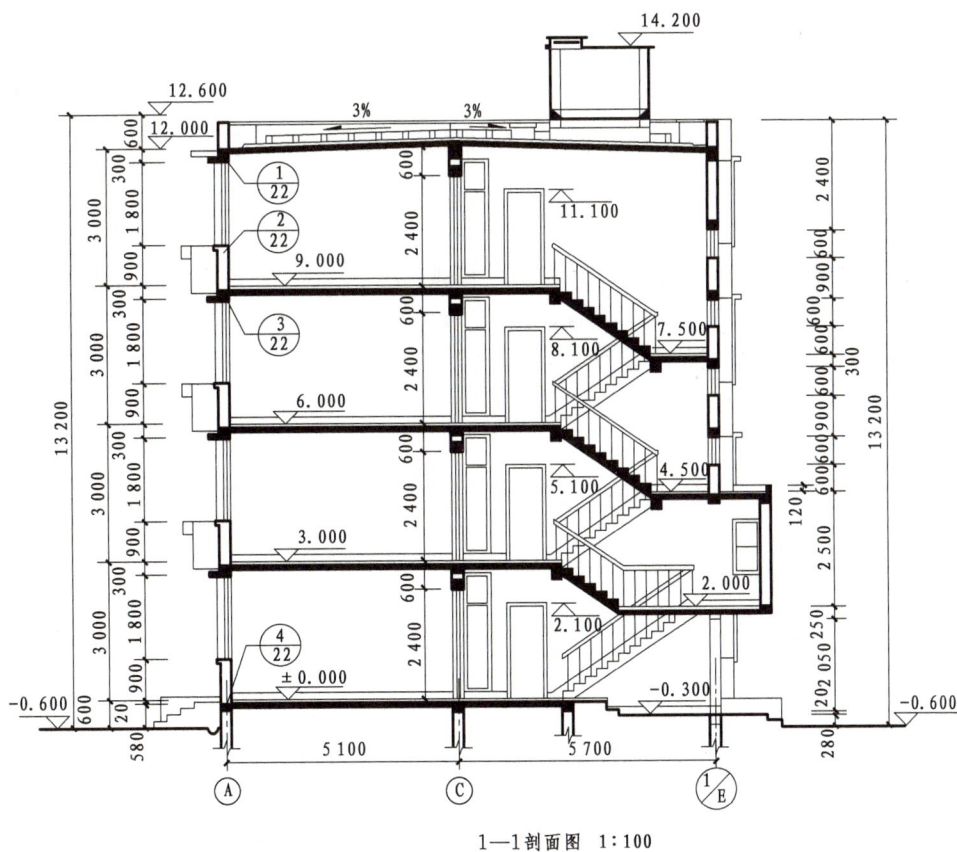

图 7.25 1—1 剖面图

剖面图的剖切位置和剖切方向可在平面图中找到。剖切位置应在平面图上选择能反映建筑物内部构造特征,以及有代表性的部位。根据建筑物的复杂程度,可绘制一个或多个剖面图。

7.5.2　建筑剖面图的表现内容

1)图名与比例

剖面图的图名应与平面图上所标注剖切符号的编号一致。建筑剖面图通常用1∶50、1∶100、1∶150、1∶200、1∶300的比例绘制,一般与其平面图、立面图的比例一致。

2)定位轴线及其编号

被剖切的墙、柱及剖面图的两端画出定位轴线并标注编号,以便与平面图对照识读。

3)图线

按《建筑制图标准》(GB/T 50104—2010)的规定:被剖切的主要建筑构造(包括构配件)如承重墙、柱的断面轮廓线及剖切符号用粗实线;被剖切的次要建筑构造(包括构配件)的轮廓线(如墙身、台阶、散水、门扇开启线)、建筑构配件的轮廓线及尺寸起止符用中粗实线;建筑构配件不可见轮廓线用中粗虚线;小于0.7b的图形线、尺寸线、尺寸界线、索引符号、标高符号等用中实线;图例填充线、家具线等用细实线。较简单的图样可用粗实线和细实线两种线宽。

4)图例

由于绘制剖面图的比例较小,很难将所有细部表达清楚,所以剖面图内的建筑构造与配件要用表7.5所列图例表示。

5)尺寸标注与标高

剖面图尺寸标注,是标注被剖切的墙、柱的轴线间距。沿外墙高度方向标注3道尺寸,即总高尺寸、定位尺寸、细部尺寸以及墙段、洞口等高度尺寸。水平方向定位轴线间的尺寸也必须注出。此外,在室内外地坪、各层楼面、阳台、檐口、女儿墙、台阶、楼梯休息平台等处都应标注标高。

6)其他标准

对于某些局部构造,当在剖面图中无法表达清楚时,可用详图索引符号引出,另绘详图。

7.5.3　建筑剖面图的绘制

建筑剖面图的绘制方法和步骤与建筑平面图、立面图基本一致,一般是在绘制好的平面图、立面图的基础上绘制,具体步骤(图7.26)如下:

①按比例画出定位线,包括室内外地坪线、楼层分格线、墙体轴线、女儿墙顶部位置线;
②确定墙体厚度、楼层厚度、地面厚度及门窗的位置;
③画出可见的建筑构配件的轮廓线及相应的图例;
④按要求加深图线;
⑤图面复核。

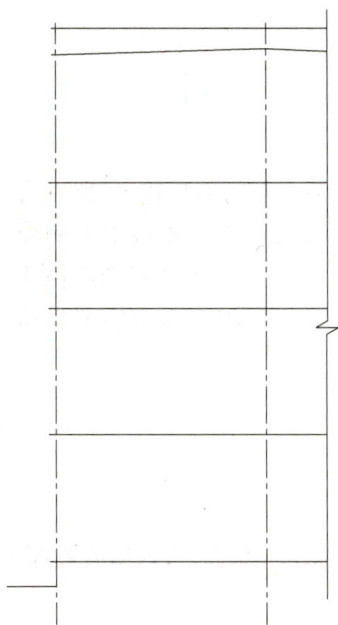

(a)画室内外地坪线，楼面、屋面和楼梯平台面线，定位轴线，女儿墙的顶面线

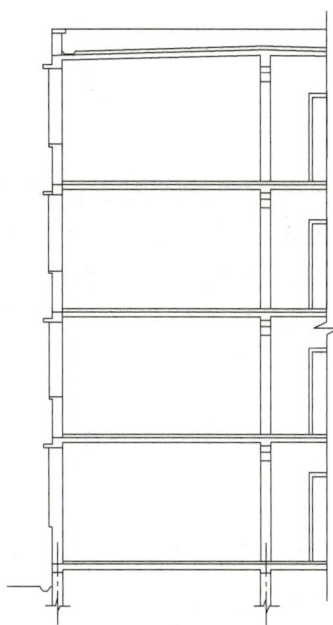

(b)画墙身、明沟与楼梯间的台阶、楼板、楼梯平台板、屋面板与天沟、楼梯、门窗洞、窗套、过梁、圈梁等主要构配件

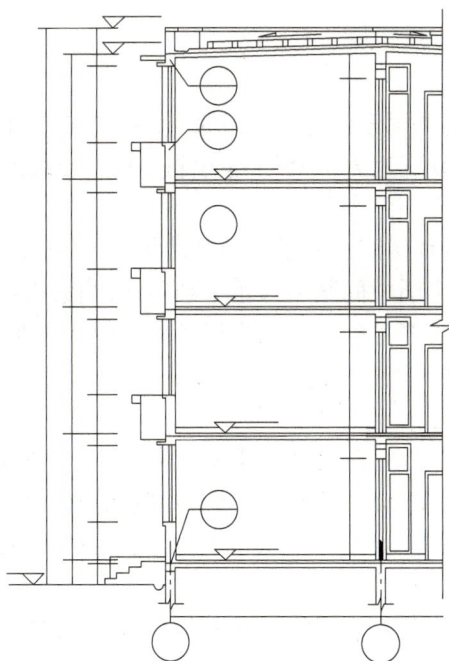

(c)画室外台阶、平台、花坛、墙上的门窗图例线和屋顶天沟、架空隔热板、水箱等细部轮廓，标注尺寸、标高、符号、编号、图名、比例等

图 7.26　绘制建筑剖面图的步骤

7.6　建筑详图及局部大样图

建筑平面图、立面图、剖面图是全局性的图纸,因为建筑物体积较大,所以常采用缩小比例绘制。一般建筑常用 1∶100 的比例绘制,对于体积特别大的建筑,也可采用 1∶200 的比例。用这样的比例在平、立、剖面图中无法将细部做法表示清楚,因此,凡是在建筑平、立、剖面图中无法表示清楚的内容,都需要另绘详图或选用合适的标准图。

建筑详图的概念

7.6.1　绘制详图的规定

1)比例

详图的比例常采用 1∶1、1∶2、1∶5、1∶10、1∶20、1∶50 等,可根据需要选用。

2)数量、线型及图例

详图的数量视需要而定。建筑构配件的断面轮廓线为粗实线,构配件的可见轮廓线为中粗实线或中实线,材料图例为细实线。因为详图采用较大的比例,因此详图断面应画上规定的材料图例。常用建筑材料图例见表 7.6。

3)索引符号、详图符号及引出线

(1)索引符号

详图与平、立、剖面图的关系是用索引符号联系的。索引符号应由直径为 8 ~ 10 mm 的圆和水平直径组成,圆及水平直径线宽宜为 $0.25b$。索引符号的引出线沿水平直径方向延长,并指向被索引的部位。

当索引出的详图与被索引的详图同在一张图纸内时,应在索引符号的上半圆中用阿拉伯数字注明该详图的编号,并在下半圆中间画一段水平细实线;当索引出的详图与被索引的详图不在同一张图纸内时,应在索引符号的上半圆中用阿拉伯数字注明该详图的编号,在索引符号的下半圆中用阿拉伯数字注明该详图所在图纸的编号[图 7.27(a)]。数字较多时,可加文字标注。

当索引出的详图采用标准图时,应在索引符号水平直径的延长线上加注该标准图集的编号;当索引符号用于索引剖视详图时,应在被剖切的部位绘制剖切位置线,并以引出线引出索引符号,引出线所在的一侧应为剖视方向。索引符号的编号与上述相同[图 7.27(a)]。

(2)详图符号

在标注出详图索引符号后,就有与此相应的详图,为了查阅方便,也给该详图注上标记,即详图符号。《房屋建筑制图统一标准》(GB/T 50001—2017)规定详图的位置和编号用详图符号表示,详图符号的圆直径应为 14 mm,线宽为 b。

当详图与被索引的图样在同一张图纸内时,应在详图符号内用阿拉伯数字注明详图的编号(图 7.27);当详图与被索引的图样不在同一张图纸内时,应用细实线在详图符号内画一水平直径,在上半圆中注明详图编号,在下半圆中注明被索引图纸的编号[图 7.27(b)]。

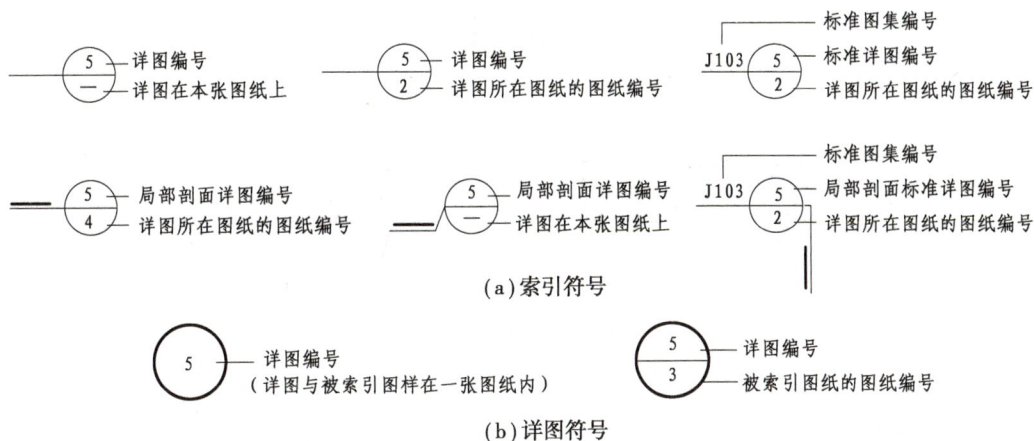

图 7.27　索引符号与详图符号

(3)引出线

在需要画详图的地方标注索引符号时,都是靠引出线引出,也就是引出线的一端伸向需要画详图的部位,另一端则连接索引符号。引出线用细实线(0.25b)绘制,一般采用水平方向的直线, 或者是与水平方向成30°、45°、60°、90°的直线,也可经上述角度再折成水平线。索引详图的引出线应对准索引符号的圆心,文字在引出线的上方或端部,如图7.28 所示。

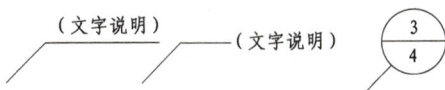

图 7.28　引出线

当需要同时引出几个相同部分的引出线时,宜相互平行;也可画成集中于一点的放射线,如图7.29 所示。

图 7.29　共用引出线

对于像房屋楼地面、屋面、墙面等由多层材料构成的构造,在详图中,除画出材料图例外,还要用文字说明。也就是用引出线伸向说明部位,引出各层,同时把文字说明写在横线上,也可以写在横线的端部,说明的顺序由上到下,并与被说明的层次相互一致;如果层次是横向排列,则将顺序改为由左到右。总之,说明文字的顺序与被说明的层次要一致,如图7.30 所示。

4)常用建筑材料图例

(1)常用建筑材料图例要求

①《房屋建筑制图统一标准》(GB/T 50001—2017)只规定常用建筑材料的图例画法,对其尺度比例不作具体规定。使用时,应根据图样大小而定,并应注意下列事项:

a. 图例线应间隔均匀、疏密适度,做到图例正确、表示清楚;

b. 不同品种的同类材料使用同一图例时(如某些特定部位的石膏板必须注明是防水石膏板时),应在图上附加必要的说明;

c. 两个相同的图例相接时,图例线宜错开或使倾斜方向相反;

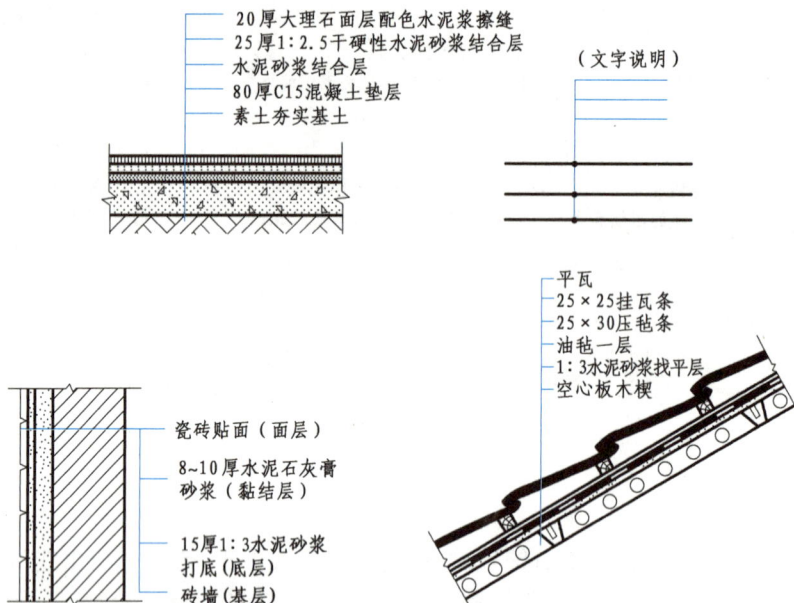

图 7.30　多层构造引出线

　　d. 两个相邻的填黑或灰的图例(如混凝土、金属件)间应留有空隙,其净宽度不得小于0.5 mm。

　　②下列情况可不绘制图例,但应增加文字说明:

　　a. 一张图纸内的图样只采用一种图例时;

　　b. 图形较小无法绘制表达建筑材料图例时。

　　③需画出的建筑材料图例面积过大时,可在断面轮廓线内,沿轮廓线作局部表示。

　　④当选用国家制图标准中未包括的建筑材料时,可自编图例,但不得与国家制图标准所列图例重复。绘制时,应在适当位置画出该材料图例,并加以说明。

(2)常用建筑材料图例图示

　　当建筑物或建筑构配件被剖切时,通常在图样中的断面轮廓内画出建筑材料图例,表7.6列出了《房屋建筑制图统一标准》(GB/T 50001—2017)中规定的部分常用建筑材料图例,其余可查阅该标准。

表7.6　常用建筑材料图例

序号	名　称	图　例	备　注
1	自然土壤		包括各种自然土壤
2	夯实土壤		
3	砂、灰土		
4	砂砾石、碎砖三合土		

续表

序号	名 称	图 例	备 注
5	石 材	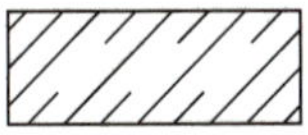	
6	毛 石		
7	实心砖、多孔砖	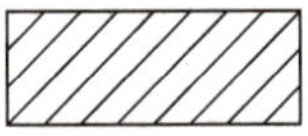	包括普通砖、多孔砖、混凝土砖等砌体
8	耐火砖		包括耐酸砖等砌体
9	空心砖、空心砌块		包括空心砖、普通或轻骨料混凝土小型空心砌块等砌体
10	加气混凝土	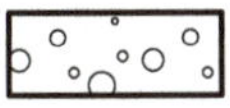	包括加气混凝土砌块砌体、加气混凝土墙板及加气混凝土材料制品等
11	饰面砖		包括铺地砖、玻璃马赛克、陶瓷锦砖、人造大理石等
12	焦渣、矿渣	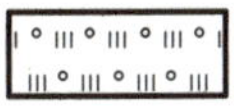	包括与水泥、石灰等混合而成的材料
13	混凝土		1.包括各种强度等级、骨料、添加剂的混凝土； 2.在剖面图上绘制表达钢筋时，则不需绘制图例线； 3.断面图形较小，不易绘制表达图例线时，可填黑或深灰（灰度宜为70%）
14	钢筋混凝土	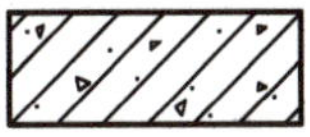	
15	多孔材料		包括水泥珍珠岩、沥青珍珠岩、泡沫混凝土、软木、蛭石制品等
16	纤维材料		包括矿棉、岩棉、玻璃棉、麻丝、木丝板、纤维板等
17	泡沫塑料材料	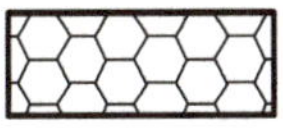	包括聚苯乙烯、聚乙烯、聚氨酯等多聚合物类材料
18	木 材		1.上图为横断面，左上图为垫木、木砖或木龙骨； 2.下图为纵断面
19	胶合板		应注明为×层胶合板

续表

序号	名 称	图 例	备 注
20	石膏板		包括圆孔或方孔石膏板、防水石膏板、硅钙板、防火石膏板等
21	金 属		1. 包括各种金属； 2. 图形较小时，可填黑或深灰（灰度宜为70%）
22	网状材料		1. 包括金属、塑料网状材料； 2. 应注明具体材料名称
23	液 体		应注明具体液体名称
24	玻 璃		包括平板玻璃、磨砂玻璃、夹丝玻璃、钢化玻璃、中空玻璃、夹层玻璃、镀膜玻璃等
25	橡 胶		
26	塑 料		包括各种软、硬塑料及有机玻璃等
27	防水材料		构造层次多或绘制比例大时，采用上面的图例
28	粉 刷		本图例采用较稀的点

注：①表中所列图例通常在1：50及以上比例的详图中绘制表达；
　　②如需表达砖、砌块等砌体墙的承重情况时，可通过在原有建筑材料图例上增加填灰等方式进行区分，灰度宜为25%左右；
　　③序号1、2、5、7、8、14、15、21图例中的斜线、短斜线、交叉线等均为45°。

不同品种的同类材料使用统一图例时，应在图上附加必要说明。当一张图纸的图样只用一种图例或图形较小无法画出时，可不加图例，但应加文字说明。

7.6.2　外墙身详图

外墙身详图，实际上就是用假想的剖切面将房屋外墙从上到下剖切开，用较大比例画出其剖面图，并将这个剖面图的局部放大。

外墙身详图是施工图的重要组成部分，它是砌墙、门窗安置、室内外装修等施工做法及材料估算、施工预算等的重要依据。

外墙身详图常用1：20的比例绘制，其线型与建筑剖面图的线型相同。

外墙身剖面详图一般包括檐口节点、窗台节点、窗顶节点、勒脚和明沟节点、屋面雨水口节点、散水节点等，如图7.31所示。

墙身详图的
形成与画法

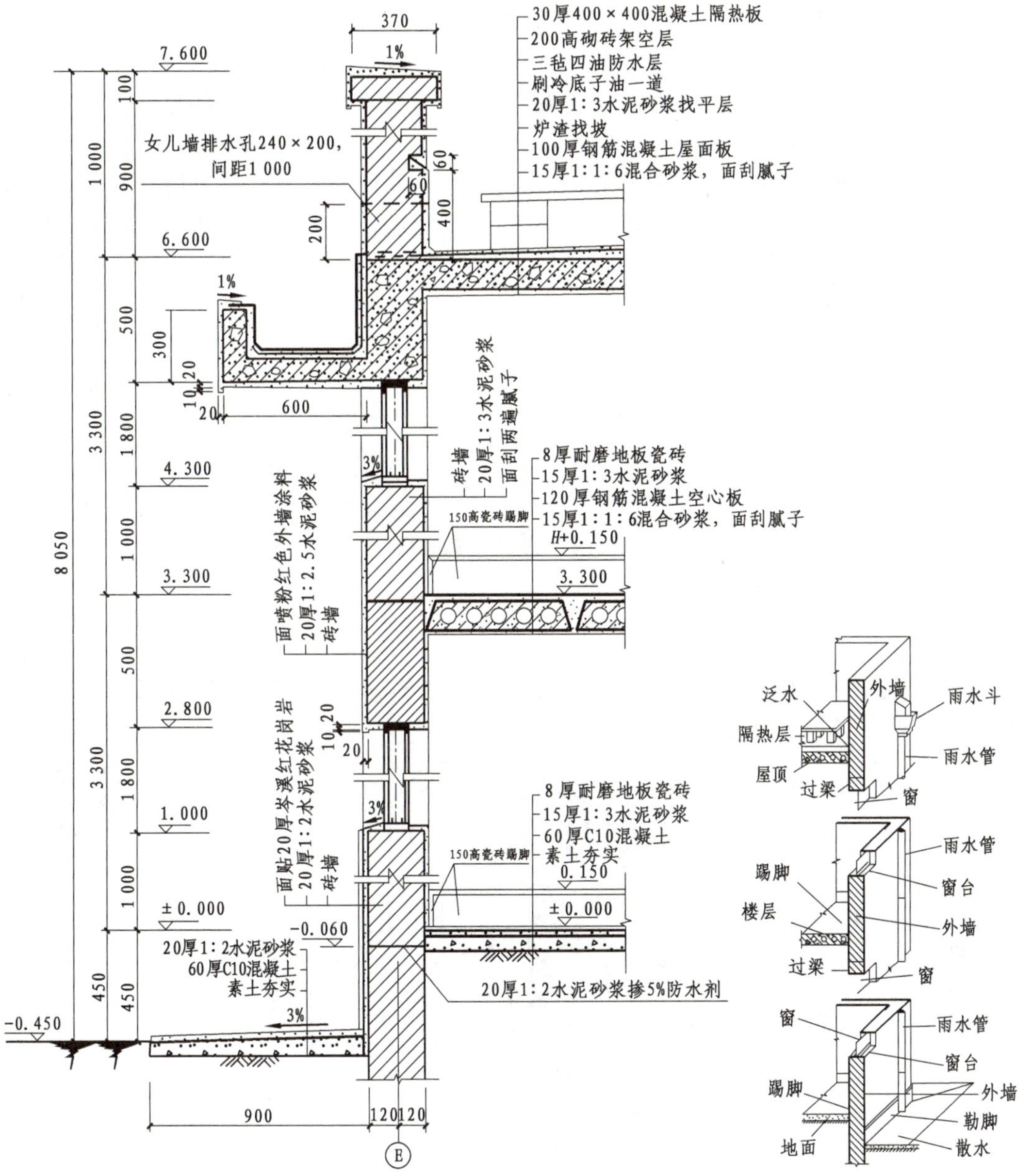

图7.31　外墙身详图

檐口节点剖面详图主要表达顶层窗过梁、屋顶（根据实际情况画出它的构造与构配件，如屋架或屋面梁、屋面板、室内顶棚、天沟、雨水口、雨水管和水斗、架空隔热层、女儿墙）等的构造和做法。

窗台节点剖面详图主要表达窗台的构造以及外墙面的做法。

窗顶节点剖面详图主要表达窗顶过梁处的构造，内、外墙面的做法，以及楼面层的构造情况。

勒脚和明沟节点剖面详图主要表达外墙墙脚处的勒脚和明沟的做法，以及室内底层地面的构造情况。

屋面雨水口节点剖面详图主要表达屋面上流入天沟板槽内的雨水穿过女儿墙，流到墙外雨水管的构造和做法。

　　散水节点剖面详图主要表达散水在外墙墙脚处的构造和做法,以及室内地面的构造情况。散水的作用是将墙脚附近的雨水排泄到离墙脚一定距离的室外地坪的自然土壤中去,以保护外墙的墙基免受雨水侵蚀。

　　如果几个外墙身的构造做法完全相同,则可以只画一个详图,在标注外墙身的轴线时,按《房屋建筑制图统一标准》(GB/T 50001—2017)的规定进行标注:一个详图适用于几根定位轴线时,要同时注明各有关轴线的编号;通用详图的定位轴线,则应只画圆,不标注轴线编号。详图中的轴线圆圈直径为 10 mm,如图 7.32 所示。

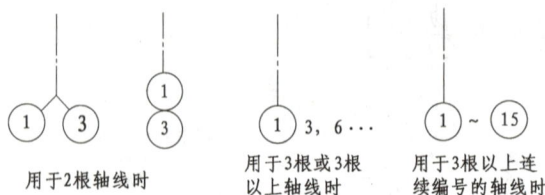

图 7.32　详图的轴线编号

7.6.3　楼梯详图

　　楼梯是房屋中连接上下空间的主要设施,一般由楼梯段、平台、栏杆(栏板)和扶手 3 个部分组成,如图 7.33 所示。

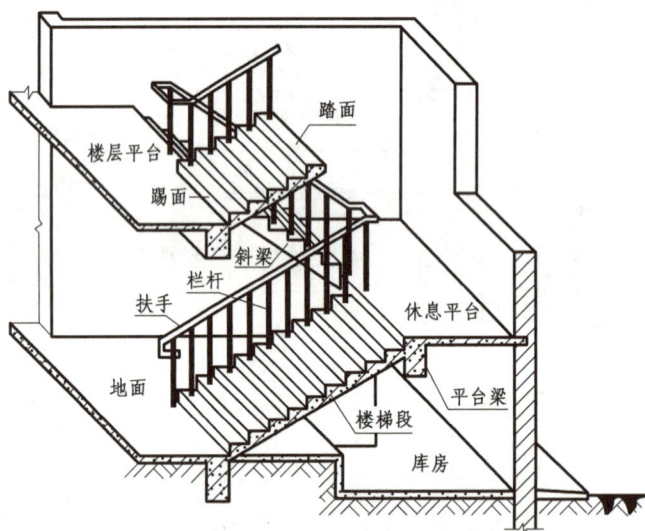

图 7.33　楼梯的组成

　　楼梯段指两平台之间的倾斜构件。它由斜梁或板及若干踏步组成,踏步分踏面和踢面。

　　平台指两楼梯段之间的水平构件。根据位置不同,又有楼层平台和中间平台之分,中间平台又称为休息平台。

　　栏杆(栏板)和扶手设在楼梯段及平台悬空的一侧,起安全防护作用。栏杆一般用金属材料制作,扶手一般用金属材料、硬杂木或塑料等制作。

　　要将楼梯在施工图中表示清楚,一般要有 3 个部分的内容,即楼梯平面图、楼梯剖面图和踏步、栏杆扶手详图等。

楼梯详图主要表示楼梯的形式、尺寸、结构类型、踏步、栏杆扶手及装修做法等。楼梯详图的线型与建筑平、剖面图相同。

1）楼梯平面图

楼梯平面图主要表达楼梯位置、墙身厚度、各层梯段、平台和栏杆扶手的布置以及梯段的长度、宽度和各级踏步宽度。

楼梯平面图也是水平剖面图，它是建筑平面图中楼梯间部分的局部放大图，是在各层（除顶层）上行第一跑的中间剖切后向下投影而得。顶层楼梯平面图则是在栏板或扶手之上进行剖切后向下投影而得。

值得一提的是，在楼梯平面图中，上行第一跑的梯段中间被折断后，按实际投影应该为一条水平线，为避免与踏步混淆，特别要画出一条30°的折断线。楼梯详图中，底层平面图只有一个梯段被剖到，这是它与其他各层的不同之处，如图7.34所示。

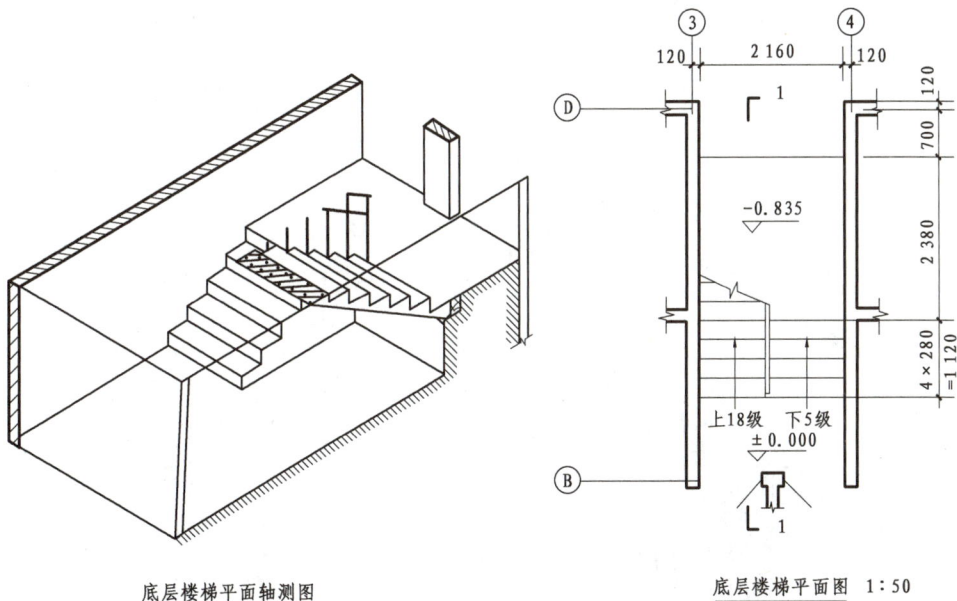

底层楼梯平面轴测图　　　　底层楼梯平面图　1:50

图 7.34　底层楼梯平面图

除顶层外，其他各层楼梯如果完全相同，则只需要画一个中间层平面图做代表，即为标准层楼梯平面图，在图中将各层标高标出，即可代表相应层数，如图7.35所示。

顶层楼梯还有一个平台栏杆，但没有被折断，因此应单独画出，如图7.36所示。

楼梯平面图通常只需要画出底层、标准层、顶层3个平面图即可。在图中，为了表示楼梯的上下方向，规定以某层的楼（地）面为标准，用指示线、箭头来表示"上""下"。所谓的"上""下"，指的是上、下各一层。对于顶层楼梯平面图，因其没有向上的楼梯，所以只有"下"。同时，文字写在指示线的端部，且应标明上、下多少级数。

还需注意的是，在楼梯平面图中，还要用定位轴线及编号来标明其在建筑平面图中的位置；标出楼梯间的开间、进深尺寸，梯段的长度、宽度，楼梯平台和其他一些细部尺寸等；标注各层楼（地）面、中间平台的标高。

梯段长度＝其水平投影长度＝踏面宽×踏面数

需要注意的是，楼梯剖面图的剖切位置和剖视方向只需在底层楼梯平面图上标出即可。

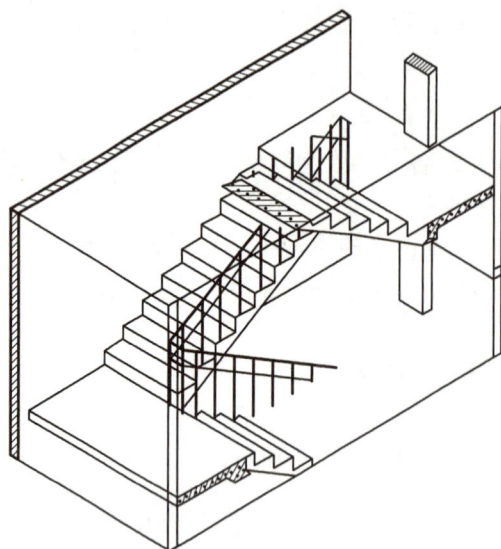

中间层楼梯平面轴测图

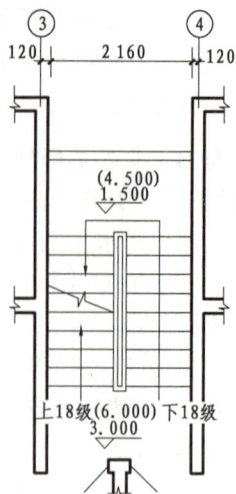

标准层楼梯平面图 1:50

图 7.35　标准层楼梯平面图

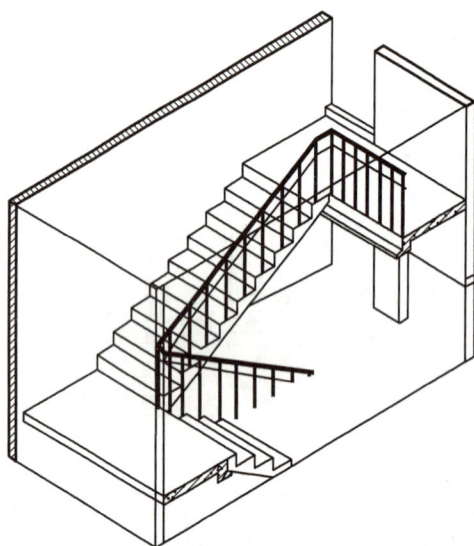

顶层楼梯平面轴测图

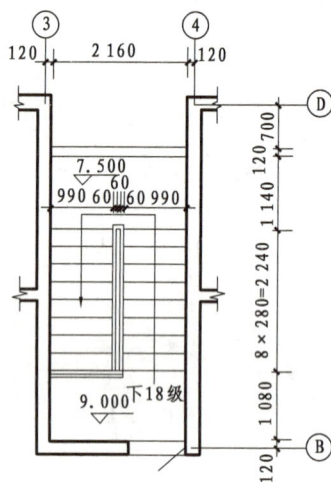

顶层楼梯平面图 1:50

图 7.36　顶层楼梯平面图

2)楼梯剖面图

楼梯剖面图主要表达楼梯的形式、结构类型、楼梯间的梯段数、各梯段的级数、楼梯段的形状、踏步、栏杆扶手(或栏板)的形式和高度及各配件之间的连接等构造做法。

楼梯剖面图实际也是建筑剖面图中楼梯间部分的局部放大图。它是通过上行第一梯段和楼梯间的门窗洞剖切,然后向未剖切的梯段投射,从而得到的剖面图。

在多层或高层建筑中,如果中间各层楼梯构造完全相同,则可只画出底层、一个标准层和顶层的剖面图,其间用折断线断开,一般如果楼梯间的屋顶没有特别之处也可不画出,如图7.37所示。

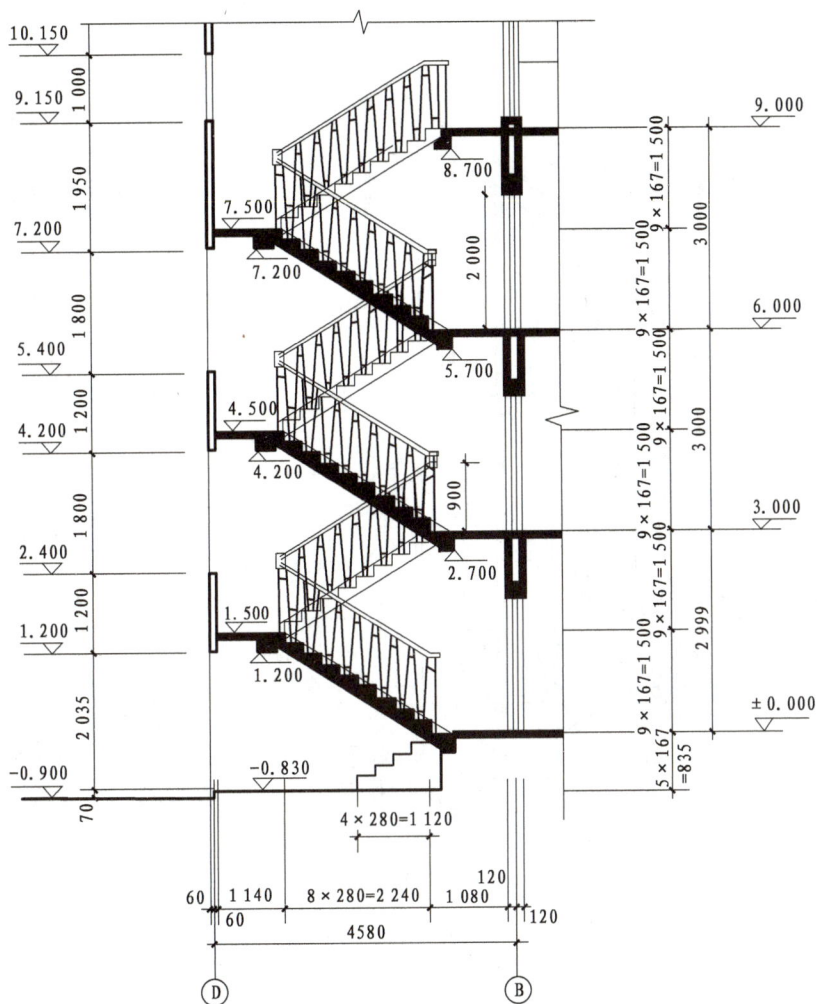

楼梯剖面图　1:50

图 7.37　楼梯剖面图

由图 7.37 可知,楼梯剖面图需要标注以下内容:

• 竖直方向:标注楼梯间外墙的墙段高度,门窗洞口尺寸及标高,各层梯段的高度尺寸,各层楼地面、平台面、平台梁下口的标高,扶手的高度等。

梯段高度尺寸=级数×踢面高

• 水平方向:标注楼梯间墙身的轴线编号,梯段水平长度及其轴线尺寸,入口处的雨篷、梯段的踏步长度,底层局部台阶等细部尺寸和标高。

3)楼梯细部详图

楼梯细部详图一般包括楼梯踏步、栏杆(栏板)、扶手详图及其相互连接的节点详图和梯段端部节点详图等,如图 7.38 所示。

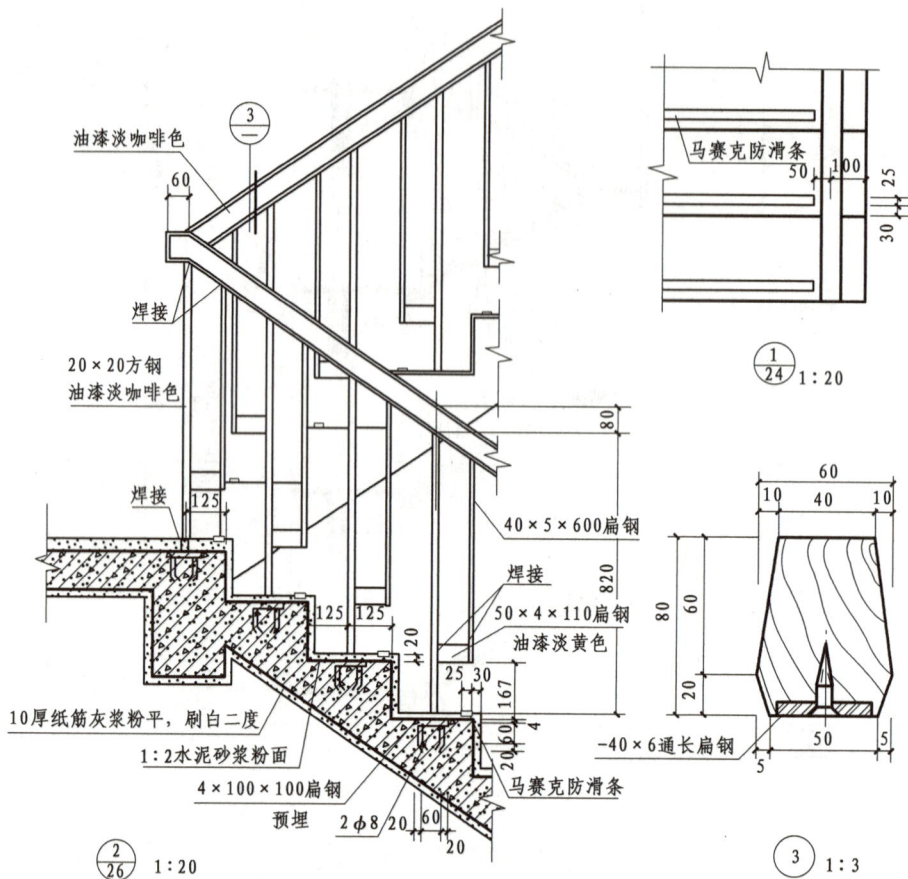

图7.38 楼梯节点详图

4)楼梯详图画法

(1)楼梯平面图的画法

如图7.39所示,楼梯平面图的画法步骤如下:

①将各层平面图对齐,根据楼梯间的开间、进深画定位轴线。

②画墙身、门窗洞位置线及门的开启线。

③画楼梯平台宽度、梯段长度及梯井宽度等位置线。

④用等分平行线间距的几何作图方法,画楼梯的踏面线:$n-1$ 等分梯段长度,画出踏面,注意踏面步数为 $n-1$,n 为楼梯级数,并画出上下行箭头线。

⑤画出梯井:注意底层平面、标准层平面、顶层平面中梯井的区别。

⑥检查底稿并标注尺寸及标高等。

⑦加深及加粗图线,标注剖切位置符号及名称。

⑧书写图上所有的文字,完成全图。

(a)

(b)

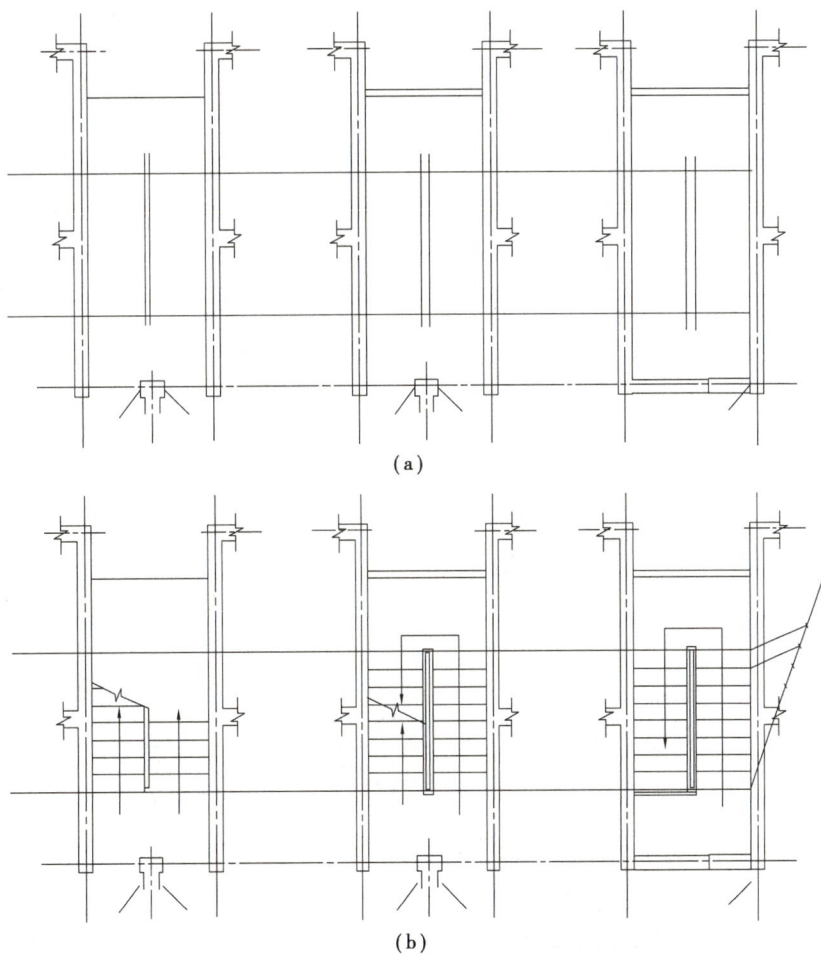

图7.39 绘制楼梯平面图的步骤

(2)楼梯剖面图的画法

如图7.40所示,楼梯剖面图的画法步骤如下:

①根据楼梯底层平面图中的剖切符号,画被剖切的轴线和墙、柱的厚度。

②依据标高,画室内外地坪线、各层楼面、楼梯平台及其厚度。

③根据楼梯的长度、平台的宽度确定梯段位置,$n-1$ 等分梯段长度,n 等分梯段高度,并画出斜梯段或梯板厚度、平台梁的轮廓线。未剖切的梯段踏步可见画细实线,不可见画细虚线。

④画门窗细部。

⑤画台阶、栏杆扶手等细部。

⑥检查底稿并标注尺寸、标高等。

⑦加深加粗图线,按要求画出图例符号。

⑧书写图上所有的文字,完成全图。

本单元7.1节图7.1轴测图所示房屋,绘制楼梯平面图、剖面图以及详图示例,如图7.41至图7.44所示。

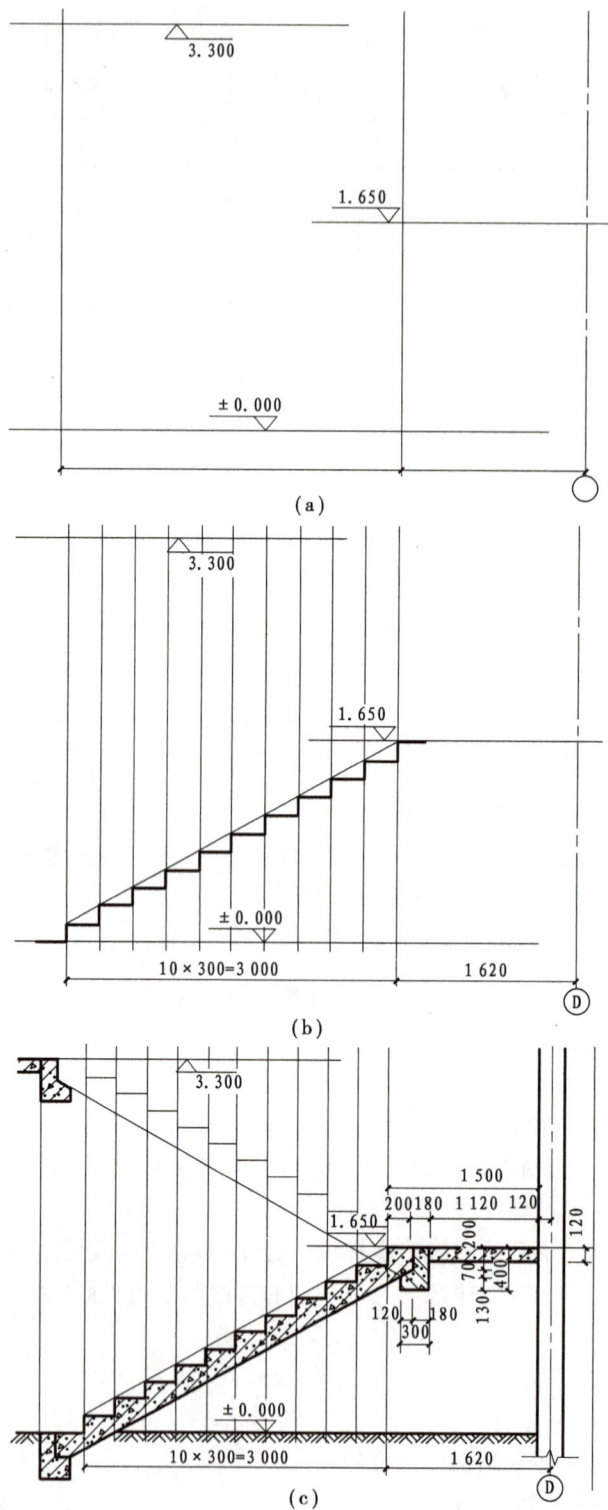

图 7.40　绘制楼梯剖面图的步骤

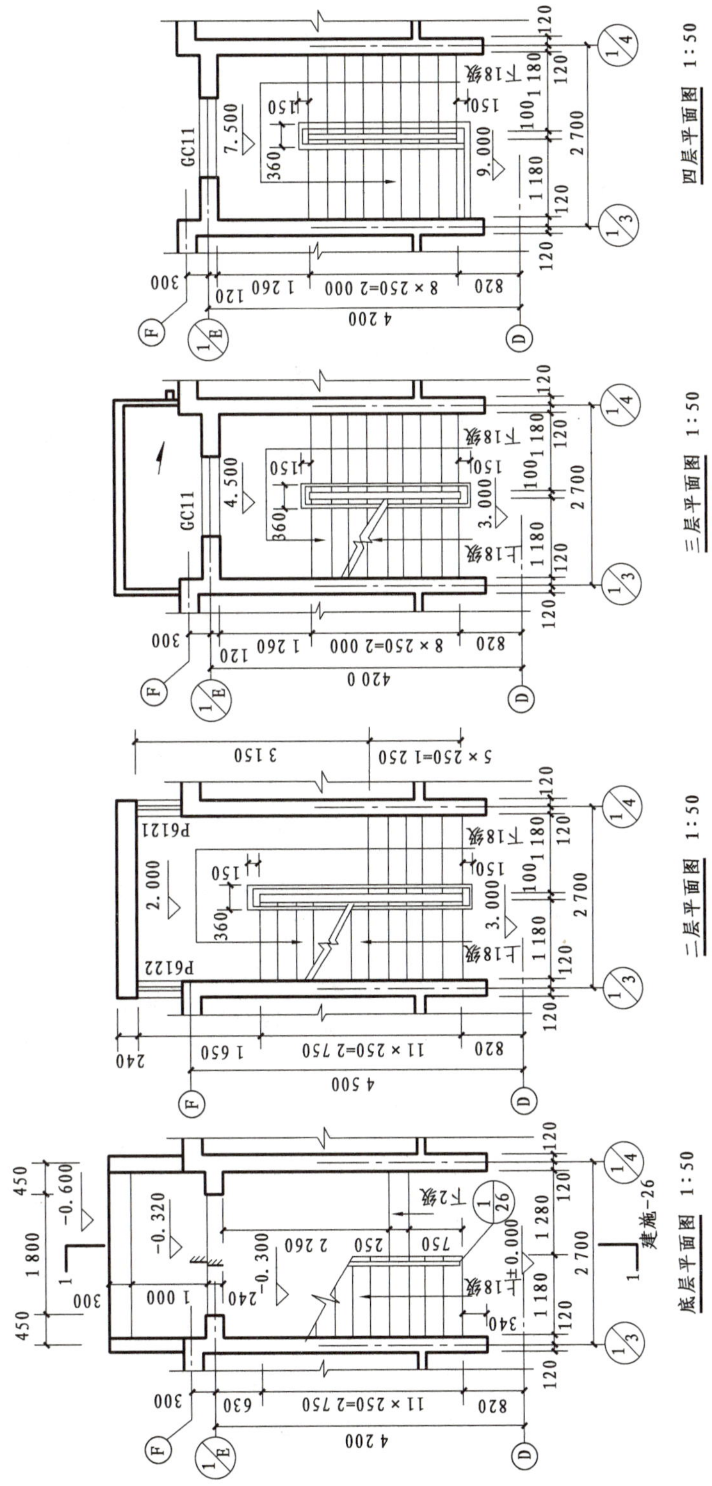

图7.41 楼梯平面图

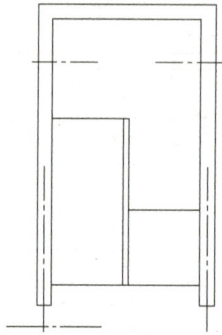

(a)画墙身轴线、墙身
断面、梯段起止线

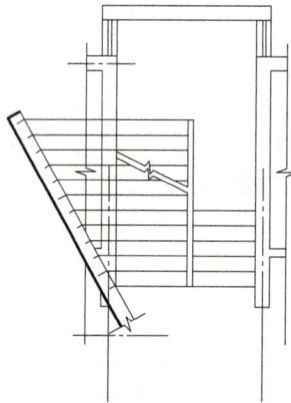

(b)画梯段踏步、梯段的
折断线、墙身的窗洞
及窗图例

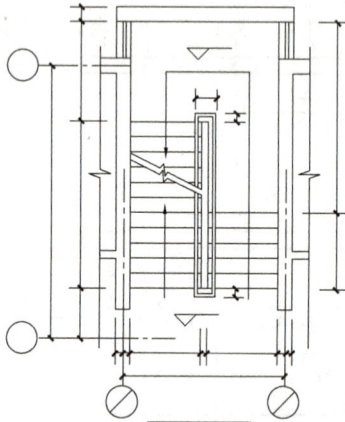

(c)画细部轮廓，标注上行与
下行符号、定位轴线编号、
尺寸，注写图名和比例等

图7.42　绘制楼梯平面图的步骤

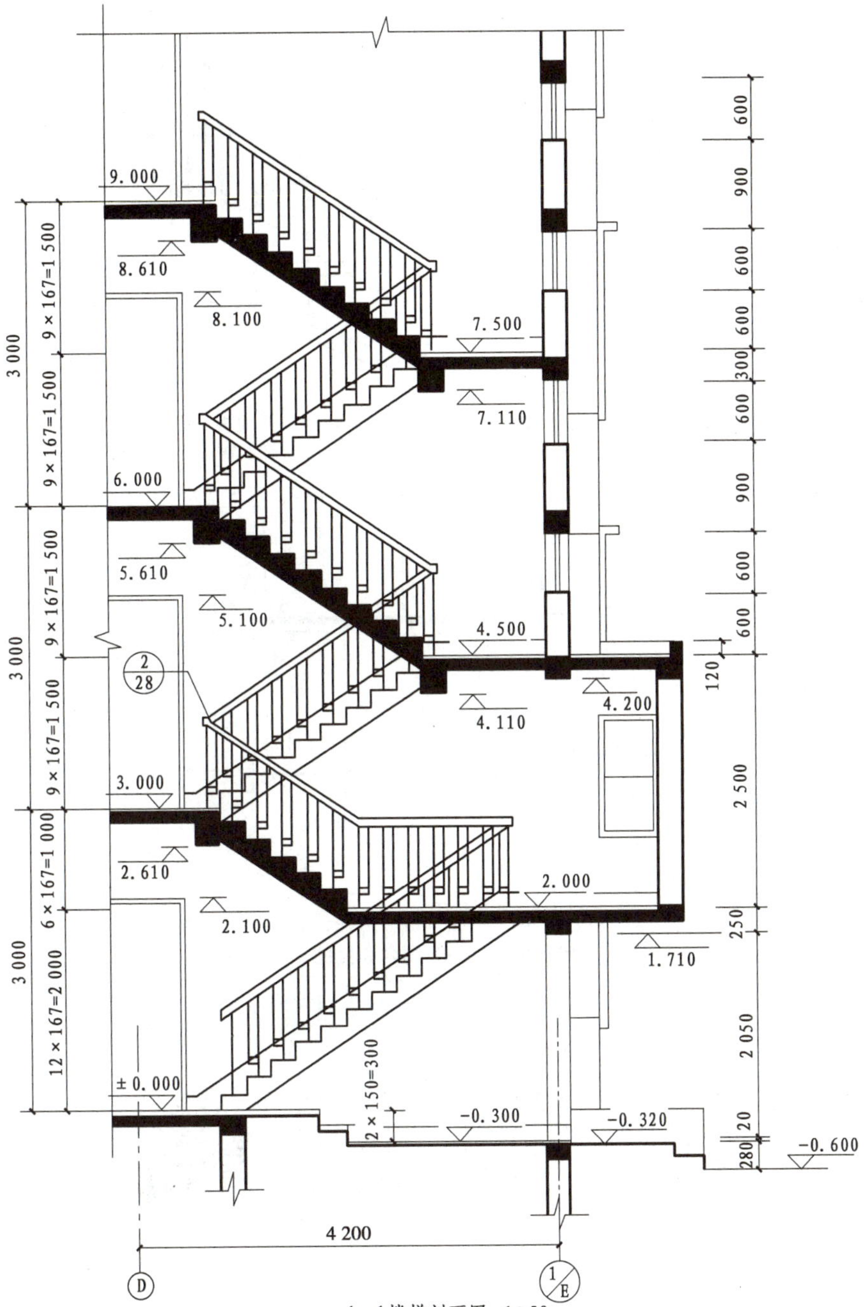

1—1楼梯剖面图　1∶50

图 7.43　楼梯剖面图

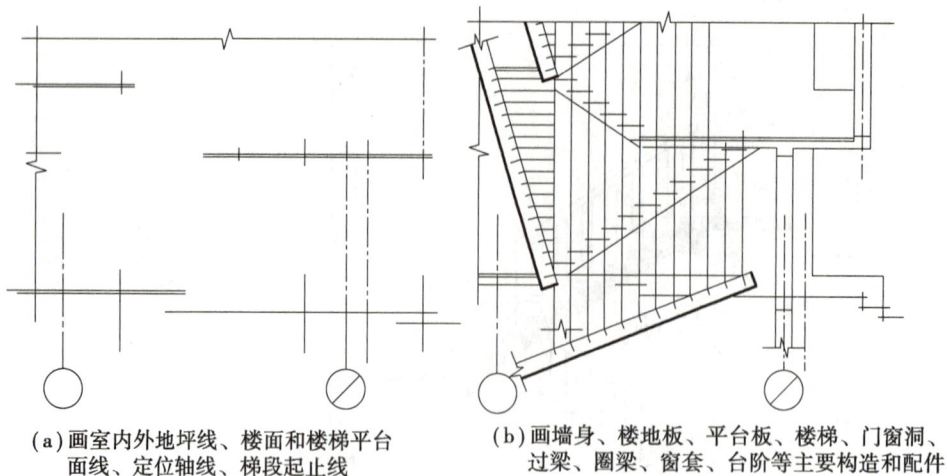

（a）画室内外地坪线、楼面和楼梯平台　　　　（b）画墙身、楼地板、平台板、楼梯、门窗洞、
　　　面线、定位轴线、梯段起止线　　　　　　　　　过梁、圈梁、窗套、台阶等主要构造和配件

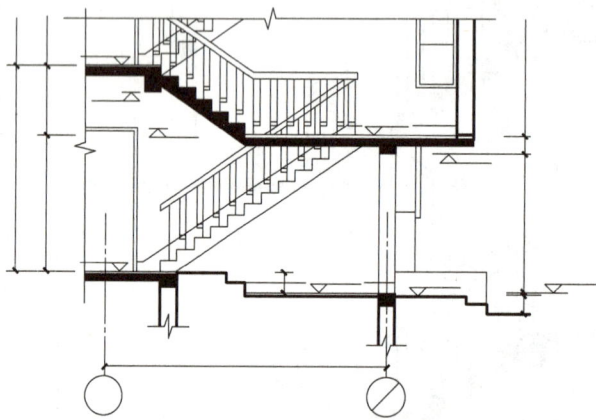

（c）画细部轮廓、门窗图例，标注尺寸、
　　　定位轴线编号，注写图名和比例

图7.44　绘制楼梯剖面图的步骤

【拓展微课】

| 建筑室内设计平面图的识读 | 建筑室内设计立面图的识读 | 建筑室内设计剖面图的识读 | 建筑室内设计详图的识读 |

思考与练习

1.简述建筑施工图包括哪些内容,并列举1或2项核心内容展开叙述。

2.概述建筑平面图、建筑立面图、建筑剖面图、建筑详图等的绘图步骤。

单元 8　装配式建筑施工图

【知识目标】

(1)熟悉装配式建筑常用图例;

(2)理解并掌握装配式建筑常用构件的编号及含义;

(3)了解装配式混凝土构件的设计过程。

【能力目标】

(1)具备正确熟练识读装配式建筑常用构件的能力;

(2)能结合现行国家设计规范,熟悉预制构件深化设计的要求和过程。

【素质目标】

(1)激发学生的爱国热情,树立为国家建设事业奋斗的理想与豪情;

(2)培养学生爱岗敬业、团结合作的职业责任感和严谨守则、专注细致的工匠精神;

(3)培养工程思维与创新意识。

8.1　装配式建筑施工图的特点及编排次序

装配式建筑是以构件工厂预制化生产、现场装配式安装为模式,以标准化设计、工厂化生产、装配化施工、一体化装修和信息化管理为特征,整合研发设计、生产制造、现场装配等各个业务领域,实现建筑产品节能、环保、全周期价值最大化的可持续发展的新型建筑生产方式。

8.1.1　装配式建筑施工图的特点

①装配式建筑施工图中各图样,除水暖管道系统图是用斜投影法绘制之外,其余图样均采用正投影法绘制。

②由于房屋形体较大而图纸幅面有限,所以装配式建筑施工图均采用缩小的比例绘制。

③装配式建筑是由多种预制构件、现浇构件、配件和材料建造的。国家标准规定,在装配式工程图中,采用各种图例、符号来表示预制构件、现浇构件、配件和材料,以简化和规划装配式建筑施工图。

④装配式建筑中,许多预制构件和配件已经有标准的定型设计,并配有标准设计图集,如《预制混凝土剪力墙外墙板》(15G365—1)、《桁架钢筋混凝土叠合板(60mm 厚底板)》

（15G366—1）等可供参考。为节省设计和制图工作量，凡是有标准定型设计的构件和配件，应尽可能选用标准构件和配件，采用之处只需在图纸的相应位置标注图集的名称、编号、页码即可。这样可以提高设计效率，提高装配式建筑预制率，实现构配件的工厂化，降低建筑成本。

8.1.2　装配式建筑施工图的编排次序

为便于看图、易于查找，装配式混凝土结构房屋建筑施工图一般按以下顺序进行编排：图纸目录→施工总说明→装配式结构专项说明→建筑施工图→结构施工图→给排水施工图→采暖通风施工图→电气施工图。

各类别图纸均将基本图编排在前，详图在后；先施工部分的图纸在前，后施工部分的图纸在后；重要的图纸在前，次要的图纸在后。以某专业为主的工程，应突出该专业的图纸。

图纸目录中包含了整套建筑施工图中各图纸的名称、内容、图号等。

施工总说明是将图纸中不便用图纸表达的部分转化为文字，一般位于建筑施工图的最前面，在图纸目录之后。施工总说明包含工程名称及用途、建设单位、坐落地点、工程规模及面积、房屋层数及高度、设计结构形式、有效使用年限、安全等级、工程所在地设防烈度、设计的目标效果、场地标高等，并按建筑、结构、水、电、设备等专业作进一步的说明。对于较简单的房屋，图纸目录和施工总说明也可放在建筑施工图中的"总平面图"内。

装配式结构专项说明是装配式建筑施工图所特有的，旨在重点说明与装配式结构密切相关的部分，包括所选用标准图集、材料要求、预制构件深化设计、预制构件的生产和检验、预制构件的运输与堆放、现场施工等，且应与结构设计总说明相协调。

8.2　装配式混凝土建筑常用图例

本单元以装配整体式混凝土结构为例，暂不包括装配式钢结构及木结构。与传统现浇混凝土结构相比，装配整体式混凝土结构由大量预制构件、现浇构件、后浇段相互连接形成整体，虽然都为钢筋混凝土材料，但构件节点、施工方案均有较大差异，故在装配整体式混凝土结构中常采用填充不同图例加以区别，见表8.1。

表8.1　装配式混凝土建筑常用图例

名　称	图　例	名　称	图　例
预制钢筋混凝土（包括内墙、内叶墙、外叶墙）	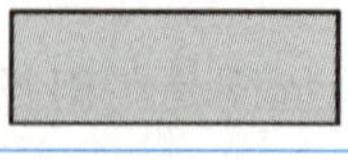	保温层	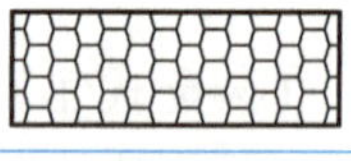
后浇段、边缘构件	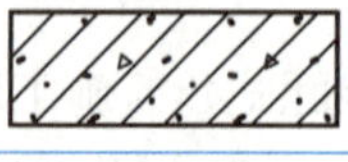	无机保温材料	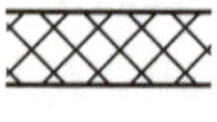
现浇钢筋混凝土构件		砂浆	

名　称	图　例	名　称	图　例
轻质墙体		嵌缝剂	
夹心保温外墙		密封膏	
预制外墙模板		木材	
砌体		素土夯实	

8.3　装配式建筑常见预制构件

8.3.1　预制混凝土剪力墙

1)剪力墙的作用

剪力墙结构是多高层建筑最常用的结构形式之一。建筑结构中往往会通过设置剪力墙来抵抗结构所承受的风荷载或地震作用所引起的水平作用力,防止结构剪切破坏。剪力墙又称为抗风墙、抗震墙或结构墙,一般为钢筋混凝土材料,如图 8.1 所示。

2)剪力墙构件的组成

装配式剪力墙墙体结构可视为由预制剪力墙身、后浇段、现浇剪力墙身、现浇剪力墙柱、现浇剪力墙梁等构件构成。

3)预制剪力墙的编号及含义

根据现行国家建筑标准设计图集《装配式混凝土结构表示方法及示例(剪力墙结构)》(15G107—1),预制剪力墙编号由墙板代号和序号组成,表达形式见表 8.2。

图 8.1　剪力墙结构

例如,代号"YWQ1"表示:预制外墙,序号为 1。代号"YNQ5a"表示:该预制混凝土内墙板与已编号的 YNQ5 除线盒位置外,其他参数均相同,为方便起见,将该预制内墙板序号编为 5a。

表8.2　15G107—1标准图集中剪力墙编号

构件类型		代号	序号
预制墙体	预制外墙	YWQ	××
	预制内墙	YNQ	××

注:①在编号中,如若干预制剪力墙的模板、配筋、各类预埋件完全一致,仅墙厚与轴线的关系不同,也可将其编为同一预制剪力墙编号,但应在图中注明与轴线的几何关系。
　②序号可为数字,或数字加字母。

8.3.2　预制混凝土剪力墙内墙板

预制混凝土剪力墙内墙板如图8.2所示。

《装配式混凝土结构表示方法及示例(剪力墙结构)》(15G107—1)中,预制混凝土内墙板共有4种形式,编号规则见表8.3,编号示例见表8.4。

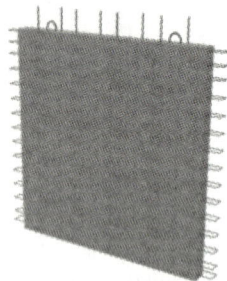

图8.2　预制实心内墙模型

表8.3　15G107—1标准图集中内墙板编号

预制内墙板类型	示意图	编　　号
无洞口内墙		NQ-××××　(无洞口内墙／标志宽度／层高)
固定门垛内墙		NQM1-××××-××××　(一门洞内墙(固定门垛)／标志宽度／层高／门宽／门高)
中间门洞内墙		NQM2-×××-××××　(一门洞内墙(中间门洞)／标志宽度／层高／门宽／门高)
刀把内墙		NQM3-×××-××××　(一门洞内墙(刀把内墙)／标志宽度／层高／门宽／门高)

表8.4　15G107—1标准图集中内墙板编号示例

单位:mm

预制墙板类型	示意图	墙板编号	标志宽度	层高	门宽	门高
无洞口内墙		NQ-2128	2 100	2 800	—	—
固定门垛内墙		NQM1-3028-0921	3 000	2 800	900	2 100

续表

预制墙板类型	示意图	墙板编号	标志宽度	层高	门宽	门高
中间门洞内墙		NQM2-3029-1022	3 000	2 900	1 000	2 200
刀把内墙		NQM3-3329-1022	3 300	2 900	1 000	2 200

8.3.3　预制混凝土外墙板

预制混凝土剪力墙外墙板(图 8.3)在内墙板构造上设置了保温层,也称为三明治墙板,是一种可以实现围护与保温一体化的保温墙体,墙体由内外叶钢筋混凝土板、中间保温层和连接件组成。《装配式混凝土结构表示方法及示例(剪力墙结构)》(15G107—1)中,内叶墙板共有 5 种形式,编号规则见表 8.5,编号示例见表 8.6。

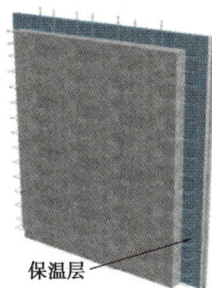

保温层

图 8.3　预制混凝土外墙板模型

表 8.5　15G107—1 标准图集中内叶墙板编号

预制内叶墙板类型	示意图	编　号
无洞口外墙		无洞口外墙 —— WQ - ××× 标志宽度　层高
一个窗洞高窗台外墙		一窗洞外墙 (高窗台) —— WQC1 - ××××-××× 标志宽度　层高　窗宽　窗高
一个窗洞矮窗台外墙		一窗洞外墙 (矮窗台) —— WQCA - ××××-××× 标志宽度　层高　窗宽　窗高
两个窗洞外墙		两窗洞外墙 —— WQC2 - ××××-××××-××× 标志宽度　层高　左窗高　右窗高 左窗宽　右窗宽
一个门洞外墙		一门洞外墙 —— WQM - ××××-××× 标志宽度　层高　门宽　门高

表8.6　15G107—1标准图集中内叶墙板编号示例　　　　　　　　　单位:mm

预制墙板类型	示意图	墙板编号	标志宽度	层高	门/窗宽	门/窗高	门/窗宽	门/窗高
无洞外墙		WQ-1828	1 800	2 800	—	—	—	—
带一窗洞高窗台		WQC1-3028-1514	3 000	2 800	1 500	1 400	—	—
带一窗洞矮窗台		WQCA-3028-1518	3 000	2 800	1 500	1 800	—	—
带两窗洞外墙		WQC2-4828-0614-1514	4 800	2 800	600	1 400	1 500	1 400
带一门洞外墙		WQM-3628-1823	3 600	2 800	1 800	2 300	—	—

8.3.4　后浇段

后浇段编号由后浇段类型代号和序号组成,表达形式见表8.7。

例如,代号"YHJ1"表示:约束边缘构件后浇段,编号为1;代号"GHJ5"表示:构造边缘构件后浇段,编号为5;代号"AHJ3"表示:非边缘暗柱后浇段,编号为3。

表8.7　15G107—1标准图集中后浇段编号

后浇段类型	代号	序号
约束边缘构件后浇段	YHJ	××
构造边缘构件后浇段	GHJ	××
非边缘构件后浇段	AHJ	××

注:在编号中,如若干后浇段的截面尺寸与配筋均相同,仅截面与轴线的关系不同时,可将其编为同一后浇段号;约束边缘构件后浇段包括有翼墙和转角墙两种;构造边缘构件后浇段包括构造边缘翼墙、构造边缘转角墙、边缘暗柱3种。

8.3.5　预制混凝土叠合梁

预制混凝土叠合梁编号由代号和序号组成,表达形式应符合表8.8的规定。

例如,代号"DL1"表示:预制叠合梁,编号为1;代号"DLL3"表示:预制叠合连梁,编号为3。

表 8.8　15G107—1 标准图集中预制混凝土叠合梁编号

名称	代号	序号
预制叠合梁	DL	××
预制叠合连梁	DLL	××

注:在编号中,如若干预制混凝土叠合梁的截面尺寸和配筋均相同,仅梁与轴线的关系不同,也可将其编为同一叠合梁编号,但应在图中注明与轴线的几何关系。

8.3.6　预制外墙模板

预制外墙模板编号由类型代号和序号组成,表达形式应符合表 8.9 的规定。

例如,代号"JM1"表示:预制外墙模板,序号为 1。

表 8.9　15G107—1 标准图集中预制外墙模板编号

名称	代号	序号
预制外墙模板	JM	××

注:序号可为数字,或数字加字母。

8.3.7　桁架钢筋混凝土叠合板(60 mm 厚底板)

预制楼板是建筑最主要的预制水平结构构件,按照施工方式和结构性能的不同,可分为钢筋桁架模板、叠合楼板、双 T 板等。叠合板由于整体性能较好,被广泛用于装配式建筑中,并有配套标准图集《桁架钢筋混凝土叠合板(60 mm 厚底板)》(15G366—1)。

叠合楼板是一种模板、结构混合的楼板形式,属于半预制构件。预制部分既是楼板的组成成分,又是现浇混凝土层的天然模板。在工地安装到位后要进行二次浇注,从而成为整体实心楼板。二次浇注完成的混凝土楼板厚度不应小于 60 mm,实际厚度取决于跨度与荷载。伸出预制混凝土层的桁架钢筋和粗糙的混凝土表面保证了叠合楼板预制部分与现浇部分能有效结合成整体。

在建筑结构中,通常按受力特点和支承情况,将板分为单向板和双向板。单向板是指在荷载作用下,只在一个方向或主要在一个方向弯曲的板,如图 8.4(a)所示。而在荷载作用下,在两个方向都发生弯曲变形,且不能忽略任一方向弯曲的板则为双向板,如图 8.4(b)所示。根据《混凝土结构设计规范》(GB 50010—2010,2015 年版)的规定,对于两边支承的板,为单向板。对四边支承的板,当 $l_2/l_1 \leqslant 2$ 时,为单向板;当 $2 < l_2/l_1 < 3$ 时,可视为双向板,也可视为沿短边方向受力的单向板;当 $l_2/l_1 \geqslant 3$ 时,视为沿短边方向受力的单向板。

单向叠合板和双向叠合板各自的底板编号规则见表 8.10。

（a）单向板

（b）双向板

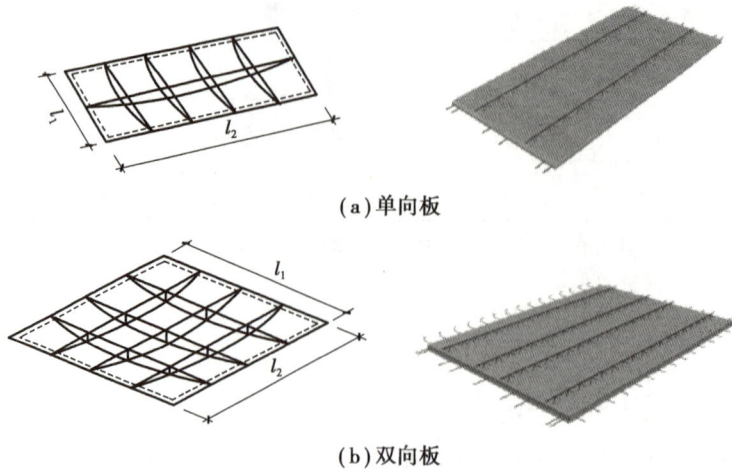

图 8.4　单向板和双向板示意

表 8.10　15G366—1 标准图集中叠合板底板编号规则

类型	编号
单向板	DBD × × - × × × × - × 桁架钢筋混凝土叠合板用底板(单向板)　底板跨度方向钢筋代号：1-4 预制底板厚度，以cm计　标志宽度，以dm计 后浇叠合层厚度，以cm计　标志跨度，以dm计
双向板	DBS × - × × - × × × × - × × - δ 桁架钢筋混凝土叠合板用底板(双向板)　调整宽度 叠合板类别(1为边板，2为中板)　底板跨度及宽度方向钢筋代号 预制底板厚度，以cm计　标志宽度，以dm计 后浇叠合层厚度，以cm计　标志跨度，以dm计

例如，代号"DBD67-3620-2"表示：单向受力叠合板用底板，预制底板厚度为 60 mm，后浇叠合层厚度为 70 mm，预制底板的标志跨度为 3 600 mm，预制底板的标志宽度为 2 000 mm，底板跨度方向配筋为Φ8@150；代号"DBS1-67-3620-31"表示：双向受力叠合板用底板，拼装位置为边板，预制底板厚度为 60 mm，后浇叠合层厚度为 70 mm，预制底板的标志跨度为 3 600 mm，预制底板的标志宽度为 2 000 mm，底板跨度方向配筋为Φ10@200，底板宽度方向配筋为Φ8@200。

单向板及双向板编号中包含有底板配筋代号，通过识读代号即可了解叠合板底板配筋情况，见表 8.11 和表 8.12。

表 8.11　单向叠合板用底板钢筋代号表

代号	1	2	3	4
受力钢筋规格及间距	Φ8@200	Φ8@150	Φ10@200	Φ10@150
分布钢筋规格及间距	Φ6@200	Φ6@200	Φ6@200	Φ6@200

表 8.12　双向叠合板用底板钢筋代号组合表

宽度方向钢筋	跨度方向钢筋			
	⟂8@200	⟂8@150	⟂10@200	⟂10@150
⟂8@200	11	21	31	41
⟂8@150		22	32	42
⟂8@100				43

8.3.8　预制钢筋混凝土板式楼梯

楼梯是楼层间的主要交通设施,也是建筑的主要构件之一。钢筋混凝土楼梯是目前建筑物运用最广泛的一种楼梯。钢筋混凝土楼梯按照施工方法的不同,可分为现浇式钢筋混凝土楼梯和预制装配式钢筋混凝土楼梯。钢筋混凝土楼梯通常由楼梯段(简称梯段)、平台、栏杆(板)和扶手组成,在建筑设计和施工中通常用楼梯详图的形式进行表达。

预制装配式钢筋混凝土楼梯是将楼梯的组成构件在工厂或工地现场预制,然后在施工现场拼装而成的一种楼梯。这种楼梯施工速度快,节省模板,现场湿作业少,施工不受季节限制,有利于提高施工质量。但预制装配式钢筋混凝土楼梯的整体性、抗震性以及设计灵活性差,故应用受到一定限制。

根据国家建筑标准设计图集《预制钢筋混凝土板式楼梯》(15G367—1)的规定,预制钢筋混凝土板式楼梯的规格代号由"楼梯类型+建筑层高+楼梯间净宽"三部分组成,其中楼梯类型用汉语拼音的首写字母表示,见表 8.13。

例如,代号"ST-28-25"表示:双跑楼梯,建筑层高 2.8 m、楼梯间净宽 2.5 m 所对应的预制混凝土板式双跑楼梯梯段板;代号"JT-28-25"表示:剪刀楼梯,建筑层高 2.8 m、楼梯间净宽 2.5 m 所对应的预制混凝土板式剪刀楼梯梯段板。

表 8.13　15G367—1 标准图集中预制钢筋混凝土板式楼梯代号

楼梯类型	规格代号
双跑楼梯	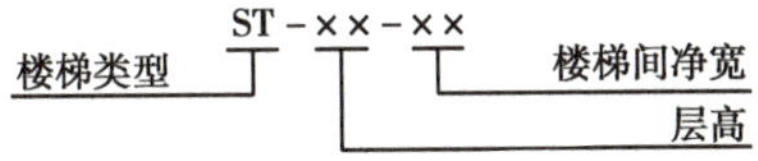 ST－××－×× 楼梯类型 ┐ ┌ 楼梯间净宽 └ 层高
剪刀楼梯	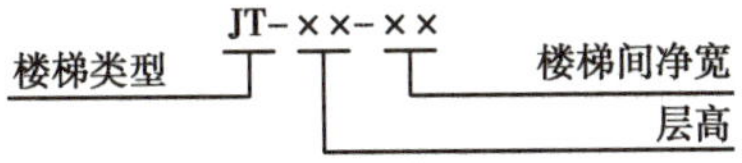 JT－××－×× 楼梯类型 ┐ ┌ 楼梯间净宽 └ 层高

8.4　钢筋加工配料图中钢筋的表示方法

8.4.1　普通钢筋的一般表示方法

普通钢筋的一般表示方法见表 8.14。

表8.14　普通钢筋

序号	名称	图例	说明
1	钢筋横断面	•	—
2	无弯钩的钢筋端部		表示长、短钢筋投影重叠时,短钢筋的端部用45°斜画线表示
3	带半圆形弯钩的钢筋端部		—
4	带直钩的钢筋端部		—
5	带丝扣的钢筋端部		—
6	无弯钩的钢筋搭接		—
7	带半圆弯钩的钢筋搭接		—
8	带直钩的钢筋搭接		—
9	花篮螺丝钢筋接头		—
10	机械连接的钢筋接头		用文字说明机械连接的方式(或冷挤压或锥螺纹等)

8.4.2　预应力钢筋的表示方法

预应力钢筋的表示方法见表8.15。

表8.15　预应力钢筋

序号	名称	图例
1	预应力钢筋或钢绞线	
2	后张法预应力钢筋断面 无黏结预应力钢筋断面	⊕
3	预应力钢筋断面	+
4	张拉端锚具	
5	固定端锚具	
6	锚具的端视图	 ⊕
7	可动连接件	
8	固定连接件	

8.4.3　钢筋网片的表示方法

钢筋网片的表示方法见表8.16。

表 8.16　钢筋网片

序号	名称	图例
1	一片钢筋网平面图	
2	一行相同的钢筋网平面图	

注:用文字注明焊接网或绑扎网片。

8.4.4　钢筋焊接接头的表示方法

钢筋焊接接头的表示方法见表 8.17。

表 8.17　钢筋的焊接接头

序号	名称	接头形式	标注方法
1	单面焊接的钢筋接头		
2	双面焊接的钢筋接头		
3	用帮条单面焊接的钢筋接头		
4	用帮条双面焊接的钢筋接头		
5	接触对焊的钢筋接头(闪光焊、压力焊)		
6	坡口平焊的钢筋接头		
7	坡口立焊的钢筋接头		
8	用角钢或扁钢做连接板焊接的钢筋接头		
9	钢筋或螺(锚)栓与钢板穿孔塞焊的接头		

8.4.5　钢筋的画法

钢筋的画法见表 8.18。

表 8.18　钢筋画法

序号	说明	图例
1	在结构楼板中配置双层钢筋时,底层钢筋的弯钩应向上或向左,顶层钢筋的弯钩则向下或向右	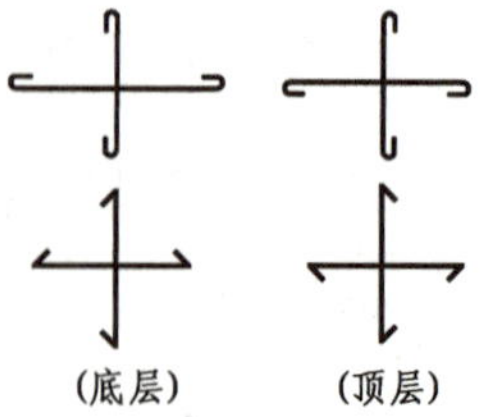 （底层）　　（顶层）
2	在混凝土墙体中配置双层钢筋时,在配筋立面图中,远面钢筋的弯钩应向上或向左,而近面钢筋的弯钩向下或向右(JM 近面,YM 远面)	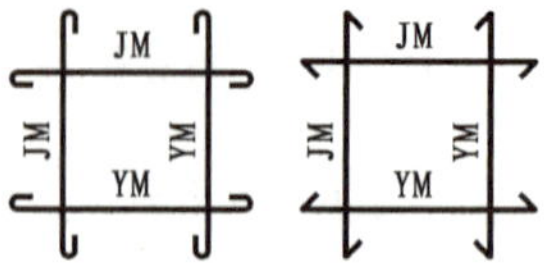
3	在断面图中不能表达清楚的钢筋布置,应在断面图外增加钢筋大样图(如钢筋混凝土墙、楼梯等)	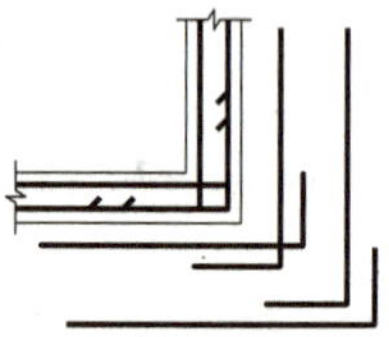
4	图中所表示的箍筋、环筋等若布置复杂时,可加画钢筋大样及说明	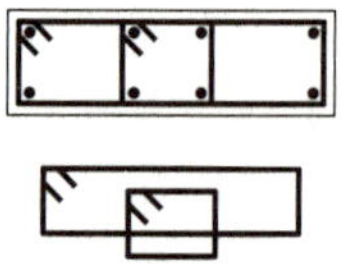
5	每组相同的钢筋、箍筋或环筋,可用一根粗实线表示,同时用一两端带斜短画线的横穿细线,表示其钢筋及起止范围	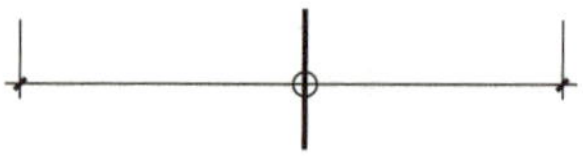

8.5　装配式混凝土构件设计过程简介

1)预制构件加工图设计流程

预制构件加工图设计流程:前期技术策划→建筑施工图设计→预制构件拆分方案设计→预制构件模板图→预制构件配筋图→预制构件预埋预留图(水、电预埋件,门窗预埋件预留)→预制构件综合加工图→模具设计图。

2)前期技术策划

(1)总体要求

装配式混凝土结构的建筑设计,应在满足建筑使用功能的前提下,实现功能单元的标准化设计,以提高构件与部品的重复使用率,从而有利于降低造价。在项目前期策划中,应根据建筑产业化目标、技术水平和施工能力以及经济性等要求确定适宜的预制率。预制率在装配式建筑中是比较重要的控制性指标。

装配式混凝土结构的建设过程中,需要建设、设计、生产、施工和管理等单位精心配合、协同工作。在方案设计阶段之前,应增加前期技术策划阶段。为配合预制构件的生产加工,应增加预制构件深化设计图纸的设计内容。

(2)前期技术策划要求

前期技术策划对项目的实施起到十分重要的作用,设计单位应充分了解项目定位、建设规模、产业化目标、成本限额、外部条件等影响因素,制订合理的建筑设计方案,提高预制构件的标准化程度,并与建设单位共同确定技术实施方案,为后续的设计工作提供依据。

(3)建筑方案设计要求

建筑方案设计应根据技术策划要点,做好平面设计和立面设计。平面设计在保证满足使用功能的基础上,遵循"少规格、多组合"的设计原则,实现功能单元设计的标准化与系列化;立面设计宜考虑构件生产加工的可能性,根据装配式的建造特点,实现立面设计的个性化和多样化。

(4)深化设计要求

装配式混凝土结构的深化设计是生产前重要的准备工作之一,由于工作量大、图纸多、牵涉专业多,一般由建筑设计单位或专业的第三方单位进行预制构件深化设计。

建筑专业应按照建筑结构特点和预制构件生产工艺的要求,将建筑物拆分为独立的构件单元,如图 8.5 和图 8.6 所示。根据工程需要,充分考虑预制构件的重量和尺寸,综合考虑项目所在地区构件的加工能力及运输、吊装等条件,为构件加工图设计提供预制构件尺寸控制图。

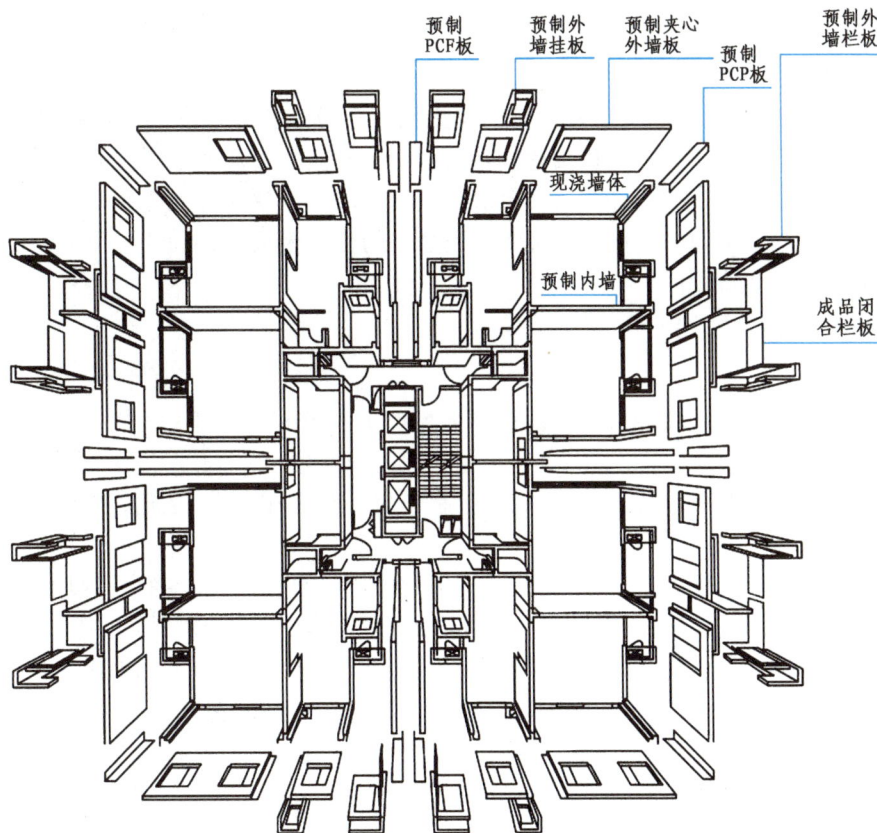

图 8.5　预制构件组合分析图(一)

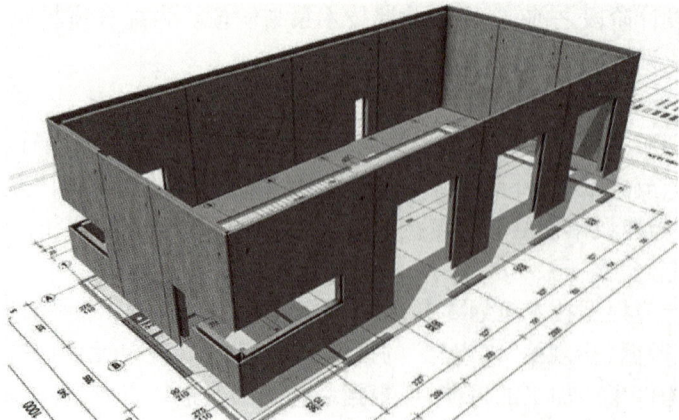

图8.6 预制构件组合分析图(二)

建筑设计可采用 BIM 技术,协同完成各专业的设计内容,提高设计精度。

预制构件的设计应遵循标准化、模数化原则,尽量减少构件类型,提高构件的标准化程度,降低工程造价。对于开洞多、异形、降板等复杂部位,可进行具体设计。

3)建筑工程施工图设计

建筑工程施工图设计应遵循当地施工要求,结合现行国家设计规范进行设计,达到施工图设计深度。预制构件生产企业应参与施工图图纸会审,并提出相关意见。

4)预制混凝土构件深化设计图

在完成建筑施工图设计后,宜将预制混凝土构件拆分成相互独立的预制构件,在以后的设计过程中应重点考虑构件的连接构造、水电管线的预埋、门窗及其他埋件的预埋、吊装及施工必需的预埋件、预留孔洞等。同时,要考虑方便模具加工以及构件生产效率、现场施工吊运能力限制等因素。一般每个预制构件都要绘制独立的构件模板图、配筋图、预留预埋件图,对复杂情况需要制作三维视图。

5)预埋件设计

(1)内埋式螺母设计

现行国家标准《混凝土结构设计规范》(GB 50010—2010,2015 年版)中要求,预制构件宜采用内埋式螺母。

内埋式螺母对预制构件而言确实有优点,制作时模具不用穿孔,运输、堆放、安装过程不会挂碰等。

内埋式螺母由专业厂家制作,其在混凝土中的锚固可靠性由试验确定:内埋式螺母所对应的螺栓在荷载作用下破坏,但螺母不会被拔出或周围混凝土不会被破坏。

内埋式螺母设计主要是选择可靠的产品,并要求预制构件厂家在使用前进行试验。

预制构件中内埋式螺母附近没有钢筋时,构件脱模后有可能在螺母处出现裂缝,这是由于混凝土收缩或温度变化较快,在螺母附近形成应力集中造成的。为预防这种情况,内埋式螺母附近可增加构造钢筋或钢丝网,如图8.7所示。

(2)内埋式螺栓设计

内埋式螺栓是预埋在混凝土内的螺栓,或直接埋设满足锚固长度要求的长螺杆,或在螺栓端部焊接锚固钢筋。当采用焊接方式时,应选用与螺栓和钢筋适配的焊条。

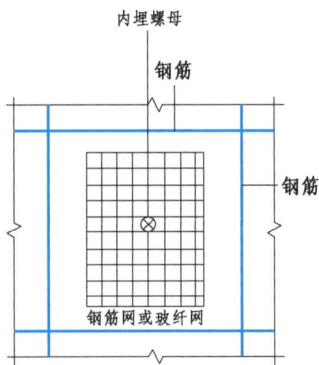

图 8.7　局部加强钢筋网或玻纤网

　　装配式混凝土建筑用到的螺栓包括楼梯和外挂墙板安装用的螺栓,宜选用高强度螺栓或不锈钢螺栓。高强度螺栓应符合现行行业标准《钢结构高强度螺栓连接技术规程》(JGJ 82—2011)的要求。

　　内埋式螺杆的锚固长度,受剪和受压螺杆的锚固长度不应小于 15d(d 为锚筋的直径,下同);受拉和受折螺栓的锚固长度应不小于 3d 和 45 mm。

【拓展阅读】

　　2020 年 2 月,我们目睹了一个不可思议的奇迹:从荒无人烟的空地到建成 34 000(75 000)m^2、拥有 1 000(1 500)个床位的两座医院,仅用了 10 天左右的时间。如此宏大的工程,如此短的建设时间,武汉火神山、雷神山医院的火速建造体现了装配式钢结构体系施工便捷、建造速度快的优越性,更体现了疫情当前,中国建造者们的责任和担当,这就是坚不可摧的"中国力量"。

思考与练习

　　1.简述装配式建筑的概念以及装配式建筑系统组成。

　　2.论述装配式建筑的基本特征。

　　3.简述装配式混凝土构件的设计过程。

单元 9　道桥涵工程图

【知识目标】

（1）了解道路、桥梁和涵洞的基本组成部分；

（2）了解道路、桥梁和涵洞工程图的组成及各部分图纸的名称；

（3）掌握道路工程剖面图、断面图的表达方法；

（4）掌握路桥工程图样的图示特点、内容、方法和绘图步骤。

【能力目标】

（1）具备运用和执行道路工程制图标准的能力；

（2）具备正确使用常用绘图工具作图的能力；

（3）能够熟练读懂中等复杂程度的路桥工程图。

【素质目标】

（1）培养学生认真负责的工作态度和严谨细致的工作作风；

（2）培养学生的创新意识与审美情趣；

（3）培养学生良好的职业道德，增强责任意识和遵纪守法意识。

道路根据其功能和所处位置分为公路和城市道路。位于城市郊区和城市以外的道路称为公路，位于城市范围以内的道路称为城市道路。

道路是供车辆行驶和行人步行的带状结构物，其线型受地形、地物和地质条件的限制，在平面上的直线或弯曲、纵向的平坡和上下坡的变化都与地形起伏相关，从整体上看，道路路线是一条空间曲线。因此，道路工程图不能用一般的三视图来表示，道路工程图主要由道路路线平面图、纵断面图和横断面图等组成。道路路线平面图由地形图表示，以纵向展开断面图作为立面图，以横断面图作为侧面图表示。

桥梁是人们常见的工程构筑物，是道路路线上的重要组成部分。

埋在路基内，横穿路基，用以渲泄小量水流的构筑物称为涵洞。

路面结构图

9.1　路线平面图

道路路线平面图用来表示路线的方向和线型（直线或曲线）状况，沿线一定范围内的地形和地物(河流、房屋、桥涵和挡土墙)等。平面图中的地形由等高线或标高表示,地物由符号表示。

9.1.1 路线和地物

1)路线

道路路线平面图使用的比例较小,在公路路线平面图中,山岭地区一般采用1:2 000,丘陵地区和平原地区一般采用1:5 000,因此路线宽度无法按比例画出,只能在地形图中沿路线中心线画一条粗实线来表示路线;在城市道路平面图中,采用的绘图比例较公路路线平面图大(如1:500),因此道路宽度和车、人行道的分布可以按比例画出。

道路路线具有狭而长的特点,因此使用的图纸也较一般工程图纸为长,但仍无法把整条路线画在一张图纸内,这就需要把路线分段画在各张图纸上,使用时将图纸拼接起来,如图9.1所示。路线分段应在线路取整数桩号处断开,断开的两端应画垂直于路线的接图线(点画线)。拼图时,以相邻两图纸的路线中心线为准,并将接图线重合在一起,拼接的各张图纸必须有指北针,可以用来检查图纸是否拼错,每张图纸要注明序号和图纸总张数,并在最后一张图纸的右下角绘出图纸标题栏。

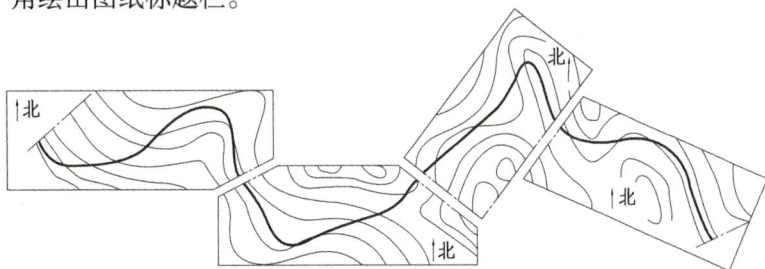

图9.1 路线图幅拼接示意图

在设计路线时,如有比较路线,可以随同绘制,设计线用粗实线,比较线用粗虚线;每张图纸上还应标出一些当地地名。

2)地物

地物按比例缩小画在图纸上时,只能用简化的规定图例表示,表9.1中所示为常用图例,其中,稻田和经济作物等图例的画注位置均应朝向正北方向;涵洞等构筑物除画出图例外,还应标出构筑物的里程桩号。

表9.1 常用的地物图例

名称	符号	名称	符号	名称	符号
房屋		铁路		旱田	
大车路		涵洞		经济林	
小路		桥梁		疏林	

续表

名称	符号	名称	符号	名称	符号
堤坝		学校		水稻田	
河流		工厂		菜地	
渡口		篱笆		高压电力线 低压电力线	

9.1.2 平面图的内容

如图 9.2 所示为某高速公路 K26+800 至 K27+500 的一段平面图,其内容包括地形和路线两部分。

1)地形部分

①比例。本图比例采用 1∶2 000。

②指北针。路线平面图上应画出指北针,指出道路所在地区的方位和走向。

③地形。用等高线表示地形的起伏。图中每条等高线之间的高差为 2 m。为了便于读图,每隔 4 条就有一条较粗的等高线,称为计曲线(以图 9.2 中等高线 284.21 处为例,每隔 4 条加粗的等高线即为计曲线)。等高线越密,表示地势越陡;等高线越稀,表示地势越平坦。

④地物。沿着路线在两个山谷处的路基下各设一座涵洞,在长岭沟架设一座桥梁。另外,在路线两侧如有房屋、低压电力线、树木及小路等地物,也应采用图例表示。

2)路线部分

①路线的走向。该段路线呈由东向西北走向,图 9.2 为其中一幅图。

②里程桩号。为了清楚地看出路线的总长和各段之间的长度,一般在路线上从起点到终点,沿前进方向的左侧注写里程桩号(km),通常以图例 ◐ 表示。在里程桩之间注写百米桩;在符号上面注写如 K27,即表明距路线起点 27 000 m;在符号上面注写如 K27+400,说明此点离路线的起点距离为 27 400 m。

③水准点。沿路线每隔一定距离设有水准点,作为附近路线上测定线路桩的高差之用。图 9.2 中 ⊗ $\frac{BM2}{254.95}$,BM 表示 2 号水准点;254.95 为 2 号水准点的高程,单位为 m。

④平曲线要素。路线在水平面上的投影为规律的直线和曲线。在公路的转弯处设置曲线形的路线(又称弯道),转弯处在平面图中用交角点来表示,简称交点。

路线平面图的组成及内容

路线平面图的线路表示

路线平面图的识读

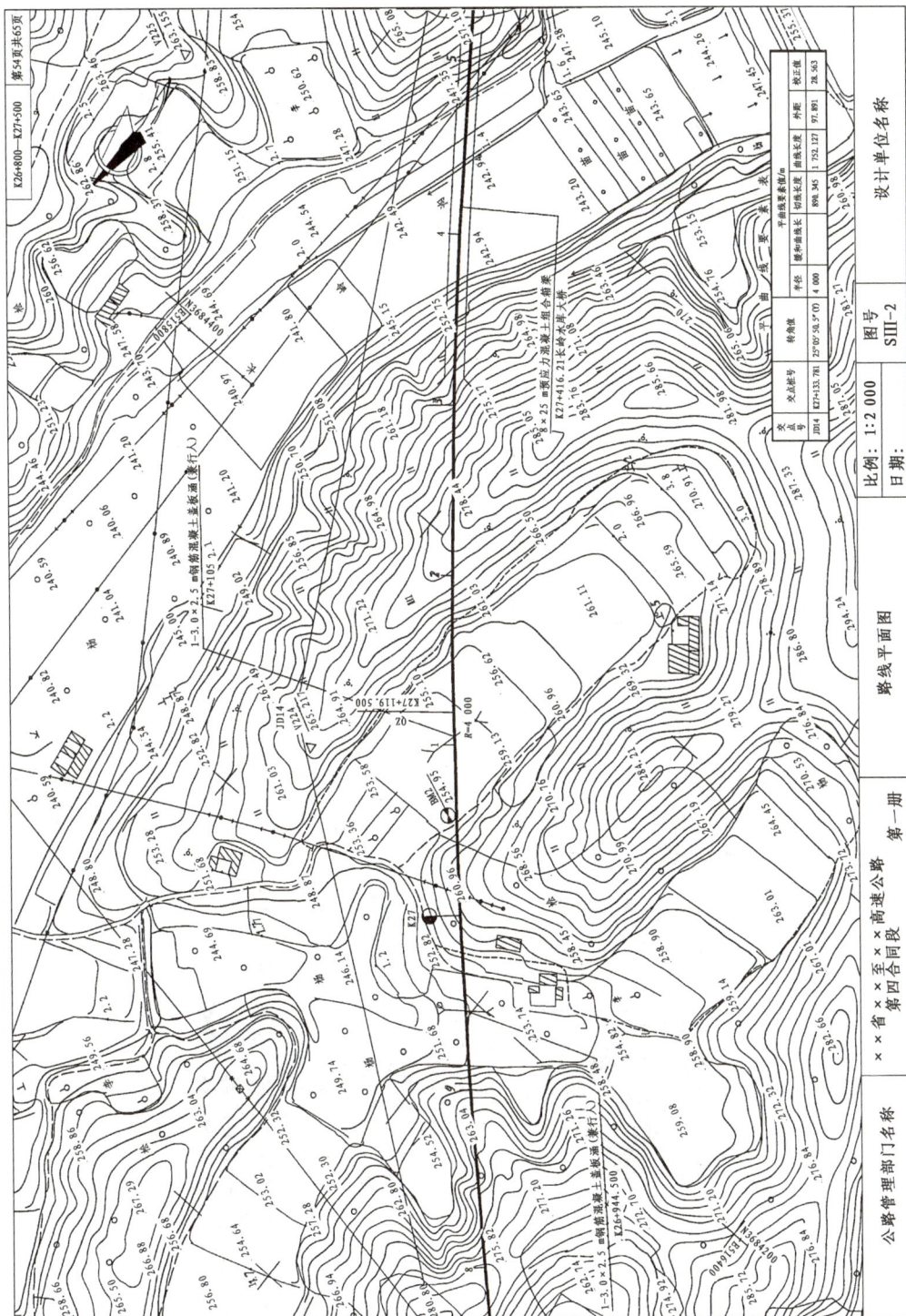

图9.2　路线平面图

　　如图9.3所示为平面曲线设置的两种类型,JDn中的n表示第n号交点;α为偏角(α_z为左偏角,α_y为右偏角),它是沿路线方向向左或向右转向的角度;弯道曲线按设计半径R设置,其相应的半径R、切线长T、缓和曲线长L_s、曲线长L、外矢距E及偏角α统称平曲线要素。

图 9.3(a)所示为不设缓和曲线的平曲线,路线平面图中标出曲线起点 ZY(直圆)、中点 QZ(曲中)和曲线终点 YZ(圆直)三个特征桩。图 9.3(b)所示为带有缓和曲线的平曲线,它从直线到圆曲线之间有一段过渡曲线,称为缓和曲线,其带有缓和曲线的弯道各特征桩为 ZH(直缓)、HY(缓圆),QZ(曲中)、YH(圆缓)、HZ(缓直)5 个。

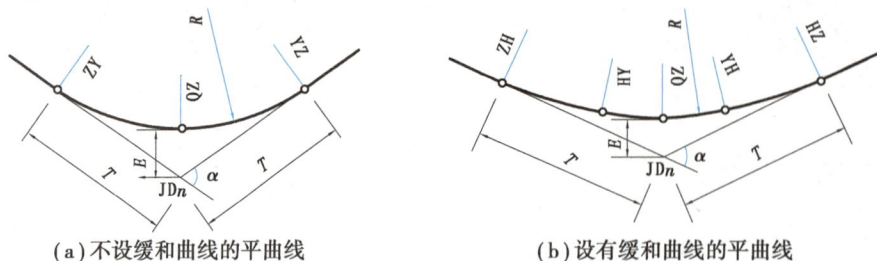

(a)不设缓和曲线的平曲线　　　　　　(b)设有缓和曲线的平曲线

图 9.3　平曲线要素图

9.2　路线纵断面图

路线的纵断面图相当于一般图示中的立面图,用它表示路线中心的地面起伏、地质及沿线设置的构造物、路线的纵向设计坡度和竖曲线状况。

9.2.1　路线纵断面图的形成

沿道路中心线用假想连续的平面或曲面(柱面)作垂直剖切,而后把剖切面展平(拉直)成一平面,即为路线的纵断面图。纵断面图的纵断水平长度就是路线的长度。图 9.4 所示是用假设的铅垂剖切面沿着道路中心线进行剖切的示意图。

图 9.4　路线纵断面形成示意图

如图 9.5 所示为某公路 K0+750 ～ K1+500 段的路线纵断面图,内容分为视图和数据资料表两部分。

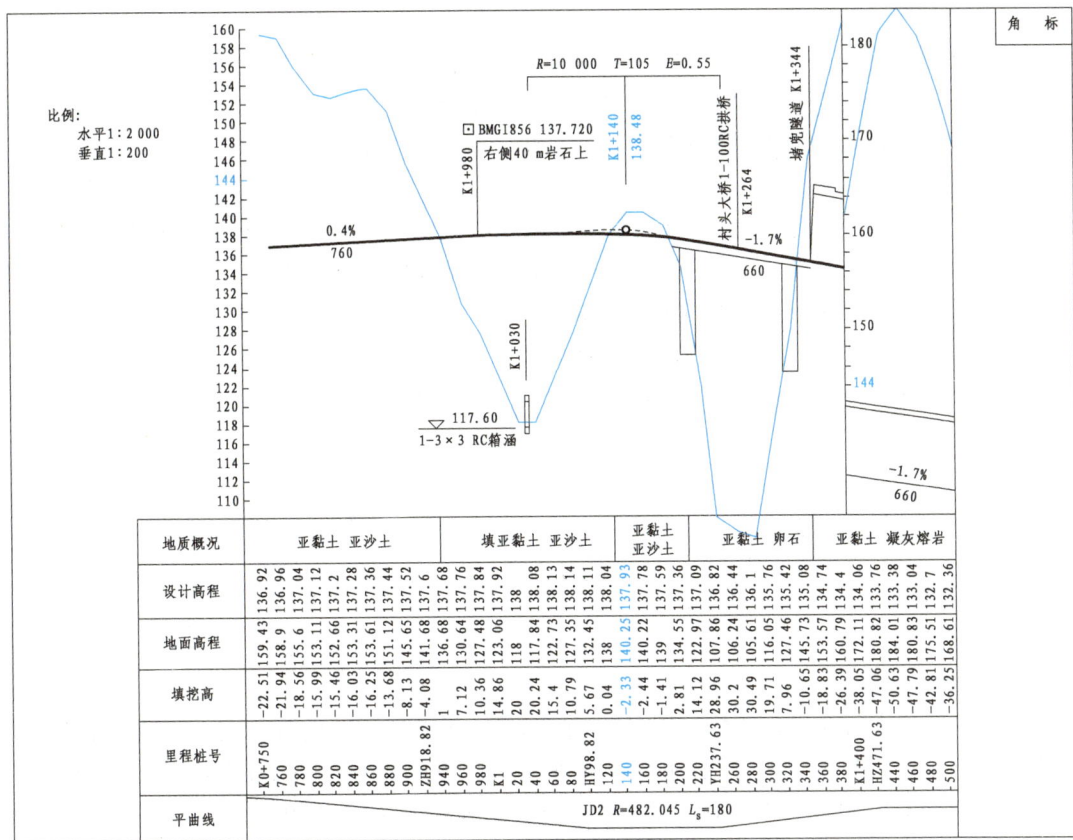

图 9.5　路线纵断面图

9.2.2　路线纵断面图的内容

1) 视图部分

(1) 比例

路线纵断面图中的水平方向长度表示路线长度,垂直方向高度表示地面及道路设计线的标高。由于设计线的纵向坡度较小,因此它的高差比路线的长度小得多,如果水平方向与垂直方向用同一种比例绘制,则很难把垂直方向的高差清楚地表达出来,所以规定垂直方向的比例是水平方向比例的 10 倍。

一般在山岭重丘地区水平方向比例采用 1∶2 000,垂直方向比例采用 1∶200。因平原微丘区地形起伏变化较小,可采用的比例为水平方向 1∶5 000、垂直方向 1∶500。图 9.5 所示路线纵断面图水平方向采用 1∶2 000、垂直方向采用 1∶200 的比例绘制,图上所画的坡度较实际为大,看起来比较明显。

(2) 地面线

图上不规则的细实线折线是地面线。它是路线中心原地面上一系列中心桩的连接线。具体画法是将水准测量得到的各桩高程,按水平方向 1∶2 000 定出纵向桩位坐标位置,再按 1∶200 在桩位的垂直方向上点绘出其桩号高程,然后顺次用细实线段连接起来,即为地面线。表示地面线上的各标高点为地面高程。

（3）设计线

图上比较规则的直线与曲线相间的粗实线,称为路线设计线,简称设计线,它根据地形按《公路路线设计规范》(JTG D20—2017)等技术标准进行设计。设计线标高一般用路基边缘设计高程表示(高速公路则以路中心线隔离带边缘的路面高程表示)。

（4）竖曲线

在设计线纵度变更处,应按规范规定设置圆弧的竖曲线,以利汽车行驶。竖曲线分为凸形和凹形两种。如图9.6所示,在竖曲线上要标注出竖曲线半径R、切线长T和外矢距E。图9.5中,在K1+140处设有凸形竖曲线,竖曲线半径$R=10\ 000$ m,切线长$T=105$ m,外矢距$E=0.55$ m,两切线相交的变坡点高程为138.48 m。

$R=150$　　$T=20$　　$E=0.13$	$R=10\ 000$　　$T=105$　　$E=0.55$
K0+600　56.30	K1+140　138.48
（a）凹形竖曲线	（b）凸形竖曲线

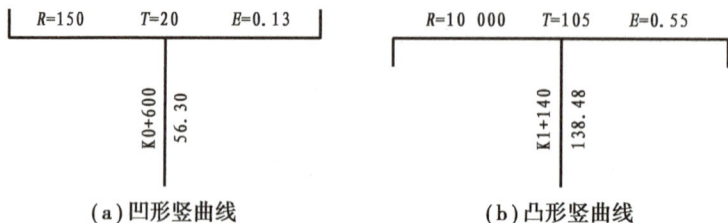

图9.6　竖曲线符号

（5）桥梁构造物

视图中还应在所在里程处标出桥梁、隧道、涵洞、立体交叉和通道等人工构造物的名称、规格及中心里程。图9.5中,分别标出梁桥、箱形涵洞的位置和规格,涵洞图例"○"表示管涵,"口"表示箱涵;"1-3×3RC箱涵/K1+030"表示在里程桩号K1+030处有一孔径宽3 m、高3 m的钢筋混凝土箱涵,涵底中心高程为117.60 m。

（6）水准点

沿线设置的水准点都应按所在里程的位置标出,并标出其编号、标高和路线的相对位置。图9.5采用坐标控制点标高,水准点BM编号为● GI856,高程137.720 m。

2）数据资料表的内容

数据资料表包括地质概况、设计高程、地面高程、填挖高、里程桩号以及平曲线等。路线纵断面图的数据资料表与路线纵断面图上下对应布置。

①地质概况标出沿线的地质情况,为设计、施工提供资料。

②坡度、坡长指设计线的纵向坡度和其水平投影长度,可在坡度、坡长栏目内表示,也可在图样纵坡设计线上直接表示(图9.5采用此方法)。图9.5中,由纵坡设计线可看出K0+750到K1+500段先有坡长为760 m、坡度为0.4%的上坡,到K1+140变成坡长为660 m、坡度为-1.7%的下坡。里程桩号K1+140是变坡点,设凸形竖曲线一个,其竖曲线半径$R=10\ 000$ m,切线长$T=105$ m,外矢距$E=0.55$ m,变坡点高程为138.48 m[图9.6(b)]。

③高程分设计高程和地面高程,它们和视图对应,两者之差就是填、挖的数值。高程通常使用国家的标高体系,称为绝对标高,例如黄海标高(黄海高程系)。

④里程桩号按测量所得的数字,以公里、百米为单位定桩号并填入表内,一般间隔20 m设置一个里程桩号。

⑤平曲线一栏是路线平面的示意图,直线段用水平线表示,曲线弯道用下凹或上凸折线表示。下凹表示沿路线前进方向左转弯,上凸表示沿路线前进方向右转弯。在图9.5的平曲

线栏中：$R=482.045$ m，$L=180$ m，折线下凹，表示 JD2 沿路线前进方向左转弯，平曲线半径为482.045 m，缓和曲线长 180 m，其中水平线与下凹之间的斜线即为缓和曲线，长度为 180 m。

3）画路线纵断面图的一般步骤

①按一定比例，在路线纵断面图上标出横向坐标和纵向坐标，横向坐标标出百米桩号，纵向坐标标出高程（纵向坐标在首页表示即可）。

②按水准测量提供的各桩号地面高程与相应的桩号，点绘在坐标图上，将各坐标点用直线依次连接后就成为纵断面图的地面线。

③在坐标图上绘出各水准点的位置、编号，并注明高程。

④将桥涵位置绘在坐标图上，并注明孔数、孔径、结构类型、桩号等。

⑤在纵断面设计图下部表内分别注明土壤地质资料，绘出直线、平曲线的位置、转向（道路左转弯用下凹折线表示，右转弯用上凸折线表示），并注明平曲线的有关资料（一般只需注明交点编号和圆曲线半径）。

⑥纵坡和竖曲线确定后，将设计线（包括直线和竖曲线）绘出，并注明纵坡度、坡长（以分式表示，分子为纵坡度，分母为坡长），在各竖曲线范围内注明各竖曲线的基本要素（包括转坡点桩号、竖曲线半径、切线长、外矢距）。

9.3 路线横断面图

路线横断面图是用一个假设的剖切平面垂直剖切设计路线所得到的图形，它是计算土石方和路基施工的依据。

9.3.1 横断面图的形式

如图 9.7 所示为路基横断面图。

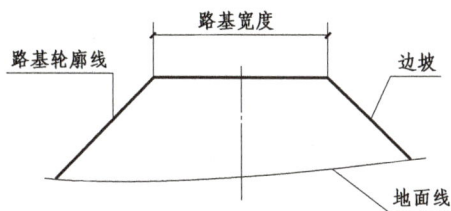

路基横断面图

图 9.7 路基横断面图

横断面图的形式如图 9.8 所示。

①路堤：在填土地段称为路堤，填土边坡一般为 1∶1.5。

②路堑：在挖土地段称为路堑，挖土边坡一般为 1∶1，假如该地段是岩石，则边坡可以更陡一些，可用 1∶10。总之，边坡的大小视土质的坚硬情况而定。

③半填半挖路基：有路堤和路堑的路基称为半填半挖路基。

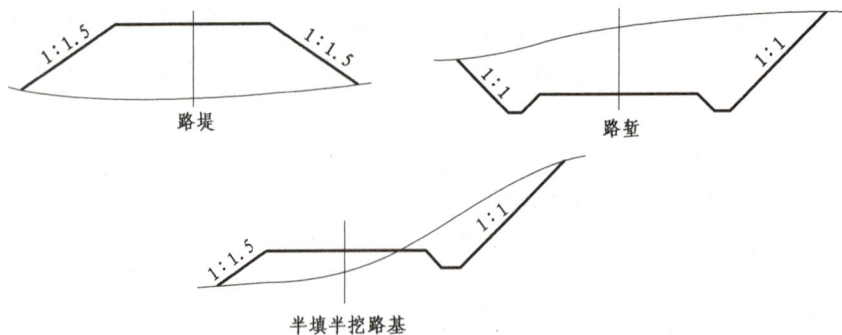

图 9.8　横断面图的三种形式

9.3.2　路基横断面图的表示

如图 9.9 所示为某路段从 0+900 到 1K+000 段的路基横断面图。

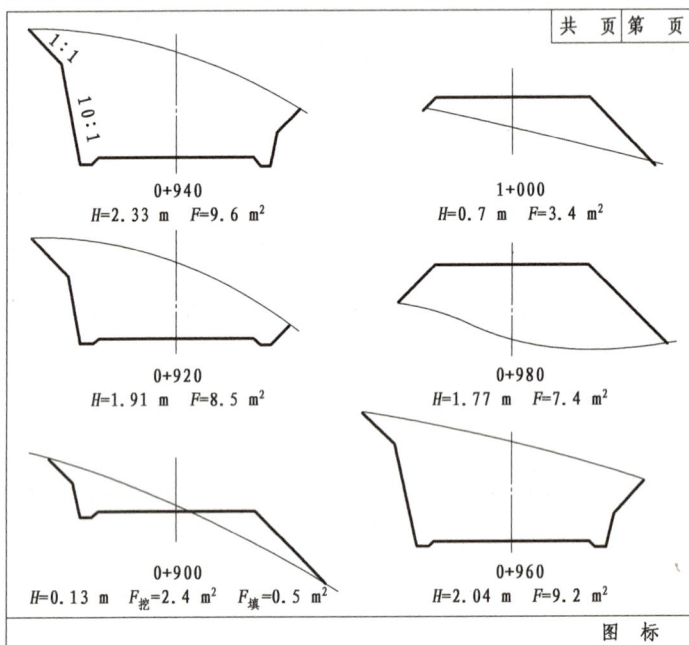

图 9.9　道路路基横断面图

①纵横向采用同一比例,一般用 1∶200,也可以用 1∶100 或 1∶50。

②路基横断面图画在透明方格纸上,便于计算断面的填挖面积,由此可以进一步计算土方量。由于沿线的地质情况是表面有覆土,下面为坚石,因此图中挖方坡度坚石是采用 10∶1,表面的覆土采用 1∶1。

③沿道路路线一般每隔 20 m 画一路基横断面图。在图中应沿着桩号从下到上、从左到右布置图形。

④每个图形下面有桩号、断面面积 F、地面中心到路基中心的高差 H。

⑤断面的地面线一律画细实线,设计线一律画粗实线。

⑥在每张路基横断面图右上角应画角标,填写图纸序号(第×页)及总张数(共×页),在最后一张图的右下角绘制图标。

9.4　桥梁总体布置图

桥梁总体布置图又称为桥型总体布置图。它主要表明桥梁的形式、跨径、孔数、总体尺寸、各主要构件的相互位置关系、桥梁各部分的设计高程、工程数量以及总技术说明（对于较大型的桥梁,工程数量和总技术说明可分别用图纸列出）,作为施工时确定墩台位置、安装构件和控制标高以及施工组织的依据。

如图 9.10 所示为桥中心里程桩号 K6+040、全长 43 m 的三孔空心板梁桥的桥梁总体布置图,本桥为并列双幅式桥梁。为便于标记和识读,把沿路线前进方向的右边桥称为右幅桥,左边桥称为左幅桥。图上比例为 1∶300。

桥梁工程图的基本图线:一般构造图的轮廓线用粗实线;构造图剖切到的轮廓线用粗实线,线宽 b;未剖切到的轮廓线用中实线,线宽 $0.5b$;其他尺寸线、标高符号和其他填充图例线采用细（实）线;中心线用细单点长画线,线宽 $0.25b$。钢筋图的钢筋用粗实线,箍筋用中实线,钢筋断面用圆点,钢筋构造图的轮廓线用细实线表示。

9.4.1　正立面图

正立面图以桥中心线为界,由半正立面图和半剖面图组成,反映了桥梁的特征和桥型。如图 9.10 所示,桥跨共有三孔,桥孔的标准跨径都是 13 m。两侧桥台后耳墙背之间长度为 43 m,称之为桥梁全长。

1）下部结构

下部结构两端为埋置式肋式桥台,河床中间有两个柱（桩）式桥墩。桥墩由墩帽、立柱、系梁和钻孔桩共同组成。桥中心线左边桥墩画外形,右边桥墩画剖面。桥墩墩帽和系梁的材料为钢筋混凝土,在 1∶200 以下比例或当图形较小时可涂黑处理（本图未涂黑,因为涂黑后不易分清构件）。立柱和钻孔桩按规定画法,即剖切平面通过轴的对称中心线时,可不画材料断面符号,只画外形而不画剖面线。本图中,剖切平面未剖切到立柱轴的对称中心。桥台由台帽、台身（肋台）、承台、钻孔桩组成。在右边剖面图中,台帽后牛腿上搁置着踏板。

2）上部结构

上部结构为简支预应力空心板梁桥,桥跨总长 3×13 m。

正立面图的左侧设有标尺（单位为 m）,以便于绘图时进行参照,也便于对照各部分高程尺寸来进行读图和校核。本图钻孔桩和地质钻孔采用折断断面形式表示。河床地质断面需参照各钻孔的地质层高程进行读图。

3）定位编号

图中墩台上方②称为定位轴线编号,数字"2"表示第 2 座桥墩,细单点长画线表示所在第2 个墩的桥中心位置,其左侧数字"K6+046.50"表示里程桩号,右侧数字"7.078"表示设计线中心位置标高高程。本图是防撞栏内侧路面的高程,即图中"设计标高"标示位置。

正立面图左半部分梁底至桥面上画有三条线,表示梁高和栏杆（防撞栏）的高度;右半部分画剖面图,下面两条线表示梁高,梁与桥面之间的剖面线表示桥面铺装厚度。

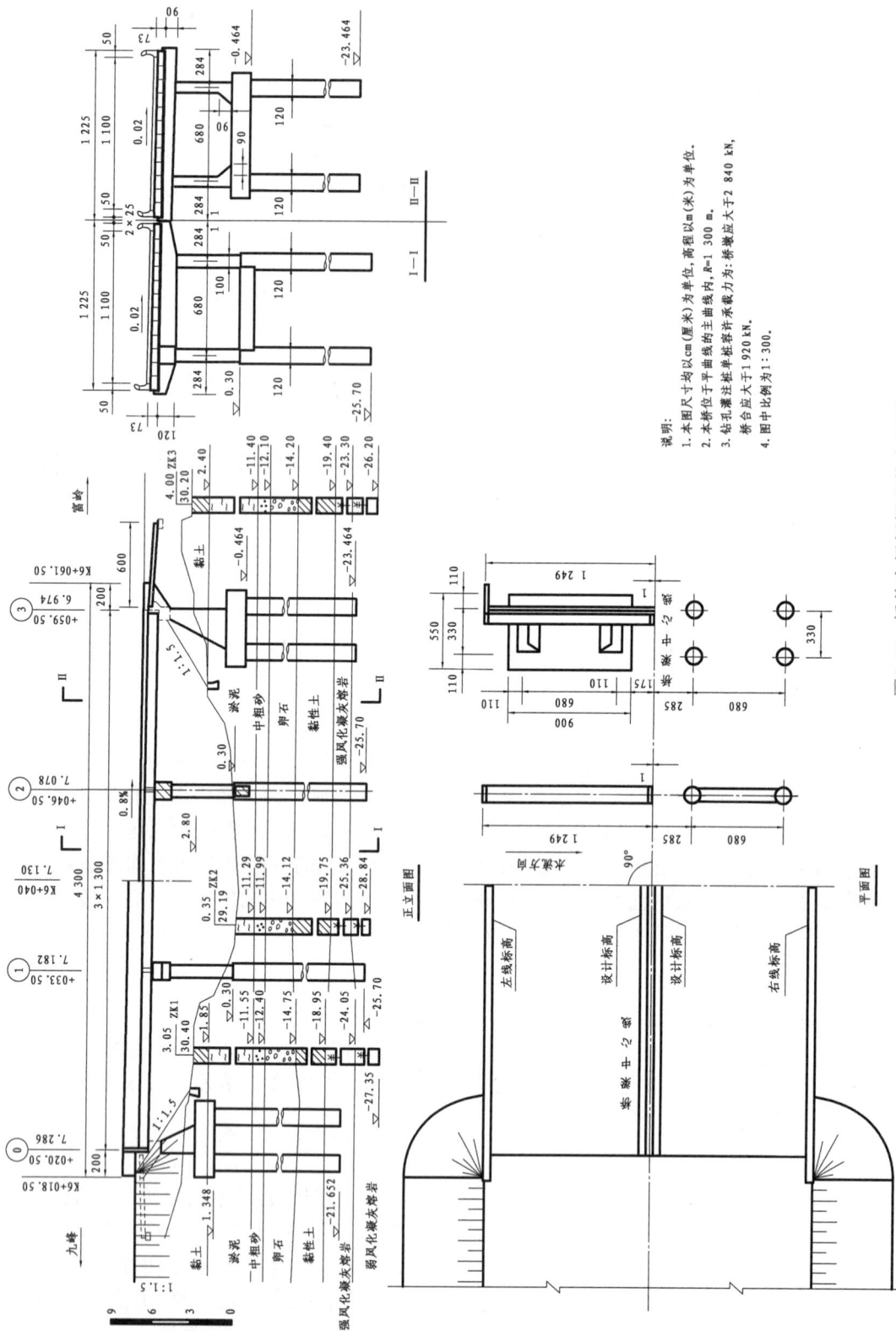

图9.10 新前中桥桥梁总体布置图

说明:
1. 本图尺寸均以cm(厘米)为单位,高程以m(米)为单位。
2. 本桥位于平曲线的主曲线内,R=1 300 m。
3. 钻孔灌注桩单桩容许承载应力大于2 840 kN,桥墩应力大于1 920 kN。桥台应力大于1 300 kN。
4. 图中比例为1:300。

正立面图

平面图

I—I II—II

左线标高 设计标高 设计标高 右线标高

桥梁中心线

水平方向

黏土 淤泥 中粗砂 卵石 黏性土 强风化凝灰熔岩 弱风化凝灰熔岩

九峰 富岭

总体布置图也反映河床地质剖面、钻孔位置及水文情况,根据标高及尺寸可以知道墩台基础的埋置深度,以及梁板、墩台主要构件的形状和桥中心的标高高程等。

9.4.2 平面图

平面图一般采用半平面图和半剖面图来表示,而半剖面图的部分又可以采用分层剖切(局部剖面图)来表示。对照桥中心 K6+040 里程桩号的右面部分,是把上部结构揭去后,左幅显示桥墩上墩帽的布置,而右幅显示墩柱、系梁及钻孔桩的布置,即每幅每座墩柱选用直径 100 cm 的钢筋混凝土圆柱,其基础则选用直径 120 cm 的钢筋混凝土圆柱。画右端埋置式肋式桥台平面图时,通常把桥台的回填土也揭去,剖切部位两侧锥形护坡省略不画,目的是使桥台平面图更加清晰。右半图左幅画桥台台帽耳墙的布置,右幅则表示钻孔桩的布置。

9.4.3 横剖面图

横剖面图由Ⅰ—Ⅰ和Ⅱ—Ⅱ剖面图合并组成,对照Ⅰ—Ⅰ、Ⅱ—Ⅱ剖面图可以看出此桥梁为双幅桥面,每幅桥面净宽 11 m,每幅桥面的两侧均设有 0.5 m 宽的防撞栏。

从图上还可看出每幅桥面由 12 块空心板组成。由于比例较小,且空心板基本为长方形断面,所以在画图时,只是把空心板画成矩形而不涂黑,因为涂黑后不易看出空心板的块数。

图的左半部分是Ⅰ—Ⅰ剖面图,下部结构是 2 号墩;右半部分是Ⅱ—Ⅱ剖面图,下部结构是富岭台。为使剖面图清晰明了,每次剖切可以仅画所需内容。如图 9.10 所示,按照投影理论,Ⅰ—Ⅰ剖面后面的富岭台也是可见部分,但由于不属于本剖面范围的内容,按习惯不予画出。

9.4.4 数据资料表

图中应列有数据表"墩台中心坐标表",以表示墩台中心与地形图坐标网相关的坐标数值,作为现场施工放样的依据(图 9.10 中从略)。

在平面图的下方,需列出一个与正立面图、平面图上下对应的数据资料表,数据资料表类似于路线纵断面图的数据资料表(图 9.10 中从略)。

9.5 桥梁构件结构图

在桥梁总体布置图中,桥梁的各部分构件无法详细完整地表达出来,因此只凭总体布置图不能进行构件制作和施工。为此,还必须根据总体布置图,采用较大比例将构件的形状大小、材料选用等完整地表达出来,作为施工的依据。这种视图称为构件结构图,简称构件图。由于采用较大的比例,故又称为详图,如桥台图、桥墩图、主梁图(上部构件图)和栏杆图等。构件图的常用比例为 1∶100 ~ 1∶10。当某一局部在构件中不能完整清晰地表达时,可采用更大的比例如 1∶10 ~ 1∶2 等来画局部详图。

构件图中仅表示构件的形状大小,而未确定材料规格等级(混凝土、钢筋、石料)的图样称为构造图。

9.5.1 桥台图

当前,我国公路桥梁桥台形式主要有实体式桥台、埋置式桥台、轻型桥台、组合式桥台等。

1)桥台一般构造图

如图 9.11 所示为埋置式肋式桥台的一般构造图。埋置式肋式桥台由台帽(包括背墙、牛腿、耳墙)、两片肋台(台身)、承台和 4 根钻孔桩构成。它的工作状态是除台帽露出一部分以支承桥面板外,其余均埋入填土内。它由三个投影图即立面图、平面图和侧面图表示。

(1)立面图

立面图采用单幅桥台的台前来表示。桥台台前是指人站在桥中(或河流的一边)顺着路线观看桥台前面所得的投影图,而台后是指人站在路基后沿路线向桥中观看桥台背后所得到的投影图。

在立面图中,用细单点长画线表示道路中心线,表明沿中心线左右是双幅桥梁两座桥台。图示比例为 1∶100,但台身采用折断线断开的示意图表示。由于路面超高和横坡及纵坡的影响,桥面各点位的高程不相同,由图 9.11 中"桥台标高及尺寸表"可知,内侧肋顶、外侧肋顶高程不同,因此各桥台、各肋台高度也不相同,由"细部尺寸表"可查得各部位的相应尺寸。表中"九峰至富岭"指的是九峰往富岭车行方向的一幅桥(右幅),而"富岭至九峰"指的是富岭往九峰车行方向的这一幅桥(左幅),由此查取各部位尺寸及标高高程。

(2)平面图

同立面图一样,此平面图是设想上部构造(主梁或拱圈)未安装,桥台也未填土时的平面图,这就清楚地表示了台帽、耳墙、肋台、承台以及 4 根钻孔桩的平面位置和大小。

(3)侧面图

侧面图反映了台帽、耳墙、牛腿、肋台、承台、钻孔桩侧面的形状大小和位置。显然由于各肋台的高度不同,其相应的肋底宽 b_i 和襟边宽 c_i 也不相同,同样可根据图 9.11 中的"细部尺寸表"查得 b_i、c_i 的数值。

桥台构造各部位采用的材料类别规格详见"桥台混凝土强度等级表"。

2)桥台结构图

埋置式肋式桥台的结构图,实际上就是根据结构计算而配置的钢筋图。它有台帽配筋图,耳墙、背墙及牛腿配筋图,肋台配筋图,承台配筋图和钻孔桩配筋图等。为了便于对照读图,本节仍然保留了部分结构的钢筋图。下面以桥台肋台(台身)钢筋图为例进行详细介绍。

如图 9.12 所示为新前中桥桥台台身钢筋图,它的 3 个投影图以相互剖切的剖面图形式体现。图中,Ⅰ—Ⅰ剖面表示立面图,Ⅱ—Ⅱ剖面表示平面图,Ⅲ—Ⅲ剖面表示侧面图。图中比例为 1∶60,但三投影视图各为示意图,其具体尺寸应从图中尺寸表中查取。图中"台身钢筋数量表"列出台身所用钢筋的编号、规格,及每片(每根)肋所用的根数、全桥的总根数及总质量等。例如,N1 即编号为 1 的钢筋,位于台身直立的侧壁,属 HRB400 级,直径为 20 mm,平均长度为 527 cm,每片肋有 7 根,全桥共需要 56 根,钢筋质量为 729 kg。这样一一对照,便可找出各编号钢筋的位置、数量和规格。

桥台混凝土强度等级表

部位	背墙、耳墙、牛腿	肋合	合帽	承合	桩
等级	C30	C25	C30	C25	C25

细部尺寸表　单位:cm

方向	合号	h_1	h_2	b_1	b_2	c_1	c_2
九峰至富岭	0	253	266	216	223	171	164
	3	403	416	291	298	134	127
富岭至九峰	0	287	274	234	227	153	160
	3	437	424	309	302	116	123

说明:
1. 图中尺寸除注明外,余均以cm(厘米)为单位。
2. 图中比例为1:100。
3. 图中括号外为0号合尺寸,括号内为3号合尺寸。
4. 侧面图中,$i=1$,2。

桥台桩高及尺寸表

方向	合号	合帽底高程/m	肋板顶高程/m		承合顶高程/m	桩顶高程/m	桩底高程/m	桩长L/cm	坡度i/%
			$H_内$	$H_外$					
九峰至富岭	0	5.443	5.511	5.375	2.848	1.348	-21.652	2 300	2
	3	5.131	5.199	5.063	1.036	-0.464	-23.464	2 300	2
富岭至九峰	0	5.653	5.585	5.721	2.848	1.348	-21.652	2 300	2
	3	5.341	5.273	5.409	1.036	-0.464	-23.464	2 300	2

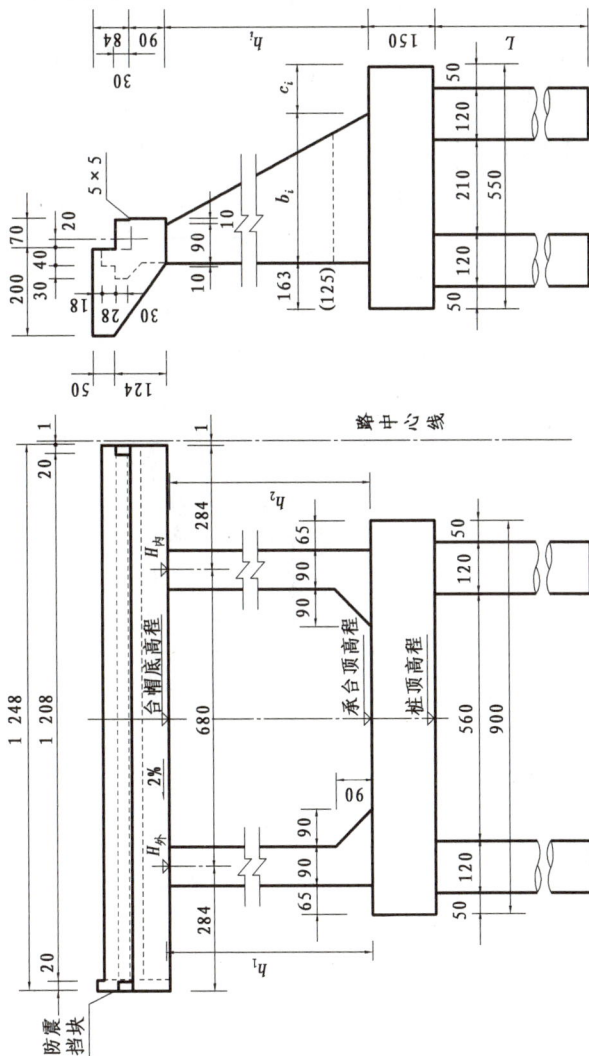

侧面图

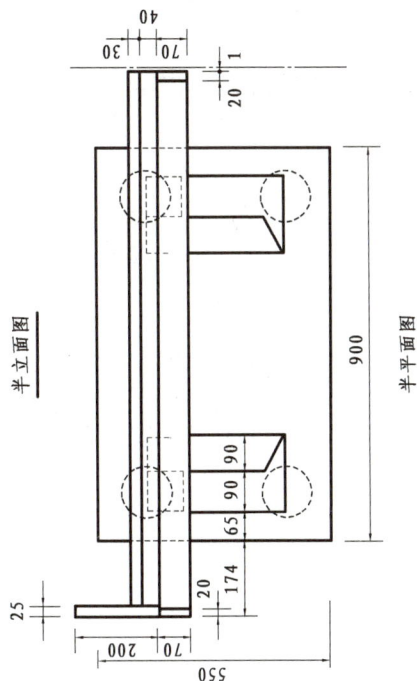

半立面图

半平面图

图9.11 新前中桥桥台一般构造图

尺寸表　　　单位: cm

方向	台号	h_1	h_2	a_1	a_2	L_1	L_2	S_1	S_2
九峰至富岭	0	253	266	23	24	216	223	21	22
	3	403	416	24	25	291	298	20	21
富岭至九峰	0	287	274	26	25	234	227	24	23
	3	437	424	26	25	309	302	22	21

台身钢筋数量表

编号	直径/mm	每根长/cm	根数(一件)	根数(全桥)	共长/m	质量/kg	总质量/kg
1	Φ20	平均527	7	56	295.1	729	2 295
2	Φ20	223	7	56	124.9	309	
3	Φ20	平均530	12	96	508.8	1 257	
4	Φ16	平均553	5	40	221.2	350	350
5	Φ12	平均454	10(18)	112	508.5	453	453
6	Φ10	平均281	18	144	404.6	251	542
7	Φ10	平均194	10(16)	104	201.8	125	
8	Φ10	106	24(39)	252	267.1	166	
9	Φ8	340	16(22)	152	516.8	205	242
10	Φ8	平均389	3	24	93.4	37	
11	Φ10	309	11(15)	104	321.4	191	366
12	Φ10	平均147	6	48	70.6	44	
13	Φ10	平均150	6	48	72.0	45	
14	Φ10	197	8	64	126.1	78	
合计						HPB300钢筋: 1 150 kg	HRB400钢筋: 3 098 kg

说明: 1. 本图尺寸除钢筋直径以mm(毫米)计外，余均以cm(厘米)为单位。
2. 图中括号内数值为3号桥台助墙尺寸，括号外为0号桥台助墙尺寸。
3. 图中平均h=345 cm, a=24.6 cm, L=262.6 cm, S=21.8 cm。
4. 图中比例为1:60。
5. 图中i=1,2。

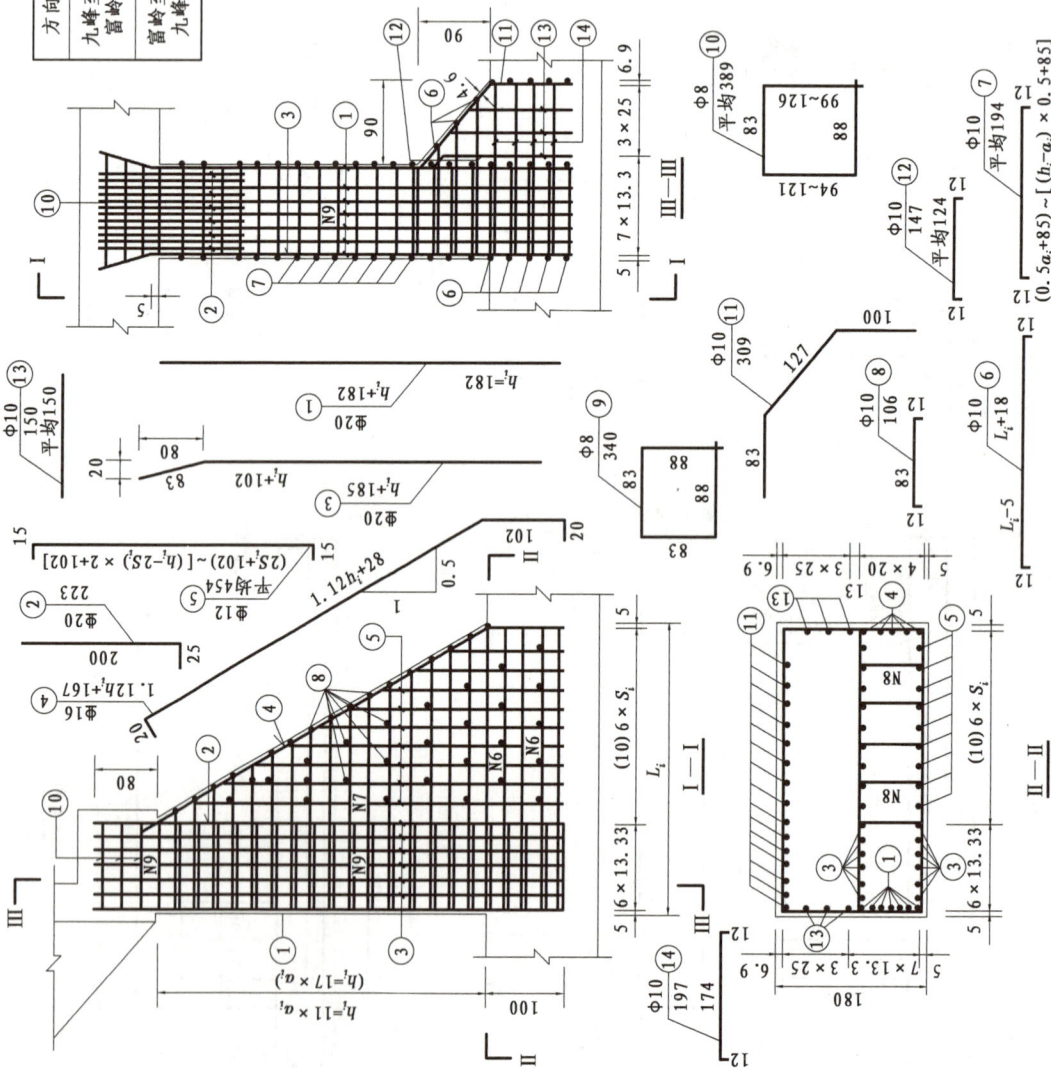

图9.12　新前中桥桥台身钢筋图

(1)立面图

台身左右不对称。除台身部分画完整外,其他可用折断线表示。图中 $h_i = 11 \times a_i$,其中 h_i 表示高度,a_i 为钢筋间距,11 表示间距个数。如九峰至富岭车行方向的 0 号桥台(即路线前进方向的右幅桥),其外侧 $h_i = 253$ cm,钢筋间距 $a_i = 23$ cm,共有 11 个间隔。

(2)平面图

只用Ⅱ—Ⅱ表示一片肋的剖面图。剖面从肋脚和承台面间切过,剖面图中的⑪、⑬是肋加宽部位钢筋,①、③、④、⑤等是宽度为 90 cm 肋的钢筋。

(3)侧面图

从立面图上作Ⅲ—Ⅲ剖面所得,也只画一片肋来表示。从图中可知各编号钢筋在侧面图上的位置。

(4)钢筋详图

图中还画出了每根钢筋的详图,以便于读图及施工。如⑥号钢筋,规格 ϕ 10 表示钢筋为 HPB300 级,直径 10 mm。钢筋构件长 $(L_i - 5)$ cm,下料长(包含两端弯钩)$(L_i + 18)$ cm,L_i 可从图中"尺寸表"查得。如九峰至富岭车行方向的 0 号桥台,外侧 $L_i = 216$ cm,则构件长 $(L_i - 5)$ cm = 211 cm,包含弯钩的下料长度是 $(L_i + 18)$ cm = 234 cm。

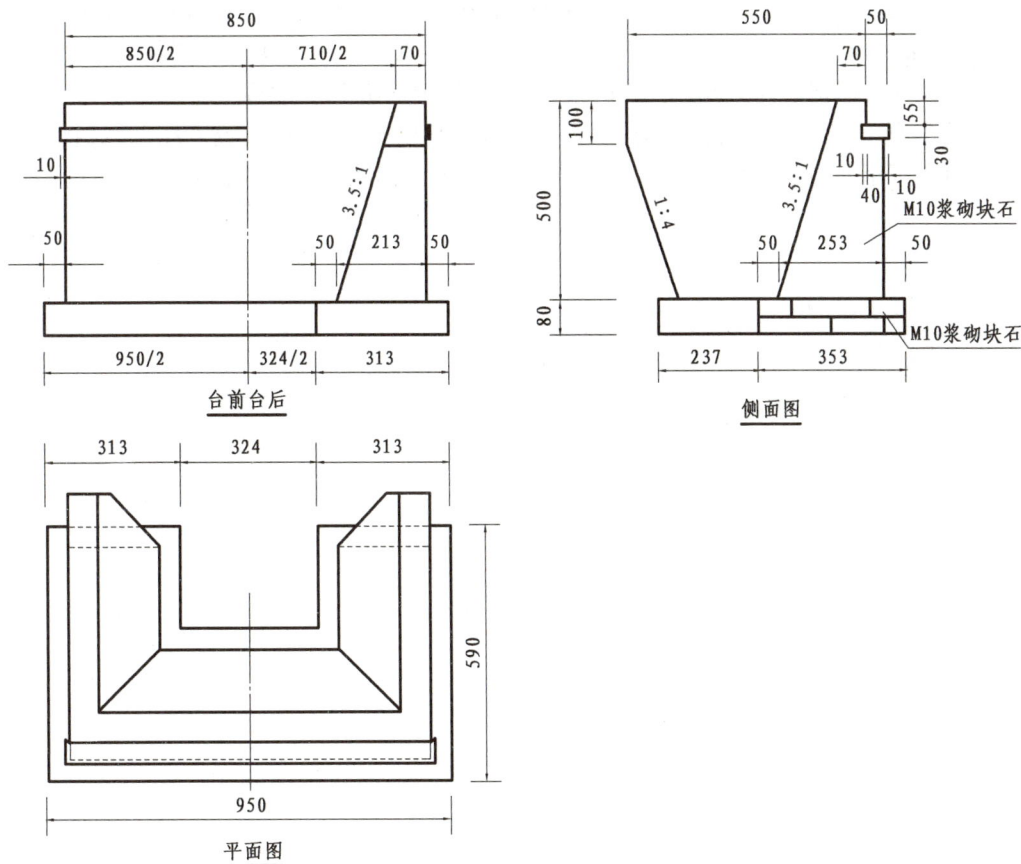

图 9.13　U 形桥台图(单位:cm)

如图 9.13 所示为 U 形桥台。U 形桥台是较常用的实体式桥台,它由支承桥跨的台身(或称前墙)与两侧翼墙(侧墙)在平面上构成 U 形而得名。桥台由台帽(或拱座)、台身、翼墙和基础组成,构造简单。

9.5.2 桥墩图

道路桥梁常采用的桥墩类型根据墩身的结构形式可分为实体式(重力式)桥墩、空心桥墩、柱(桩)式桥墩和柔性桥墩等。

1)桥墩一般构造图

如图9.14所示为单幅双柱(桩)式桥墩构造图,它由墩帽、墩柱、系梁和钻孔桩构成,其图形由立面、平面和侧面三投影图表示,图示比例为1∶100。对局部仍只表示了其形状,各柱高的尺寸应参照图中的字母符号从"桥墩标高及尺寸表"中查取,所用材料类别规格从"桥墩混凝土数量表"中查取。

2)桥墩钢筋图

如图9.14所示的柱(桩)式桥墩构造图的钢筋数量也是根据结构计算确定的,有墩帽(含防震挡块)钢筋图、系梁钢筋图、柱(桩)钢筋图。下面仅以柱(桩)钢筋图为例进行介绍。如图9.15所示,图示比例为1∶60,由一根用折断线表示的柱(桩)钢筋立面图和Ⅰ—Ⅰ、Ⅱ—Ⅱ、Ⅲ—Ⅲ断面图组成。柱(桩)采用螺旋状箍筋,分别用柱与墩帽、柱身、桩身三段表示,其编号为⑦、⑥、⑧;柱(桩)身立面主筋示意性地画了几根,但在其断面图中必须画全所需根数。钢筋形状和尺寸参照钢筋详图,钢筋位置、根数应对照"钢筋明细表"查阅。

如图9.16所示为重力式桥墩构造图,这种桥墩常用于地基较好,或流冰、漂流物较多的河流。桥墩可用混凝土或石料筑成,其图形由立面图、平面图和侧面图表示。

方向	墩号	盖帽 C30	柱 C25	系梁 C25	桩 C25
九峰至富岭	1	16.49	7.50	4.72	58.81
九峰至富岭	2	16.49	7.28	4.72	58.81
富岭至九峰	1	16.49	7.77	4.72	58.81
富岭至九峰	2	16.49	7.61	4.72	58.81
全桥合计		66.0	30.2	18.9	235.2

桥墩混凝土数量表　单位：m³

说明：
1. 盖梁构造见另外的图。
2. 图中尺寸除注明外余均以 cm（厘米）为单位。
3. 图示比例为 1:100。

方向	墩号	盖帽底高程/m		桩项高程/m	桩底高程/m	柱高/cm		桩长 L/m	坡度 i/%
		$H_外$	$H_内$			h_1	h_2		
九峰至富岭	1	4.971	5.107	0.30	-25.70	467	481	2 600	2
九峰至富岭	2	4.867	5.003	0.30	-25.70	457	470	2 600	2
富岭至九峰	1	5.317	5.181	0.30	-25.70	502	488	2 600	2
富岭至九峰	2	5.213	5.077	0.30	-25.70	491	478	2 600	2

桥墩标高及尺寸表

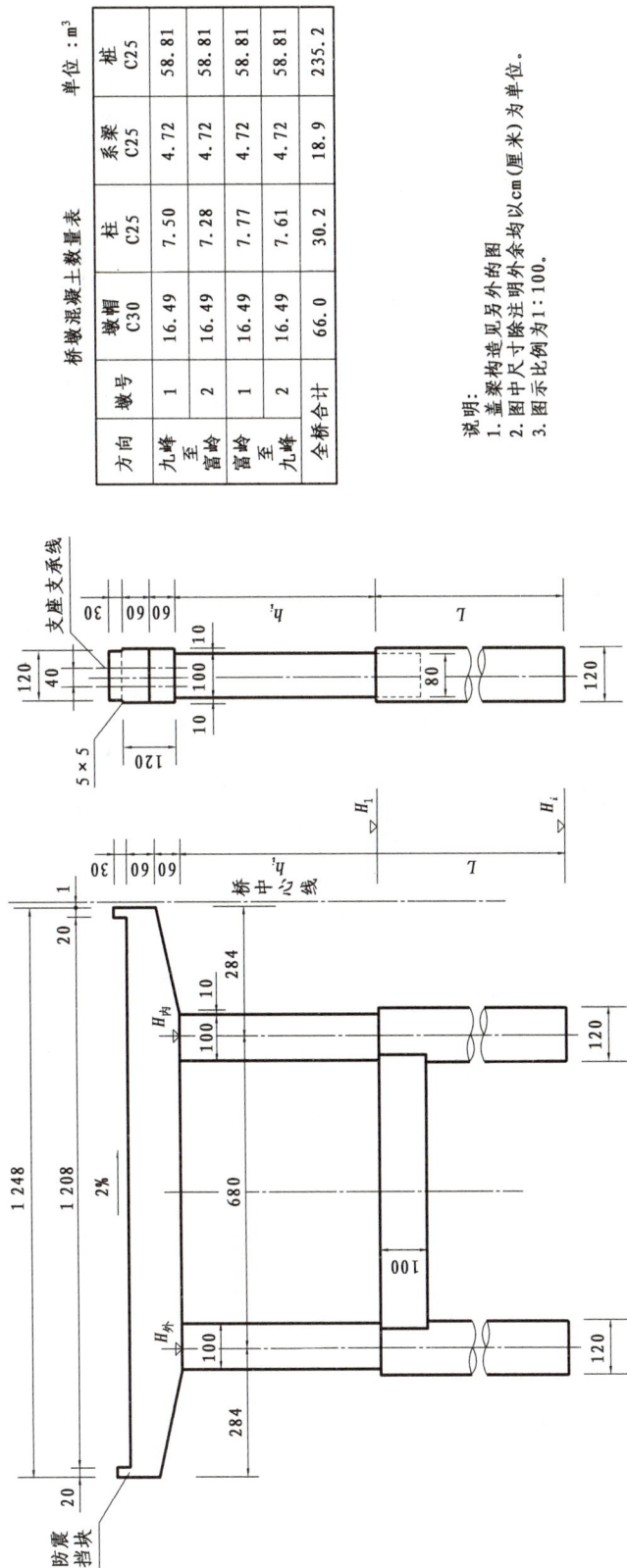

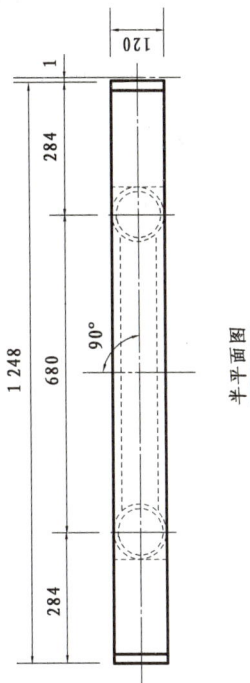

图9.14　新前中桥桥墩一般构造图

钢筋明细表

墩号	平均柱高/cm	编号	直径/mm	单根长/cm	根数 一柱	根数 全桥	共长/m	总质量/kg
1号	484	1	Φ22	2 010	10	40	804.0	2 396
		2	Φ22	900	10	40	360.0	1 073
		3	Φ22	676	20	80	540.8	1 612
		4	Φ20	271	4	16	43.4	107
		5	Φ20	327	11	44	143.9	355
		6	Φ8	10 340	1	4	413.6	164
		7	Φ8	2 999	1	4	120.0	48
		8	Φ8	41 749	1	4	1 670.0	661
		9	Φ10	325	7	28	91.0	57
2号	474	1	Φ22	2 010	10	40	804.0	2 396
		2	Φ22	900	10	40	360.0	1 073
		3	Φ22	666	20	80	532.8	1 588
		4	Φ20	271	4	16	43.4	107
		5	Φ20	327	11	44	143.9	355
		6	Φ8	10 197	1	4	407.9	162
		7	Φ8	2 999	1	4	120.0	48
		8	Φ8	41 749	1	4	1 670.0	661
		9	Φ10	325	7	28	91.0	57

说明:
1. 本图尺寸除钢筋直径以mm(毫米)计外,余均以cm(厘米)为单位。
2. 主筋⑤的和①、②接头均采用对焊。螺旋箍筋等强度焊接。
3. 图中加强钢筋④、⑤在钢筋笼骨架上每隔2 m焊接一根。
4. 为确保钢筋保护层厚度,要求柱与桩基主筋定位采用强度为M40的圆钢,每隔2 m设置一组垫块(另详本标段设计图的通用图)。
5. 图中系梁钢筋未示,详见"系梁钢筋构造图"。

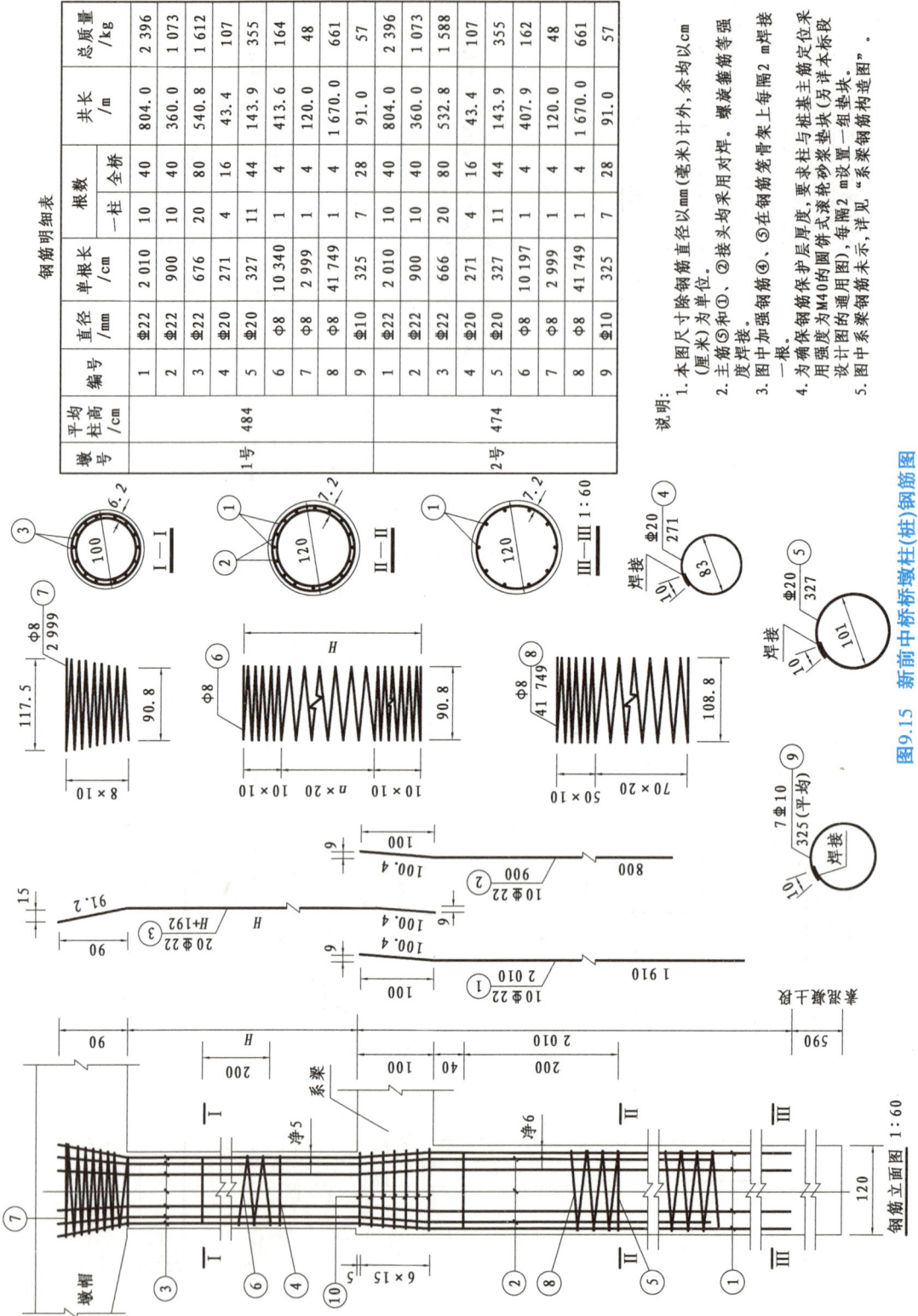

图9.15 新前中桥桥墩柱(桩)钢筋图

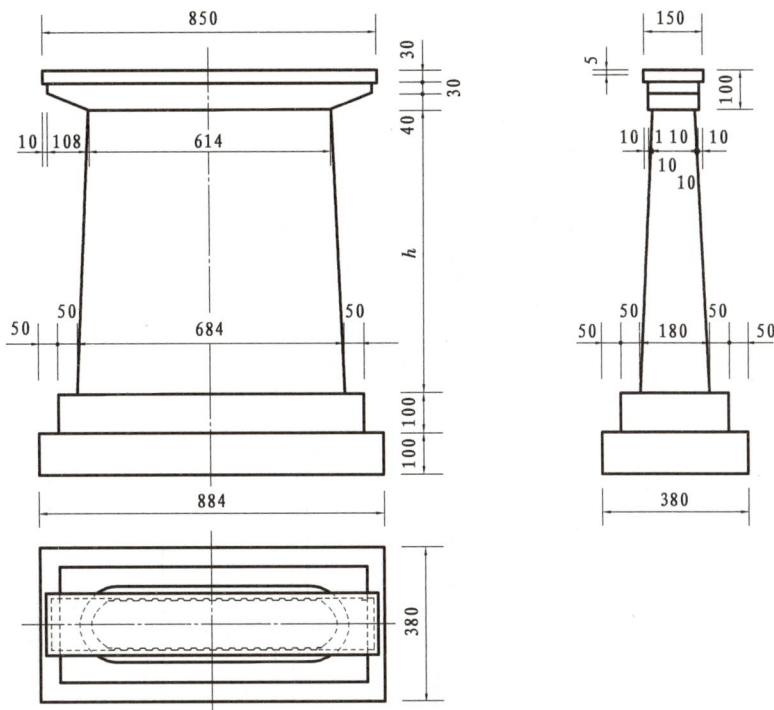

图 9.16　重力式桥墩构造图(单位:cm)

9.5.3　预应力钢筋混凝土空心板

1)空心板构造图

空心板是桥梁的上部结构,它搁置在墩台上,是主要受力构件。如图 9.17 所示为标准跨径 13 m(实际长 12.96 m)、板宽 1 m(实际宽 0.99 m)、高 0.55 m 预应力钢筋混凝土空心板的一般构造图,图示比例为 1∶30。它由空心板的立面图,中板、边板平面图及中板、边板断面图组成。

(1)立面图

立面图表示板的高度和长度、支座中心的位置,以及空心板完成后两侧封头的尺寸和所用的材料。

(2)平面图

平面图有中板平面图、边板平面图。平面图中也表示了锚栓孔的位置和大小。

(3)横断面图

板内挖空部分为圆端形图形,圆直径为 36 cm,两圆心间距为 18 cm。板与板之间产生一个上小、中间大的空隙,工程上称为"铰"。即空心板架设好以后,把板与板之间的连接钢筋绑扎或电焊后,填上与板同强度等级的混凝土,将板与板连成一体,如图 9.17 中"铰缝钢筋施工大样图"所示。

2)空心板钢筋图

空心板的钢筋图有中板钢筋图及边板钢筋图。下面以图 9.18 所示跨径 13 m 空心板中板钢筋图为例进行介绍,图示比例为 1∶25。

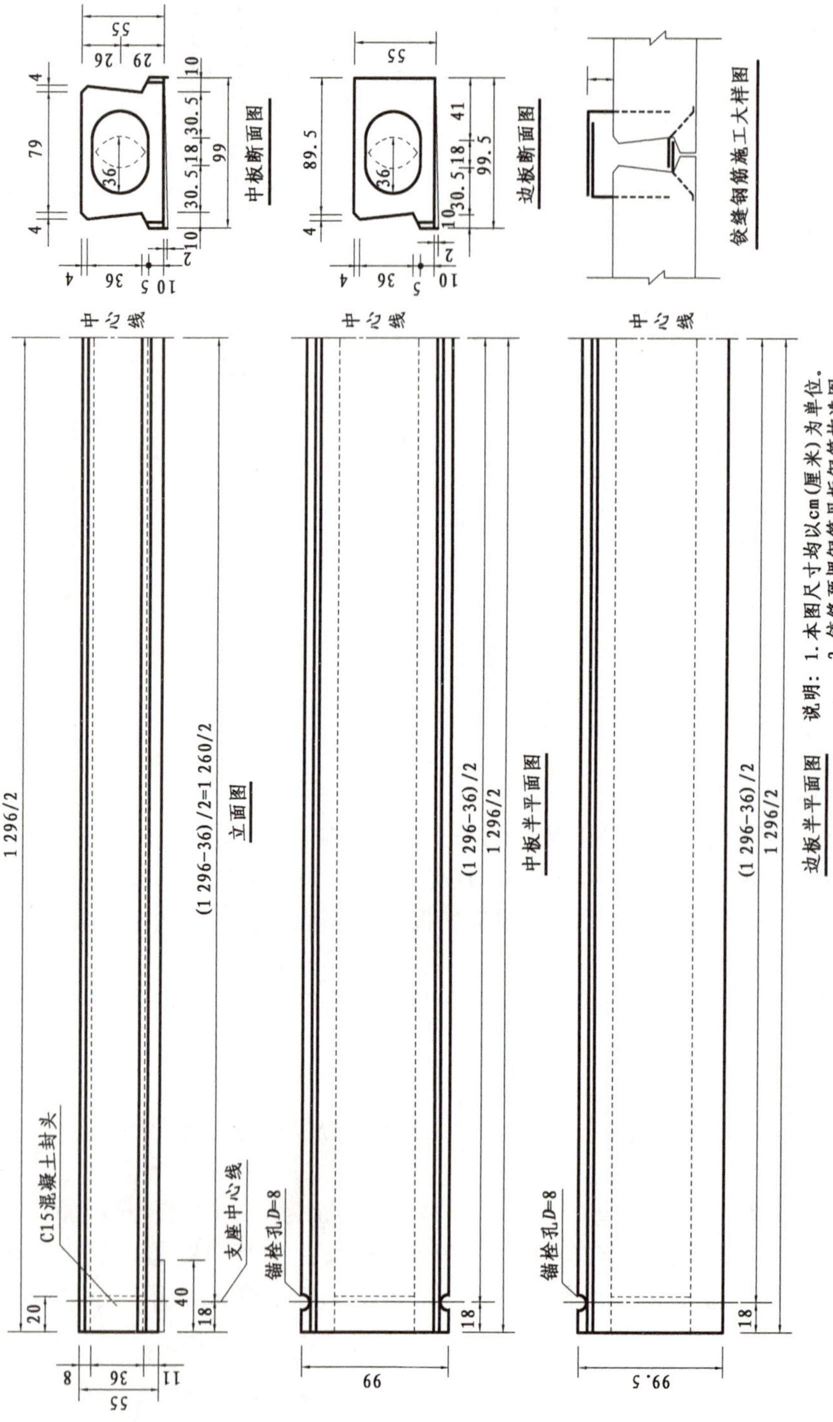

说明：1. 本图尺寸均以cm(厘米)为单位。
2. 铰缝预埋钢筋见板钢筋构造图。
3. 空心板采用双管充气橡胶芯模加外套成孔。
4. 预制板板端40 cm宽，底面制成2.0%斜面，使支座处于水平状态，施工时应注意倾斜方向。
5. 图示比例为1∶30。

图9.17 跨径13 m空心板一般构造图

中板跨中断面图

一块中板工程数量表

编号	直径/mm	长度/cm	根数	共长/m	总质量/kg	C40混凝土/m³
1~6	Φ^s12.70	1 296	12	155.52	120.5	
10	Φ22	178	4	7.12	21.2	
11	Φ12	1 292	12	155.04	137.7	4.12
12		1 312	2	26.24		
13	Φ8	120	64	76.80		
14		110	64	70.40	185	
15		139	33	45.87		
16		194	76	147.44		
17		133	76	101.08		

立面图

Ⅰ—Ⅰ　Ⅱ—Ⅱ

预应力筋有效长度表

编号	1	2	3	4	5	6
长度/cm	1 296	1 180	1 080	960	780	600

说明：
1. 本图尺寸除钢筋直径以mm（毫米）计外，余均以cm（厘米）为单位。
2. 图中钢铰线长度 未计工作张拉长度。
3. ⑭钢筋伸出部分为预留焊模，安装时敲出。
4. 预应力钢铰线标准强度为1 860 MPa，张拉整制应力采用1 339 MPa。

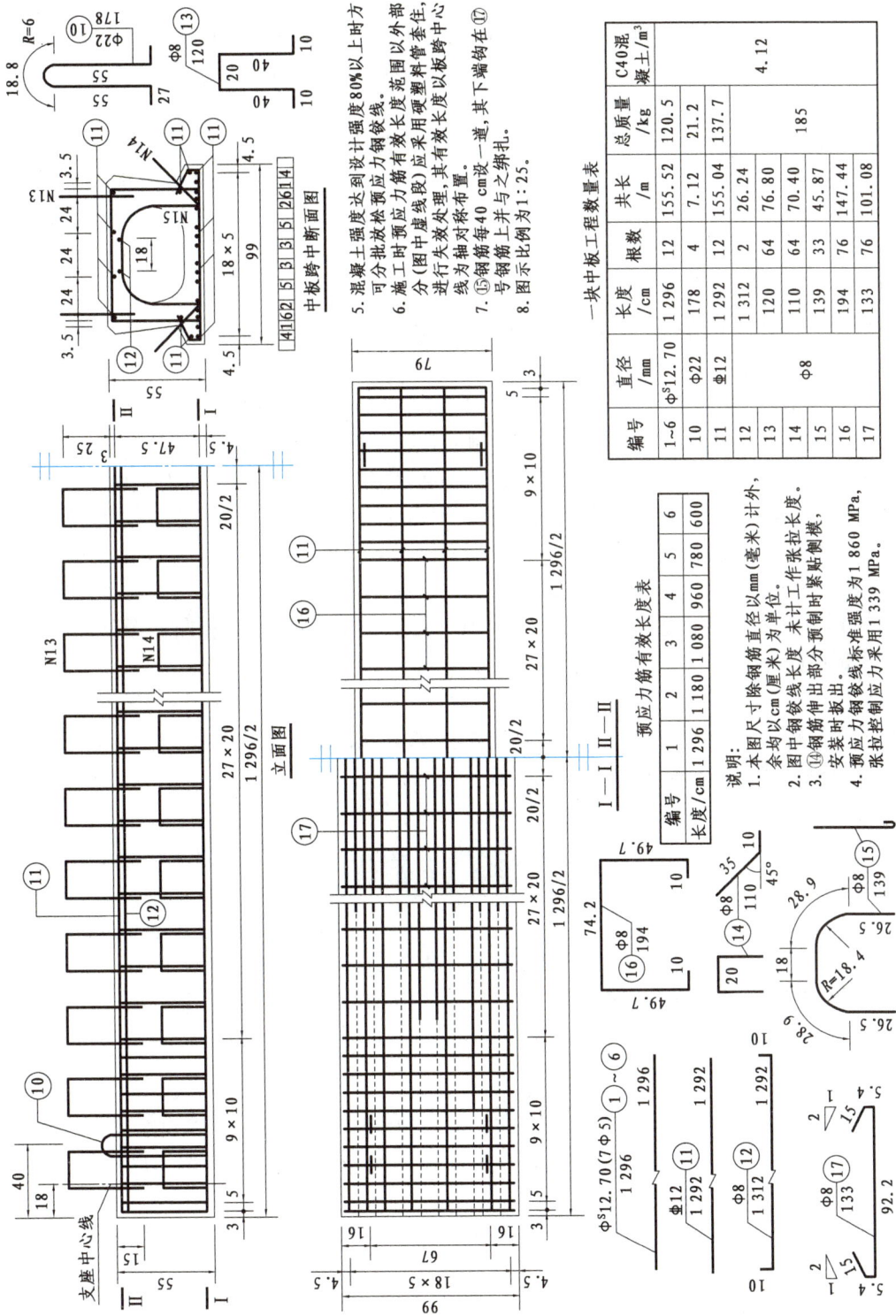

5. 混凝土强度达到设计强度80%以上时方可分批放松预应力钢铰线。
6. 施工时预应力筋有效长度 范围以外部分（图中虚线段）应采用硬质塑料管套住，进行失效处理，其有效长度以板跨中心线为失效分界对称布置。
7. ⑩钢筋每隔40 cm设一道，其下端钩在⑪号钢筋上并与之绑扎。
8. 图示比例为1:25。

图9.18　跨径13 m空心板中板钢筋图

(1)立面图

立面图以折断线表示半跨的钢筋图。如⑯号钢筋是箍筋,第一根距离梁端 3 cm,第二根距离第一根 5 cm,然后是 9 根间距为 10 cm 的排列,到梁中⑯号钢筋的间距则为 20 cm。立面图上还表示了两梁之间的连接钢筋⑬、⑭号的位置。⑩号为吊钩钢筋。

(2)平面图

平面图也是以折断线表示一根梁的钢筋图。右半部分表示空心板顶板的钢筋布置情况,是箍筋⑯和分布钢筋⑪的平面位置布置图;左半部分是底板分布钢筋⑪和主钢筋预应力钢索的平面位置布置图。本图为先张法预应力钢筋混凝土板梁,即台座上先把预应力钢筋(钢束)张拉到设计吨位并临时锚固在张拉台座上,然后立模浇捣混凝土,待混凝土达到规定强度(一般不低于设计强度的 80%),预应力钢筋已与混凝土黏结牢固后,再将预应力钢筋放松,此时混凝土因钢筋的弹性回缩通过握裹力的传递而得到预压,称为预应力钢筋混凝土。它是桥梁中常见的结构形式之一。

图中 $\phi^s12.70(7\phi5)$ 表示预应力钢束直径为 12.70 mm,它由 7 根直径为 5 mm 的高强钢绞线组成。图中预应力钢筋有效长度指的是钢筋在跨中部向板两端对称延伸存有预应力的钢筋长度。①~⑥号钢筋长度都是 1 296 cm,但在左半图中,①~⑥钢号筋有的画虚线,有的画实线,画实线表示钢筋内存有预应力,画虚线表示不存有预应力,或称失效预应力,见图 9.18"说明"中的第 6 条。

(3)横断面图

图 9.18 中的横断面图表示①~⑥号以及其他钢筋在图中的位置,横断面图下面的小格内数字为钢筋的编号。

(4)详图

详图表示每个编号钢筋的弯曲形状及其尺寸,如⑯号钢筋的几何形状为一开口矩形,而⑭、⑮号钢筋则采用两个不同方向投影图来表示其几何形状。

9.6 涵洞工程图

涵洞是宣泄小量流水的工程构筑物,它同桥梁的区别在于跨径的大小。多孔径全长不到 8 m 或单孔径跨径不到 5 m 的泄水构筑物,均称为涵洞。

9.6.1 涵洞的分类

涵洞的种类很多,按建筑材料可分为砖涵、石涵、混凝土涵、钢筋混凝土涵等;按断面形状可分为圆管涵、拱涵、箱涵等;按孔数可分为单孔、双孔和多孔等;按有无覆土可分为明涵和暗涵。

涵洞种类虽多,但组成基本相同,由基础、洞身和洞口组成。洞身呈长条状,一般埋在路基下面。洞身外做有防水层,上面覆盖一定厚度的黏土或砂土保护层。洞口是保证涵洞基础和两侧路基免受冲刷,使水流顺畅的构筑物,一般包括端墙、翼墙和护坡等。进口与出口一般采用同一形式,也可不同。如图 9.19 所示为钢筋混凝土圆管涵的示意图。

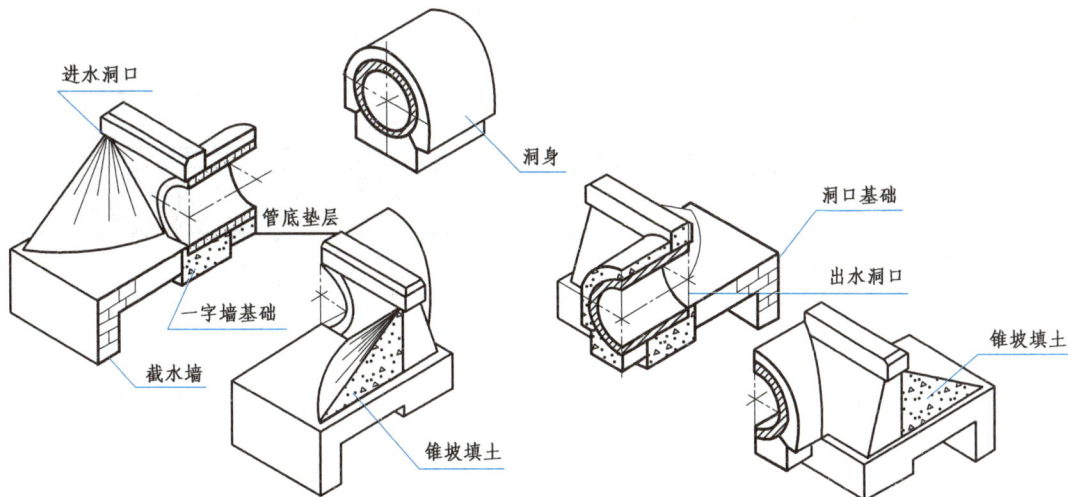

图 9.19 钢筋混凝土圆管涵示意图

9.6.2 涵洞工程图的内容

涵洞构筑物呈狭长形,故以水流方向为纵向,并以纵剖面图代替立面图。平面图不考虑洞顶覆土。侧面图表示进、出口形状。平面图和侧面图也可画半剖面图表示,水平剖面图以基础顶面为剖切平面,横剖面图则垂直于纵向剖切。除上述 3 种投影图外,必要时还画构造详图以表达细节及钢筋配置情况。

如图 9.20 所示为端墙式钢筋混凝土圆管涵。由于涵洞体积较桥梁小,故画图所用比例较桥梁大。本图比例为 1∶50,洞口为端墙式,端墙前洞口两侧有 20 cm 厚干砌片石铺面的锥形护坡,涵管内径为 75 cm,涵管长 1 060 cm,加上两端洞口铺砌则涵洞总长为 1 335 cm。由于其构造对称,用半纵剖面图、半平面图和侧面图表示。

(1)半纵剖面图

由于涵洞进出洞口基本对称,所以只画半纵剖面图,并在对称中心线上用对称符号表示。纵剖面图中表示出涵洞各部分的相对位置和构造形状、尺寸、采用的建筑材料。如图 9.20 所示管壁厚 10 cm,防水层厚 15 cm,设计流水坡度 1%,涵管长 1 060 cm,管底铺砌厚 20 cm,路基覆土厚大于 50 cm,路基宽度 800 cm,锥形护坡顺水方向坡度和路基坡度一致,为 1∶1.5。

(2)半平面图

和半纵剖面图相配合,平面图也只画一半。图中表达管壁的厚度和管径尺寸,洞口基础、端墙、缘石及护坡的平面形状和尺寸。管顶覆土虽不考虑,但路基边缘线应予画出,并以示坡线表示路基边坡。

(3)侧面图

侧面图主要表示管涵孔径和壁厚、洞口缘石和端墙的侧面形状及尺寸、锥形护坡的坡度等。为使图形清晰,某些虚线不予画出,如路基边坡与缘石背面的交线、防水层的轮廓线等。在图中按习惯称为洞口立面图。

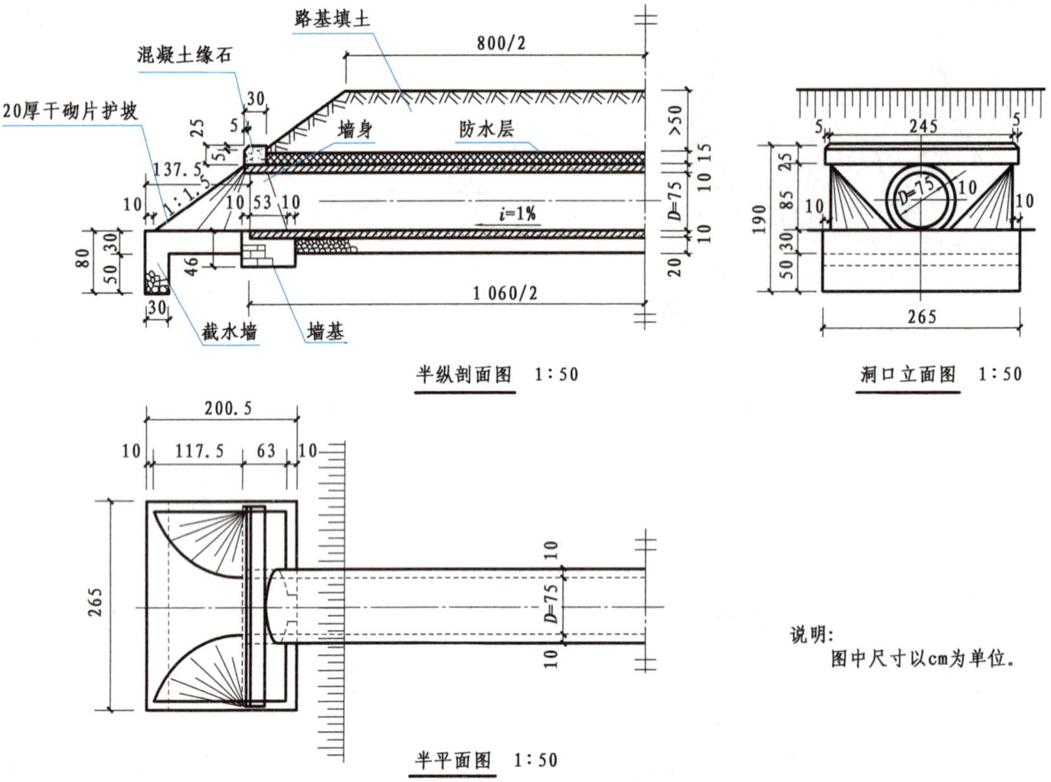

半纵剖面图　1:50

洞口立面图　1:50

说明：
图中尺寸以cm为单位。

半平面图　1:50

图 9.20　端墙式钢筋混凝土圆管涵

9.7　隧道工程图

隧道是道路穿越山岭的构筑物，虽然形体很长，但中间断面的形状很少变化。隧道工程图一般用平面图表示位置，用纵断面图、隧道洞门图及横断面图等表达它的构造。

9.7.1　隧道纵断面图

隧道纵断面图表示隧洞穿过山体内的地质情况，以及洞内的车行横洞、人行横洞的位置。如图 9.21 所示为白山隧道左洞纵断面图。

隧洞纵断面图比例一般水平方向采用 1:5 000～1:2 000，垂直方向的比例一般比水平方向大 10 倍，为 1:500～1:200。本图由于隧洞比较长，水平方向比例采用 1:3 000，垂直方向比例采用 1:1 000，而不采用 1:300，这样便可看到山体断面的全貌。

①隧道平面的投影位于直线上，竖直方向从进口以 1.35% 坡度上坡，K91+580 是变坡点，再至出口为 −0.75% 的下坡，变坡点处设竖曲线。隧道水平投影直线长 835 m。

②隧道内共设有车行横洞一个，位于 K91+475 处；设人行横洞两个，分别位于 K91+240 和 K91+650 处。

③从数据资料表中可以看出，隧道通过的围岩级别为 Ⅱ、Ⅲ、Ⅳ 三个类型地质段。隧洞的衬砌形式随地质不同而不同，采用 Z5、Z4、Z3 和 Z2 共 4 种形式。

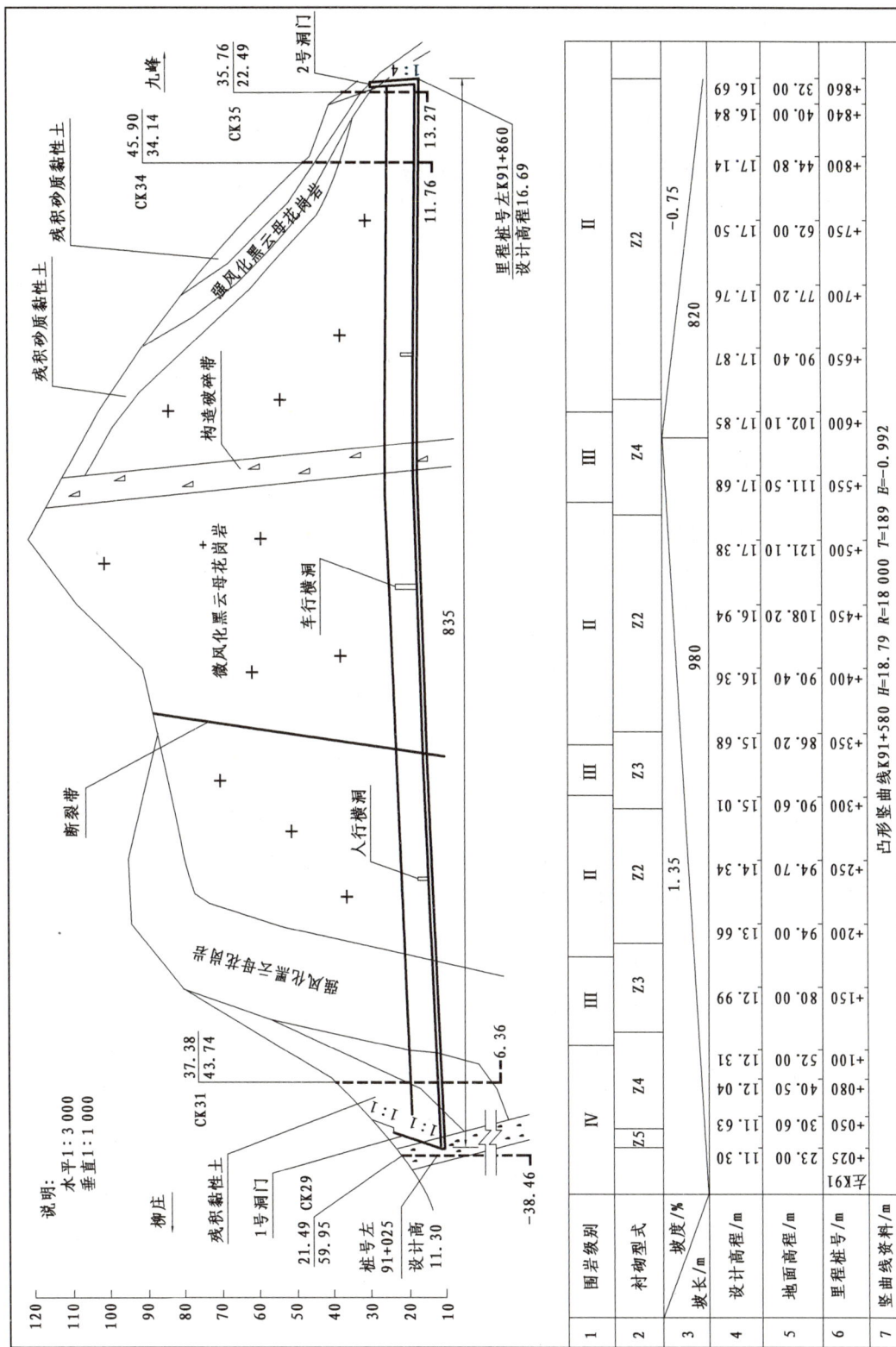

图9.21　白山隧道左洞纵断面图

1	围岩级别	Ⅳ			Ⅲ		Ⅱ			Ⅲ		Ⅱ			Ⅲ		Ⅱ	
2	衬砌型式	Z5	Z4		Z3		Z2			Z3		Z2			Z4		Z2	
3	坡度/‰				1.35								980				−0.75	820
	坡长/m																	
4	设计高程/m	11.30	11.63	12.04	12.31	12.99	13.66	14.34	15.01	15.68	16.36	16.94	17.38	17.10	17.85	17.68	17.50	17.20	16.84	16.69
5	地面高程/m	23.00	30.60	40.50	52.00	80.00	94.00	94.70	90.60	86.20	90.40	108.20	121.10	102.10	111.50	77.20	62.00	44.80	40.00	32.00
6	里程桩号/m	+025	+050	+080	+100	+150	+200	+250	+300	+350	+400	+450	+500	+550	+600	+650	+700	+750	+800	+840	+860
		左K91																	
7	竖曲线资料/m																		

凸形竖曲线K91+580　H=18.79　R=18 000　T=189　E=−0.992

说明：
水平1∶3 000
垂直1∶1 000

九峰

2号洞门

里程桩左K91+860
设计高程16.69

残积砂质黏性土

残积砂质黏性土

残积砂质黏性土

强风化黑云母花岗岩

构造破碎带

微风化黑云母花岗岩

车行横洞

人行横洞

断裂带

残积黏性土

1号洞门

砌庄

桩号左
91+025

设计高
11.30

围岩是根据隧道周边岩体或土体的稳定特性进行分级,详见《公路隧道设计细则》(JTG/T D70—2010)。

9.7.2　隧道洞门图

隧道洞门的形式有很多,根据构造形式、建筑材料及相对位置的不同可以划分为许多类型,而使用比较多的有端墙式、翼墙式、仰斜式(削竹式)3 种。

隧道进出口按线路前进方向分,进隧道为进口,出隧道是出口。但双幅式隧道也可按车行方向划分,前进进入右洞隧道为进口,右洞进口的左边洞口是左幅洞的出口,而右洞出口的左边洞口是左幅洞的进口。

如图 9.22 所示为仰斜式(削竹式)双洞隧道进口洞门图。

(1)立面图

立面图是洞门的正立面投影图,不论洞门对称与否,是单洞或双洞,均应全部画出。立面图反映了洞门墙的式样,洞门墙上面高出的部分为顶帽,顶帽后虚线表示坡度为 2% 的天沟(水沟)。隧道洞口左侧为三段不同坡度的台阶式人工开挖边坡,它们的坡度从下向上分别是 1∶0.75、1∶1、1∶1,右侧边坡坡度为 1∶0.75。

从立面图上可以看出,两个隧道的洞身均由复合曲线组成;左洞、右洞的中心高程分别为 11.30 m 和 11.10 m;路面为双向横坡,坡度为 2%;每洞两侧设立台阶式的电缆沟和人行道。

(2)平面图

平面图仅画靠近洞口的一小段。从平面图中可以看到洞门墙顶帽的宽度、洞顶排水天沟的构造及洞口外两边水沟的位置。

(3)剖面图

Ⅰ—Ⅰ剖面图也仅画靠近洞口的一小段。从图中可看到洞门墙倾斜坡度为 1∶1,其坡度基本为自然稳定坡度,因此墙面可直接绿化,从而节约工程数量。从Ⅰ—Ⅰ剖面图中还可以看到顶帽宽度和天沟的断面尺寸,以及隧道衬砌厚度加厚的区段。

如图 9.23 所示为白山双幅隧道出口的端墙式洞门图。

9.7.3　隧道横断面图

隧道横断面图通常用隧道的衬砌设计图表示。有时隧道较长且各段的地质情况又不相同,那么可以设计一些针对各种地质断面的标准断面图。图 9.24 所示为 Z4 复合式衬砌标准断面设计图,Z4 表示Ⅳ级围岩级别的标准断面。图中洞身衬砌断面是由半径 $R=560$ cm 的圆弧拱圈和半径 $R=1\ 400$ cm 的圆弧仰拱圈所构成的图形。洞身水平向最宽处为 1 120 cm。洞身采用复合衬砌,喷射混凝土厚 20 cm,拱圈二次衬砌厚 60 cm,仰拱二次衬砌厚 50 cm。道路中线与洞轴线不重合,应对照图 9.23 所示的隧道洞口投影图进行阅读。道路两侧分别设有电力缆沟和通信电缆沟。道路由路面、平整层等构成。

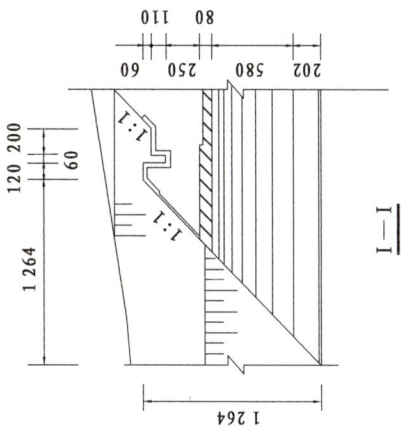

I—I

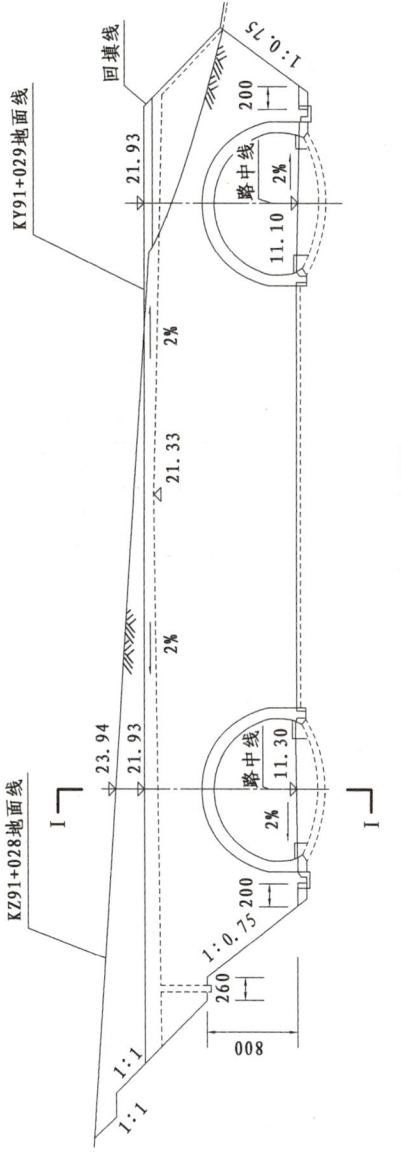

立面图

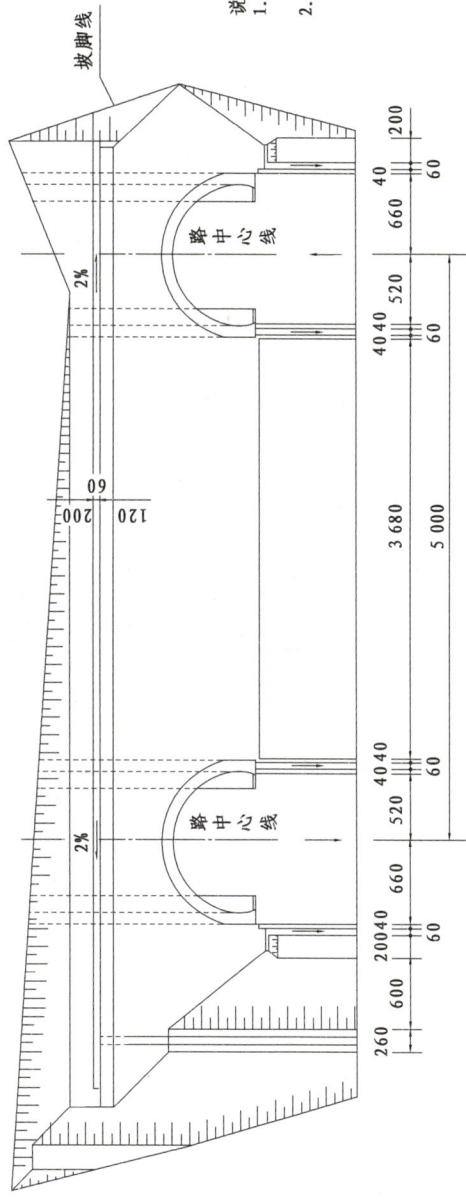

平面图

图9.22 白山隧道仰斜式双洞洞门图

说明：
1. 图中尺寸除标高及桩号以m（米）计外，余均以cm（厘米）为单位。
2. 图示比例为1：500。

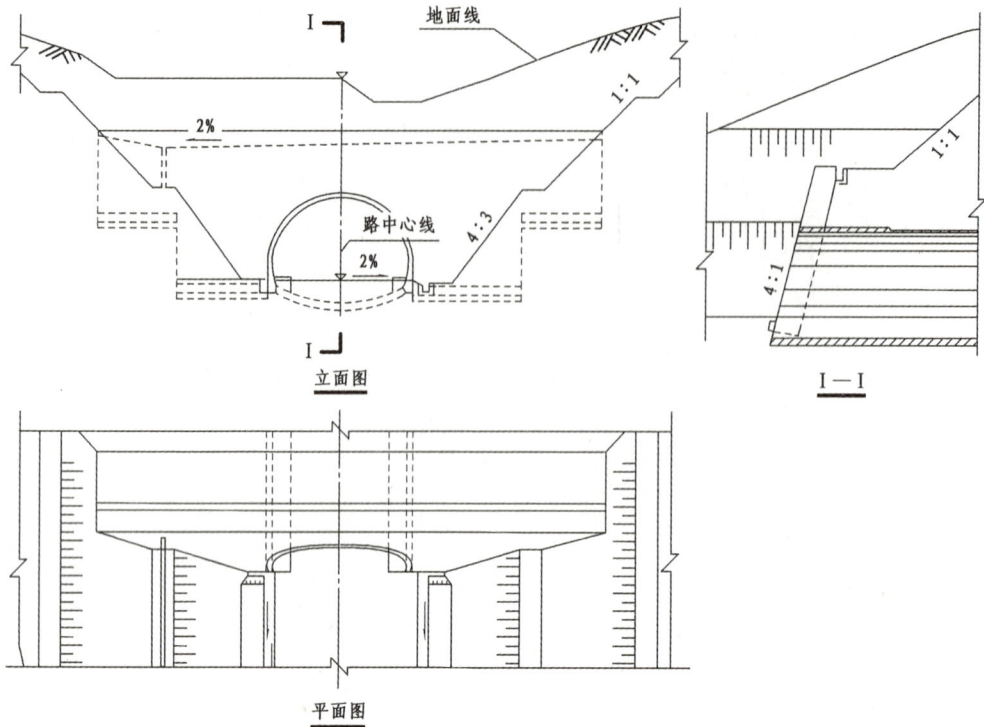

图 9.23　白山隧道端墙式洞门图

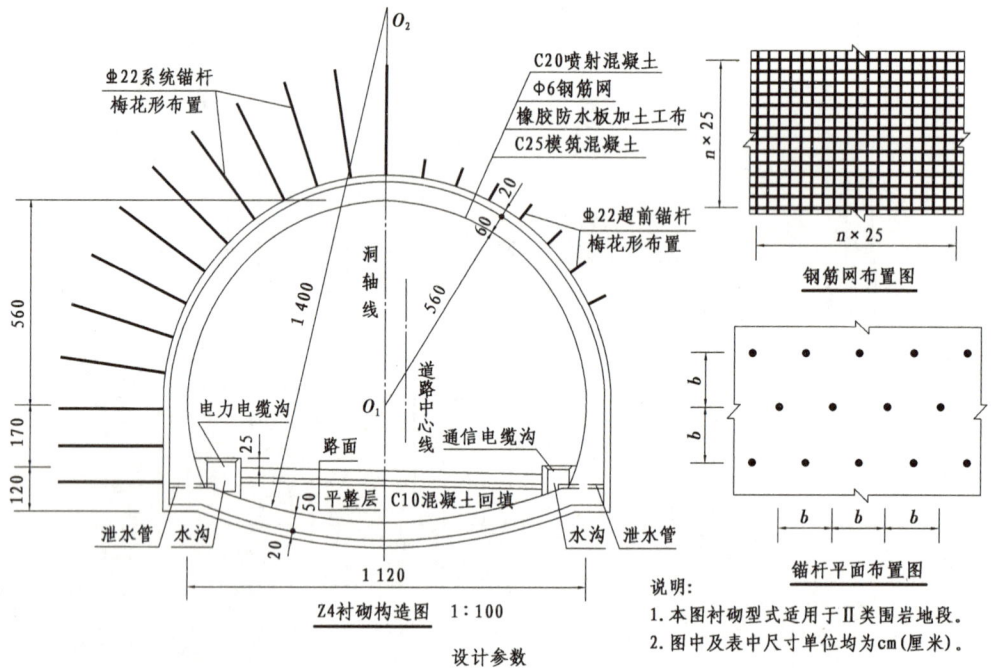

说明:
1. 本图衬砌型式适用于 II 类围岩地段。
2. 图中及表中尺寸单位均为 cm(厘米)。

设计参数

衬砌	锚杆			超前锚杆				钢筋网			钢架支撑	喷混凝土厚/cm	二次衬砌/cm	仰拱/cm
	长度/cm	间距/cm	部位	长度/cm	间距/cm	部位	外插脚	间距/cm	直径/mm	部位				
Z4	300	b=80	拱、墙部	300	b=120	拱部	10°	a=25	φ6	拱、墙部	拱、墙部	20	60	50

图 9.24　Z4 复合式衬砌标准断面设计图

9.7.4　车行横洞和人行横洞图

车行横洞和人行横洞主要是供隧道维修人员和车辆使用而设置的,它们沿路线方向交错设置在双洞之间,作为连接双洞的人工构筑物。图 9.25 所示为隧道人行横洞图。

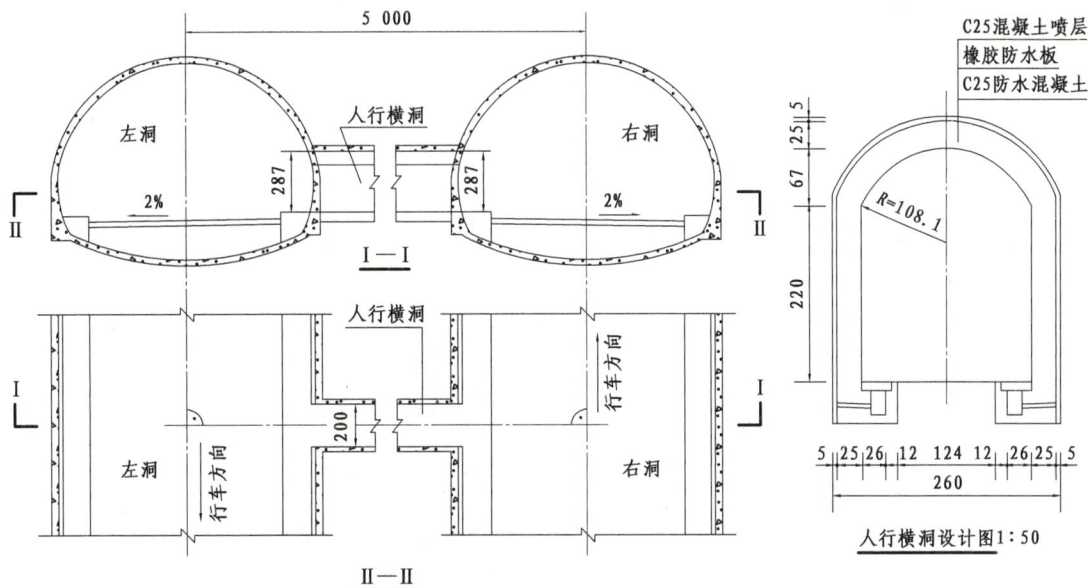

图 9.25　隧道人行横洞图

【拓展阅读】

世界最长跨海大桥——港珠澳大桥跨越伶仃洋,东接香港特别行政区,西接广东省珠海市和澳门特别行政区,总长约 55 km,是"一国两制"下粤港澳三地首次合作共建的超大型跨海交通工程。大桥在设计理念、建造技术、施工组织等方面进行创新,创下多项世界之最。港珠澳大桥的建成彰显了中国人无穷的智慧与力量,见证了中国工程技术发展前进的步伐。

思考与练习

公路工程
地形图

1. 简述道路、桥梁和涵洞的基本组成部分。
2. 概述道路、桥梁和涵洞工程图的绘制步骤。

参考文献

[1] 中华人民共和国住房和城乡建设部.房屋建筑制图统一标准:GB/T 50001—2017[S].北京:中国建筑工业出版社,2018.

[2] 中华人民共和国住房和城乡建设部.建筑制图标准:GB/T 50104—2010[S].北京:中国建筑工业出版社,2011.

[3] 中华人民共和国住房和城乡建设部.总图制图标准:GB/T 50103—2010[S].北京:中国建筑工业出版社,2011.

[4] 何培斌.土木工程制图[M].重庆:重庆大学出版社,2020.

[5] 罗晓良,朱理东,温和.建筑制图与识图[M].2版.重庆:重庆大学出版社,2019.

[6] 刘亚双.道桥工程制图与识图[M].北京:人民交通出版社,2019.

[7] 尚久明.道桥工程制图与识图[M].北京:高等教育出版社,2012.

[8] 中华人民共和国住房和城乡建设部.预制混凝土剪力墙外墙板:15G365—1[S].北京:中国计划出版社,2015.

[9] 中华人民共和国住房和城乡建设部.预制混凝土剪力墙内墙板:15G365—2[S].北京:中国计划出版社,2015.

[10] 中华人民共和国住房和城乡建设部.桁架钢筋混凝土叠合板60 mm厚底板:15G366—1[S].北京:中国计划出版社,2015.

[11] 中华人民共和国住房和城乡建设部.混凝土结构设计规范:GB 50010—2010[S].2015年版.北京:中国建筑工业出版社,2016.

[12] 肖明和,杨勇.装配式混凝土结构识图与深化设计[M].北京:北京理工大学出版社,2019.